TRAINING MATHEMATIK

Eberhard Endres

Wiederholung Algebra

STARK

Bildnachweis

Umschlagbild: provided by Dreamstime.com
Das Bild zeigt das kalkige, in mehrere Kammern unterteilte Außenskelett eines Nautilus. Die Schale dieses Tintenfisches, der seit über einer halben Milliarde Jahren auf der Erde existiert, besitzt die Form einer logarithmischen Spirale, die bei biologischen Wachstumsprozessen in vielen Varianten auftritt. Sie lässt sich am einfachsten in Polarkoordinaten beschreiben und ist gekennzeichnet durch den logarithmischen Zusammenhang von Polarwinkel und Spiralradius.

ISBN 978-3-89449-849-8

© 2013 by Stark Verlagsgesellschaft mbH & Co. KG
www.stark-verlag.de
1. Auflage 2005

Das Werk und alle seine Bestandteile sind urheberrechtlich geschützt. Jede vollständige oder teilweise Vervielfältigung, Verbreitung und Veröffentlichung bedarf der ausdrücklichen Genehmigung des Verlages.

Inhalt

Vorwort

1 Zahlmengen, Variablen, Terme 1
1.1 Die Zahlmengen $\mathbb{N}$, $\mathbb{Z}$, $\mathbb{Q}$ und $\mathbb{R}$ 1
1.2 Rechnen mit reellen Zahlen 3
1.3 Variablen und Terme 7
1.4 Elementare Termumformungen 10

2 Rechnen mit Klammern 15
2.1 Auflösen von Klammern 15
2.2 Binomische Formeln 17
2.3 Faktorisieren 20

3 Bruchterme 25
3.1 Grund- und Definitionsmenge 25
3.2 Vereinfachen von Bruchtermen 28
3.3 Bruchterme mit mehreren Variablen 31
3.4 Polynomdivision 32

4 Gleichungen 35
4.1 Lösen von Gleichungen 35
4.2 Lineare Gleichungen 40
4.3 Quadratische Gleichungen 42
4.4 Bruchgleichungen 46
4.5* Gleichungen mit Parametern 49
4.6 Lineare Gleichungssysteme 52
4.7* Lineare Gleichungssysteme mit Parameter 61

5 Ungleichungen 65
5.1 Lineare Ungleichungen 65
5.2 Bruchungleichungen 67
5.3* Ungleichungen mit Parameter 70

6 Potenzen, Wurzeln und Logarithmen 73
6.1 Potenzregeln 73
6.2 Rechnen mit Wurzeln 76
6.3 Der Logarithmus 80

7 Funktionen 83
7.1 Eigenschaften und Darstellung von Funktionen 83
7.2 Lineare Funktionen 89

7.3	Quadratische Funktionen	96
7.4	Potenzfunktionen	102
7.5	Exponentialfunktionen	106
7.6*	Trigonometrische Funktionen	108

8* Umkehrfunktionen ... 119

8.1	Bildung von Umkehrfunktionen	119
8.2	Wurzelfunktionen	123
8.3	Logarithmusfunktionen	126

9 Spezielle Gleichungen und Ungleichungen ... 131

9.1	Betragsgleichungen und -ungleichungen	131
9.2	Quadratische Ungleichungen	134
9.3*	Wurzelgleichungen	136
9.4	Potenzgleichungen	137
9.5	Exponential- und Logarithmusgleichungen	142
9.6*	Trigonometrische Gleichungen	144
9.7	Gleichungslösen mittels Substitution	147

10 Aufgabenmix ... 151

Lösungen ... 157

Autor: Eberhard Endres

Vorwort

Liebe Schülerin, lieber Schüler,

beim Erlernen einer Fremdsprache spielen Vokabeln und Grammatik eine entscheidende Rolle. Mithilfe der Grammatik werden Vokabeln zu sinnvollen Sätzen kombiniert. Darüber hinaus gestattet die Grammatik in gewissen Grenzen das Umstellen einzelner Satzglieder eines Satzes.

Auch in der Algebra spielen diese Begriffe eine wesentliche Rolle: Die mathematischen Vokabeln sind dabei die Fachbegriffe (z. B. Variable, Term, Gleichung) und die Grammatik wird durch entsprechende mathematische Regeln (z. B. Kommutativgesetz, Assoziativgesetz, Distributivgesetz) gebildet. Wie beim Umstellen der Satzglieder eines Satzes in der Fremdsprache hilft die „mathematische Grammatik" auch bei der Umwandlung von mathematischen Aussagen in gleichwertige Aussagen (z. B. beim Lösen einer Gleichung). Ziel dieses Buches ist es, die wichtigsten mathematischen Vokabeln (Definitionen) zu erläutern und das erforderliche mathematische Grammatikgerüst (mathematische Regeln) aufzufrischen.

Dieser Band beschäftigt sich mit den fundamentalen **in der Algebra benötigten Regeln und Rechentechniken** und dient dazu, den in der Unter- und Mittelstufe behandelten Stoff zu wiederholen und zu festigen. Das Buch vermittelt die **grundlegenden Algebra-Kenntnisse**, die in der Oberstufe des Gymnasiums vorausgesetzt werden. Daneben wird auch ein Blick auf das eng mit der Algebra verknüpfte Gebiet der **Funktionen** geworfen, die ebenfalls zentrale Bedeutung im Oberstufenstoff besitzen und bei denen die erworbenen Algebrakenntnisse angewandt werden.

Einige Kapitel dieses Bandes gehen dabei in Maßen über die unumgänglichen Grundkenntnisse für die Oberstufe hinaus und müssen nicht unbedingt bis in das letzte Detail beherrscht werden; diese Kapitel sind im Inhaltsverzeichnis mit einem Stern (*) versehen. Wenn Sie Ihr Verständnis für Termumformungen aber auf einem über den reinen Schulstoff hinaus gehenden Niveau festigen möchten, dann sei Ihnen die gründliche Bearbeitung auch dieser Kapitel empfohlen.

Jedes Kapitel enthält zu Beginn in prägnanter Form die wesentlichen Sachverhalte, die danach ausführlich erläutert und in **Beispielaufgaben** vorgeführt werden. Anschließend werden **Übungsaufgaben** gestellt, deren **Lösungen** im Lösungsteil **in schülergerechter Form** und mit weiteren Hinweisen dargestellt sind.

Das letzte Kapitel enthält für Ihre **Selbstkontrolle** nach der Bearbeitung des Buches in bunter Mischung Aufgaben aus den vorangegangenen Kapiteln.

Ich wünsche Ihnen viel Erfolg bei der Festigung Ihrer mathematischen Kompetenzen!

Eberhard Endres

1 Zahlmengen, Variablen, Terme

Zentraler Bestandteil der Algebra ist das richtige und exakte Rechnen mit Zahlen, Variablen und Termen. Mithilfe dieser grundlegenden Bausteine lassen sich alle mathematischen Sachverhalte, z. B. in Form von Gleichungen oder Funktionen, ausdrücken.

1.1 Die Zahlmengen $\mathbb{N}$, $\mathbb{Z}$, $\mathbb{Q}$ und $\mathbb{R}$

Es gibt fünf wichtige Zahlmengen in der Schulmathematik, die sich in folgender Weise unterscheiden lassen:

Zahlmenge	Name	Beispiele	Beschreibung
Natürliche Zahlen ohne 0	$\mathbb{N}^*$	1; 2; 3; 4; 5; 6; …	
Natürliche Zahlen	$\mathbb{N}$	0; 1; 2; 3; 4; 5; 6; …	
Ganze Zahlen	$\mathbb{Z}$	$-45; -3; 0; 18; \frac{55}{-5}$	Natürliche Zahlen und ihre Gegenzahlen (ihr Negatives)
Rationale Zahlen	$\mathbb{Q}$	$\frac{3}{5}; -7{,}3; 0; 8{,}\overline{5}; -6\frac{3}{4}$	Alle Zahlen, die sich als Quotient einer ganzen Zahl und einer natürlichen Zahl ohne 0 schreiben lassen
Reelle Zahlen	$\mathbb{R}$	$3{,}87; -4{,}7; \pi; 0$	Alle Zahlen, die sich als endliche oder unendliche Dezimalzahl darstellen lassen

Hinweis: Ein Querstrich über einer oder mehrerer Ziffern nennt man Periode; die unter der Periode stehenden Ziffern wiederholen sich anschließend immer wieder, z. B. ist $4{,}3\overline{28} = 4{,}328282828\ldots$

Man erkennt, dass – beginnend mit den natürlichen Zahlen ohne 0 – die Zahlmengen in der jeweils nächstfolgenden Menge vollständig enthalten sind, kurz:
$\mathbb{N}^* \subset \mathbb{N} \subset \mathbb{Z} \subset \mathbb{Q} \subset \mathbb{R}$
Den Zusammenhang zwischen den Zahlmengen veranschaulicht das in der Abbildung dargestellte Mengendiagramm.

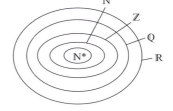

Zahlmengen, Variablen, Terme

Regel
Hinsichtlich der **Zugehörigkeit einer Zahl** zu einer Zahlmenge ist nicht ihre Darstellung, sondern ihr **Wert entscheidend**.

Beispiel
Zu welcher Zahlmenge gehören die Zahlen $\frac{8}{4}$, $(-2)^2$ bzw. $\frac{3\pi}{7\pi}$?

Lösung:

$\frac{8}{4} = 2$ und $(-2)^2 = 4$ gehören zu $\mathbb{N}^*$ und somit auch zu $\mathbb{N}$, $\mathbb{Z}$, $\mathbb{Q}$ und $\mathbb{R}$.

$\frac{3\pi}{7\pi} = \frac{3}{7}$ gehört zu $\mathbb{Q}$ und damit auch zu $\mathbb{R}$.

Es gibt reelle Zahlen, die sich nicht als Bruch schreiben lassen. Zu dieser Menge gehören z. B. $\sqrt{2}$; π; $\sqrt{3+2\pi^2}$ und viele mehr. Bei diesen Zahlen handelt es sich also nicht um rationale Zahlen.

Definition
Reelle Zahlen, die nicht zu den rationalen Zahlen gehören, nennt man **irrationale Zahlen**.

Beispiel
Zu welcher Zahlmenge gehören die Zahlen $\frac{\pi}{4}$, $7,\overline{35}$, $\sqrt{81}$ bzw. $4+\pi$?

Lösung:

$\frac{\pi}{4}$ und $4+\pi$ sind keine rationalen Zahlen, gehören also zu den irrationalen Zahlen;

$7,\overline{35}$ ist eine periodische Dezimalzahl $\left(= 7\frac{35}{99}\right)$ und somit eine rationale Zahl.

$\sqrt{81} = 9$ hingegen ist eine natürliche, somit auch rationale und reelle, aber keine irrationale Zahl.

Aufgaben

1. Geben Sie an, zu welchen Zahlmengen die folgenden Zahlen gehören:

   7; $-0,2$; $\frac{3}{4}$; $-\frac{8}{2}$; $\sqrt{16}$; $-9,\overline{5}$; $\sqrt{7}$; 4π; 0

   $10\frac{1}{3}$; $7,111$; -8; $\sqrt{5\pi}$; $200\,\%$; $\sqrt{-3}$

2. Geben Sie jeweils fünf Zahlen an, die
   a) zu $\mathbb{Z}$, aber nicht zu $\mathbb{N}$ gehören.
   b) zu $\mathbb{Q}$, aber nicht zu $\mathbb{Z}$ gehören.
   c) zu $\mathbb{R}$, aber nicht zu $\mathbb{Q}$ gehören.

1.2 Rechnen mit reellen Zahlen

Das Rechnen mit reellen Zahlen lässt sich immer auf die vier Grundrechenarten zurückführen. Hier gelten folgende elementare Rechenregeln:

Regeln

Addition: Zwei Zahlen mit **gleichem** Vorzeichen werden addiert, indem man die Beträge der Zahlen addiert und die Summe mit dem anfänglichen Vorzeichen der beiden Summanden versieht. Zwei Zahlen mit **verschiedenem** Vorzeichen werden addiert, indem man die positive Differenz der beiden Beträge mit dem Vorzeichen der Zahl versieht, die den größeren Betrag hat.

Subtraktion: Eine Zahl wird subtrahiert, indem man ihre **Gegenzahl** (das ist die mit -1 multiplizierte Zahl) addiert.

Multiplikation: Zwei Zahlen mit **gleichem** Vorzeichen werden multipliziert, indem man ihre Beträge multipliziert. Zwei Zahlen mit **verschiedenem** Vorzeichen werden multipliziert, indem man ihre Beträge multipliziert und das Ergebnis mit einem Minuszeichen versieht.

Division: Eine Zahl wird durch eine zweite Zahl dividiert, indem man die erste Zahl mit dem **Kehrwert** der zweiten Zahl (der Kehrwert einer Zahl a ist $\frac{1}{a}$) multipliziert.

Definition

Potenzierung: Die fortgesetzte Multiplikation mit einer Zahl nennt man Potenzierung und schreibt dabei z. B. für $4 \cdot 4 \cdot 4 \cdot 4 \cdot 4 = 4^5$.
4 ist die **Basis**, 5 der **Exponent**, und den Ausdruck 4^5 nennt man **Potenz**.

Beispiele

Addition:
1. $(-3)+(-7) = -(3+7) = -10$
2. $(-3)+(+7) = 7-3 = 4$
3. $(-7)+(+3) = -(7-3) = -4$

Subtraktion:
1. $8-12 = (+8)+(-12) = -(12-8) = -4$
2. $(-7)-(-3) = (-7)+(+3) = -7+3 = -4$

Multiplikation:
1. $(-3)\cdot(-7) = +(3\cdot 7) = 21$
2. $(-3)\cdot(+7) = -(3\cdot 7) = -21$
3. $(+3)\cdot(-7) = -(3\cdot 7) = -21$

Division:
1. $8:5 = 8\cdot\frac{1}{5} = \frac{8}{5} = 1\frac{3}{5}$
2. $\frac{7}{3}:\frac{3}{5} = \frac{7}{3}\cdot\frac{5}{3} = \frac{35}{9} = 3\frac{8}{9}$

Potenzierung:
1. $3^5 = 3\cdot 3\cdot 3\cdot 3\cdot 3 = 243$
2. $(-7)^3 = (-7)\cdot(-7)\cdot(-7) = -343$

Alle reellen Zahlen lassen sich als Punkt auf dem Zahlenstrahl darstellen:

Links von der Zahl 0 findet man die negativen Zahlen, rechts davon die positiven. Wenn bei einer reellen Zahl nur der Abstand von der 0 interessiert, wenn das Vorzeichen dieser Zahl also keine Rolle spielt, dann spricht man vom Betrag einer Zahl.

Definition Der **Betrag einer Zahl** wird gebildet, indem man bei der Zahl ihr Vorzeichen weglässt. Der Betrag einer Zahl gibt den Abstand der Zahl von der Null an. Man schreibt für den Betrag einer Zahl a kurz $|a|$.

Beispiel Bestimmen Sie $|-3|$; $|0|$; $|-4,2|$; $|-3+8|$; $|a^2|$.
Lösung:
$|-3| = 3$; $|0| = 0$; $|-4,2| = 4,2$; $|-3+8| = 5$; $|a^2| = a^2$

Neben dem Betrag einer Zahl ist das Wurzelziehen eine weitere, häufig gebrauchte Rechenoperation.

Definition Die **Wurzel** einer nichtnegativen Zahl a ist diejenige nichtnegative Zahl, deren Quadrat genau diese Zahl a ergibt. Man schreibt für die Wurzel einer Zahl a kurz $\sqrt{a}$.

Die Zahl oder den Rechenausdruck innerhalb des Wurzelzeichens nennt man **Radikand**.

Beispiel Bestimmen Sie $\sqrt{9}$; $\sqrt{64}$; $\sqrt{0,01}$; $\sqrt{0}$; $\sqrt{\frac{1}{16}}$; $\sqrt{x^4}$; $\sqrt{y^2}$; $\sqrt{-1}$; $\sqrt{x^6}$.
Lösung:
$\sqrt{9} = 3$; $\sqrt{64} = 8$; $\sqrt{0,01} = 0,1$; $\sqrt{0} = 0$; $\sqrt{\frac{1}{16}} = \frac{1}{4}$;
$\sqrt{x^4} = x^2$, weil $(x^2)^2 = x^4$
$\sqrt{y^2} = |y|$, weil $|y|^2 = y^2$
Der Betrag ist erforderlich, weil y auch negativ sein darf, die Wurzel einer Zahl aber nicht negativ ist (y^2 ist dagegen nie negativ).
$\sqrt{-1}$ ist nicht definiert, da der Radikand nicht negativ sein darf.
$\sqrt{x^6} = |x^3|$

Für das Rechnen mit reellen Zahlen gelten folgende wichtige Rechengesetze:

Regeln

> **Kommutativgesetz:** Bei der Addition (Multiplikation) dürfen die Summanden (Faktoren) vertauscht werden.
>
> **Assoziativgesetz:** Bei einer Summe (bei einem Produkt) spielt die Reihenfolge der Berechnung keine Rolle (die Klammer kann beliebig gesetzt werden).
>
> **Vorfahrtsregeln:** Bei der Berechnung von Rechenausdrücken mit verschiedenen Rechenoperationen ist auf die richtige Reihenfolge zu achten. Es werden zunächst
> - Klammern und Wurzeln, dann
> - Potenzen, dann
> - Produkte und Quotienten, dann
> - Summen und Differenzen
>
> berechnet.
> Rechenausdrücke mit ineinander geschachtelten Klammern oder Wurzeln werden **von innen nach außen** vereinfacht.
> Rechenausdrücke mit mehreren gleichrangigen Rechenoperationen werden **von links nach rechts** berechnet.

Die mit der Potenzrechnung verbundenen Rechenregeln werden in Kapitel 6 ausführlich besprochen.

Beispiele

Kommutativgesetz:
1. $7 + 9 = 9 + 7 = 16$
2. $31 + 17 + 19 = 31 + 19 + 17 = 50 + 17 = 67$

Assoziativgesetz:
$$3+9+11 = \begin{cases} 3+(9+11) = 3+20 = 23 \\ (3+9)+11 = 12+11 = 23 \end{cases}$$

Vorfahrtsregeln:
1. $8 + 2 \cdot (7+3)^2 = 8 + 2 \cdot 10^2 = 8 + 2 \cdot 100 = 8 + 200 = 208$

   Zunächst wird die Klammer, dann die Potenz, dann das Produkt und zum Schluss die Summe berechnet.

2. $29 - 15 - 25 = (29 - 15) - 25 = 14 - 25 = -11$

   Der Rechenausdruck mit zwei gleichen Rechenoperationen wird von links nach rechts ausgeführt.

3. Ausführliches Beispiel für die Anwendung der Vorfahrtsregeln:

Rechenschritte	Angewandte Vorfahrtsregeln
$3 - 7 \cdot (5 - 3^2)^3 - (44 - 7 \cdot 6) \cdot \sqrt{9} - 2 \cdot \sqrt{2^2 + 5}$	Potenz vor Differenz; Produkt vor Differenz; Wurzel vor Produkt; Potenz vor Summe
$= 3 - 7 \cdot (5 - 9)^3 - (44 - 42) \cdot 3 - 2 \cdot \sqrt{4 + 5}$	Klammer vor Potenz; Klammer vor Produkt; Berechnung von innen nach außen
$= 3 - 7 \cdot (-4)^3 - 2 \cdot 3 - 2 \cdot \sqrt{9}$	Potenz vor Produkt; Produkt vor Differenz; Wurzel vor Produkt
$= 3 - 7 \cdot (-64) - 6 - 2 \cdot 3$	Produkt vor Differenz (zweimal)
$= 3 + 448 - 6 - 6 = 439$	Berechnung von links nach rechts

Aufgaben

3. Berechnen Sie die folgenden Rechenausdrücke:
   a) $27 - 13 + 45 - 17$
   b) $3 \cdot (-9) + (-4) \cdot 3$
   c) $-(3 - 5 \cdot 2) - (7 + 4)$
   d) $8 + \frac{4}{5} \cdot \left(-3 - \frac{3}{4}\right)$
   e) $(3 - 5 : 7) - 6 : (-3)$
   f) $27 : (-3) : (-5) : (-9)$

4. Berechnen Sie folgende Rechenausdrücke:
   a) $2 + (-3 + 4 \cdot 3) \cdot 2$
   b) $3 \cdot (4 - (-5)) + 2 \cdot 3$
   c) $3 \cdot 2 - (4 - 9) \cdot 8 + 2 \cdot 5$
   d) $8 - 7 \cdot (3 + 3^2) + 5 \cdot 8$

5. Berechnen Sie den Rechenausdruck:
   a) $\sqrt{25}$
   b) $\sqrt{0{,}25}$
   c) $\sqrt{4\,900}$
   d) $\sqrt{36 \cdot 49}$
   e) $\sqrt{z^8}$
   f) $\sqrt{u^2 v^4}$

6. Vereinfachen Sie den Rechenausdruck:
   a) $|-7{,}09|$
   b) $|-2| - |-8|$
   c) $|\sqrt{9}|$
   d) $|a^4|$

7. Berechnen Sie folgende Rechenausdrücke:
   a) $3 - 5 \cdot (-2 + 9) - (5 - (-4) \cdot 3)$
   b) $[7 - 5 \cdot (3 - 2 \cdot 5) - 9] \cdot 6 - 3 \cdot 2$
   c) $(27 + 8 \cdot (-2 - 1)) \cdot (-4)$
   d) $(-2)^3 + (-1)^4 - 7 \cdot (-3 + 5)^2$

e) $13-[5-3\cdot(-2)]\cdot(-4+2\cdot 3)$ f) $8+7\cdot(-5+4\cdot[6-2\cdot(-5+7)])$

g) $\frac{2}{3}\cdot\left(-3+4\cdot\frac{1}{2}\right)-\left(-\frac{1}{2}-\frac{1}{3}\right)\cdot(-5)$ h) $\frac{3\cdot 7-19}{2\cdot(-3+2\cdot 5)}-7\cdot\left(\frac{3}{4}-(-3)\cdot\frac{1}{2}\right)$

8. Vereinfachen Sie folgende Ausdrücke:

a) $\frac{4-(-5)}{3+2\cdot(-2)}-\frac{3}{4}\cdot\frac{-5-(-3)\cdot 3}{-2+(-5)\cdot(-1)}$

b) $40-[25-(-8+2)\cdot(3-7\cdot 2)+4]\cdot(6\cdot 2-4\cdot(-3))$

c) $\frac{14-[8-5\cdot(-6+9)-6\cdot 5]\cdot(-4+3\cdot(-2))}{6-3\cdot(5-2\cdot 4)-(4\cdot(-5)+13)\cdot(-3)}$

d) $\frac{4}{5}-\left[\frac{2}{3}-\left(\frac{2}{5}+\frac{1}{10}\right)\cdot\left(3-\frac{3}{4}\cdot 2\right)+\frac{5}{6}\right]-\left(\frac{1}{3}\cdot\frac{3}{5}-4\cdot\left(-\frac{3}{20}\right)\right)$

1.3 Variablen und Terme

Für jeweils zwei Zahlen gilt das Kommutativgesetz, z. B. ist $3+7=7+3$ oder $5+8=8+5$. Da man nicht alle möglichen solchen Zahlenkombinationen aufschreiben kann, verwendet man für solche Fälle Platzhalter, so genannte Variablen, und schreibt das Kommutativgesetz dann z. B. in der Form $a+b=b+a$, wobei man sich unter a z. B. die oben betrachtete Zahl 3 und unter b z. B. die Zahl 7 vorstellen kann. Das Rechnen mit solchen Variablen wird in diesem Kapitel eingehend betrachtet.

Definition **Variablen** sind Platzhalter für Zahlen und werden durch Buchstaben oder indizierte Buchstaben dargestellt.

Terme sind Rechenausdrücke, die durch sinnvolle Verknüpfung von Zahlen, Variablen und Rechenzeichen gebildet werden.

Polynome sind Terme, die aus einer Summe von Potenzen einer einzigen Variable mit natürlichen Exponenten bestehen.
Den größten Exponenten der Polynom-Variable nennt man **Grad des Polynoms**.

Beispiele   Variablen: a; d; y_1; z_{31}; x_0; A_5; X_n

Terme: $a+b$; $3x-5$; $7x^2+\frac{4}{x}$; $\sqrt{3x-9}$; -3; z; $7-\frac{1}{\sqrt{9a}}$

Keine Terme: $6a9$; $7\sqrt{a8}$; $\sqrt{}$; $3x-$

Zahlmengen, Variablen, Terme

Polynome:	x^2+5x; x^4-5x^2+3; $7x^5-1$; 9; u^4-2u
Grad des Polynoms:	x^2+5x hat den Grad 2, x^4-5x^2+3 den Grad 4, $7x^5-1$ den Grad 5, das Polynom 9 hat den Grad 0 und u^4-2u den Grad 4.
Keine Polynome:	$\sqrt{x+3}$; $7x^6+2\sqrt{x}$; $7x^{-3}$; $\frac{3}{x^2}$; $4x^2-3u$

Regeln

Ein **Malpunkt** zwischen zwei Variablen und zwischen einer Zahl und einer Variablen (in dieser Reihenfolge) sowie vor einer Klammer und vor einer Wurzel kann entfallen.

Ein **Minuszeichen** vor einem Term entspricht der Multiplikation dieses Terms mit -1.

Um die **Abhängigkeit** eines Term T von seinen Variablen a, b, … zu kennzeichnen, schreibt man kurz T(a; b; …).

Beispiele

1. Malpunkt:
$7 \cdot a = 7a$
$2 \cdot \sqrt{4 \cdot a \cdot z} = 2\sqrt{4az}$

2. Minuszeichen:
$-b = (-1) \cdot b$
$-(3a+b) = (-1) \cdot (3a+b)$

3. Abhängigkeit:
$T(a; b) = 4a - 8b$
$T(c; y) = 5c - 2y + cy$

Terme nehmen erst dann einen konkreten Wert an, wenn man alle Variablen durch Zahlen ersetzt; **gleiche Variablen** müssen dabei durch **gleiche Zahlen** ersetzt werden.
Das Einsetzen einer Zahl für eine Variable nennt man auch „**Belegung einer Variablen** mit einer Zahl".

Beispiele

Term	Variablen	Einsetzen	Wert des Terms
$T(x) = 3x + 7$	x	$x = 1$	$T(1) = 3 \cdot 1 + 7 = 10$
		$x = 2$	$T(2) = 3 \cdot 2 + 7 = 13$
$T(x; y) = 7xy \cdot (2x - 5y)$	x; y	$x = 1$ $y = 3$	$T(1; 3) = 7 \cdot 1 \cdot 3 \cdot (2 \cdot 1 - 5 \cdot 3)$ $= 21 \cdot (-13) = -273$
		$x = 2$ $y = -3$	$T(2; -3) =$ $= 7 \cdot 2 \cdot (-3) \cdot (2 \cdot 2 - 5 \cdot (-3))$ $= -42 \cdot (4 + 15) = -798$

Aufgaben

9. Welche Ausdrücke sind Terme?

abc; $3z8$; $3z^8$; $\frac{6}{u7}$; Auto; $7-+3a$; $6a-3+b$

10. Welche Terme sind Polynome? Geben Sie gegebenenfalls den Grad des Polynoms an.
- a) $7x^3+5x^2$
- b) $3+4x^6$
- c) $\frac{3}{x}+1$
- d) $9x^5-7y^3$

11. Welche Werte nehmen nachfolgende Terme an, wenn man a durch 5, b durch −1 und c durch −2 ersetzt?
- a) $2ab-c$
- b) $3\cdot(a-b)-ab$
- c) $(a+b)\cdot a-bc$
- d) $abc-3a(b-c)-2bc$
- e) $[a-3b\cdot(2a+5c)-3b]\cdot b^2$
- f) $(2a+4c)^2\cdot(3b-2c)\cdot(-abc)$

12. Ersetzen Sie in nachfolgenden Termen a durch −1 und x jeweils der Reihe nach durch −2; −1; 0; 1; 2 (sofern dies möglich ist).
- a) $a\cdot x^2$
- b) $\frac{2a}{x^3}$
- c) $x^3-2ax+a$
- d) $\frac{x-a}{2x+a}$
- e) $ax^2-a+\frac{2}{ax}$
- f) $x^4-2ax^2+a^2$
- g) $3a^2-2xy$
- h) $\sqrt{2x}+3a$

13. Für welche Belegung von x nimmt der Term seinen kleinstmöglichen Wert an? (Hinweis: Zur Lösung dieser Aufgabe müssen Sie sich klarmachen, wie groß das Quadrat einer Zahl mindestens ist!)
- a) $(x-5)^2$
- b) $4\cdot(x+3)^4$
- c) x^2+4
- d) $(x^4-16)^2$
- e) $\sqrt{x^4+1}$
- f) $\frac{(x-3)^2}{(x+6)^4}$

1.4 Elementare Termumformungen

Das Kommutativgesetz $a+b=b+a$ besagt, dass $a+b$ und $b+a$ bei gleicher Belegung mit a und b jeweils den gleichen Wert besitzen. Diese Terme sind also gleichwertig.

Definition Zwei Terme nennt man gleichwertig oder **äquivalent**, wenn sie bei gleicher Belegung der Variablen mit Zahlenwerten stets denselben Wert ergeben.

Die Gleichwertigkeit zweier Terme drückt man dabei durch das Gleichheitszeichen aus.
Für die Umformung von Termen in äquivalente Terme gelten die **Rechengesetze** aus Abschnitt 1.2 in allgemeiner Form. Hinzu kommt noch das Distributivgesetz.

Regeln

Kommutativgesetz: In einer Summe (Produkt) darf man die Summanden (Faktoren) beliebig vertauschen:

$a+b=b+a$ bzw. $a \cdot b = b \cdot a$

Assoziativgesetz: Bei einer Summe (Produkt) darf man die Summanden (Faktoren) in beliebiger Reihenfolge addieren (multiplizieren):

$(a+b)+c = a+(b+c) = a+b+c$
$(a \cdot b) \cdot c = a \cdot (b \cdot c) = a \cdot b \cdot c = abc$

Distributivgesetz: Ein Term wird mit einer Summe multipliziert, indem man den Term mit jedem Summanden multipliziert und diese Produkte addiert. Die Anwendung des Distributivgesetzes „von rechts nach links" heißt „Ausklammern".

$a \cdot (b+c) = a \cdot b + a \cdot c$

Vorfahrtsregeln: Auch bei Termen mit Variablen werden zunächst Klammern und Wurzeln ausgewertet, danach Potenzen, danach Produkte und erst am Schluss Summen.

Beispiele

Kommutativgesetz:
1. $5 \cdot a \cdot 3 \cdot b \cdot a = 5 \cdot 3 \cdot a \cdot a \cdot b = 15 a^2 b$
2. $6 + 3a + 8 + b + 7b + 2a = 6 + 8 + 3a + 2a + b + 7b = 14 + 5a + 8b$

Assoziativgesetz:
1. $(3x^2 + 6a) + 9a = 3x^2 + (6a + 9a) = 3x^2 + 15a$
2. $(4ab \cdot 9rs^2) \cdot 5\frac{r}{s^2} = 4ab \cdot \left(9rs^2 \cdot 5\frac{r}{s^2}\right) = 4ab \cdot 45r^2 = 180abr^2$

Zahlmengen, Variablen, Terme

Distributivgesetz:
1. $7 \cdot (3x + 9y) = 7 \cdot 3x + 7 \cdot 9y = 21x + 63y$
2. $ab \cdot (2a^2b + 6ab^3) = ab \cdot 2a^2b + ab \cdot 6ab^3 = 2a^3b^2 + 6a^2b^4$

Vorfahrtsregeln:
$(7 + \mathbf{5 \cdot a^2}) + 4 \cdot \mathbf{(3b + 2b)} = (7 + 5a^2) + \mathbf{4 \cdot 5b}$
$= (7 + 5a^2) + 20b = 7 + 5a^2 + 20b$

Hier wurden (von links nach rechts) folgende Vorfahrtsregeln angewandt:
Potenz vor Produkt; Klammer vor Produkt; Produkt vor Summe.

Im Folgenden werden einige Beispiele ganz ausführlich durchgeführt, um die Anwendung dieser Regeln zu zeigen. Künftig können dann mit etwas mehr Routine natürlich auch mehrere Umformungsschritte zusammengefasst werden.

Beispiele

1. $6x - 3x + 5x$
   $= \mathbf{(6 - 3 + 5)} \cdot x = 8x$

   Durch Ausklammern der Variable x werden gleichartige Terme zusammengefasst.

2. $(6x) \cdot (-5y) \cdot (-3x)$
   $= 6 \cdot \mathbf{x} \cdot \mathbf{(-5)} \cdot \mathbf{y} \cdot \mathbf{(-3)} \cdot \mathbf{x}$ Einfügen von Malpunkten
   $= 6 \cdot x \cdot (-5) \cdot y \cdot (-3) \cdot x$ Anwendung des Kommutativgesetzes
   $= 6 \cdot (-5) \cdot (-3) \cdot x \cdot x \cdot y$ Anwendung des Assoziativgesetzes
   $= 90x^2y$

3. $7x^2y - 3 \cdot \mathbf{(4x + 2y)} \cdot \mathbf{3xy} + 4xy^2$ Anwendung des Kommutativgesetzes
   $= 7x^2y - \mathbf{3 \cdot 3xy} \cdot (4x + 2y) + 4xy^2$ Zusammenfassen
   $= 7x^2y - \mathbf{9xy} \cdot (4x + 2y) + 4xy^2$ Anwendung des Distributivgesetzes und des Kommutativgesetzes
   $= \mathbf{7x^2y - 36x^2y - 18xy^2 + 4xy^2}$ Zusammenfassen
   $= -29x^2y - 14xy^2 = -xy \cdot (29x + 14y)$ Gemeinsamen Faktor $-xy$ ausklammern

4. $\frac{3 \cdot (4x - 5y)}{5} - 6x \cdot \left(\frac{2}{5} - \frac{6y}{5}\right) - 7y \cdot (x - 2)$ Dreimaliges Anwenden des Distributivgesetzes
   $= \frac{12x - 15y}{5} - \frac{12x}{5} + \frac{36xy}{5} - 7xy + 14y$ ersten Bruch in Differenz umwandeln
   $= \frac{12x}{5} - 3y - \frac{12x}{5} + \frac{36xy}{5} - 7xy + 14y$ Anwenden des Kommutativgesetzes
   $= \frac{12x}{5} - \frac{12x}{5} - 3y + 14y + \frac{36xy}{5} - 7xy$ Zusammenfassen gleichartiger Terme
   $= 11y + \frac{1}{5}xy = \frac{y}{5} \cdot (55 + x)$ Ausklammern

Zahlmengen, Variablen, Terme

5. Verwandeln Sie den Term $7a \cdot (2x - 3y) + 4b \cdot (3y - 2x)$ in ein Produkt.

Lösung:
Man muss zunächst erkennen, dass die beiden Klammern sich nur durch ihre Vorzeichen und die Reihenfolge der Summanden unterscheiden. Diese Unterschiede werden in zwei Schritten behoben:

$7a \cdot (2x - 3y) + 4b \cdot \mathbf{(3y - 2x)}$	1. Schritt: Die beiden Summanden in der rechten Klammer werden vertauscht – Kommutativgesetz
$= 7a \cdot (2x - 3y) \mathbf{+ 4b \cdot (-2x + 3y)}$	2. Schritt: Die beiden Faktoren des rechten Produkts werden mit -1 multipliziert – hierdurch ändert sich der Term nicht, da insgesamt mit $+1$ multipliziert wurde.
$= 7a \cdot \mathbf{(2x - 3y)} - 4b \cdot \mathbf{(2x - 3y)}$	Der gemeinsame Faktor $2x - 3y$ wird ausgeklammert. Vom ersten Produkt bleibt $7a$, vom zweiten Produkt $-4b$.
$= (7a - 4b) \cdot (2x - 3y)$	

Aufgaben

14. Vereinfachen Sie folgende Terme:
    a) $2a - 5b - 4a + 2b$
    b) $6x - 3y + 8x - 2y + 4x$
    c) $-3a - 2z + 3y - 3ay + 4a + 2z$
    d) $4ab + 3ac - 5ab + 4bc - 3ac - ab$
    e) $0,3r + 1,2s^2 - 0,5r - 1,8s \cdot 2s$
    f) $1,2ab - 3,8bc + 0,2ac - 0,8ab - 2ac$
    g) $7f^2y - 3yz^3 - 2fy + 4f^2y + 3yf$
    h) $4x^4 - 2x^2 + x - 3x^4 + 3x^2 - 4x$
    i) $7x \cdot y^2 + 3x^2 \cdot y + 5xy^2 - 2xyx$
    j) $-3xy^2 \cdot 6x^2y - 9x^3y^3 + x^2y^3 \cdot x$
    k) $6rs - 3r^2s^2 + 5rs \cdot 2rs - 7sr$
    l) $-3abc^2 + 3abc - 4a^2bc - a \cdot bc$
    m) $3ax^3 - 4x^2 \cdot 2a + 5a^2x - 2a \cdot 3x^3 + 3ax \cdot 3x - 7x^3 \cdot 2a$

15. Vereinfachen Sie folgende Produkte:

a) $7x \cdot (3y \cdot 2x)$ \hspace{2em} b) $4x \cdot (-2xy)$

c) $(-5xy) \cdot (2xy^2) \cdot 2y$ \hspace{2em} d) $(-6xy) \cdot (-2y) \cdot (3xz) \cdot (-5x)$

e) $-(3x \cdot y) \cdot (-4) \cdot 2xy^2 \cdot (-xy)$ \hspace{1em} f) $-(-x \cdot 2y)^2 \cdot (-xy) \cdot (-x \cdot 3y)^2$

16. Klammern Sie möglichst viel aus:

a) $4x^3 - 6x^2$ \hspace{2em} b) $16x^2y^3 - 24x^3y^2$

c) $12a^2b^3c - 18b \cdot 2a^2b^2c^2$ \hspace{2em} d) $3x^5 - 12x^3y + 9x^2y^3 + 6x^4y$

e) $7x^2y - 5xy^2 + 2xy^3 - 6x^2y^2$ \hspace{1em} f) $35x\sqrt{y} - 7y\sqrt{x} + 21\sqrt{xy}$

g) $25a^3b^4c^2 - 15b^3a^2c + 35c^4b^3a^2$

17. Vereinfachen Sie folgende Terme soweit wie sinnvoll (klammern Sie nach dem Ausmultiplizieren und Zusammenfassen gegebenenfalls noch gemeinsame Faktoren aus):

a) $8x \cdot (3z - 5y) + (2x - 4z) \cdot 2y$

b) $6xy^2 \cdot (3x - y) - (-3xy)^2$

c) $(5xy^3) \cdot (-3x^2z) + 10x^2z \cdot y^2$

d) $-5r \cdot (3s - 2r) - r^2 \cdot (4 - 2s) + 4r \cdot 2r$

e) $(3xy - 4x) \cdot (-2x^2) - 3x^2 \cdot (4x + 2y)$

f) $x^2 \cdot (3x^3 - 2x) - 7x \cdot (2x^4 - 4x^3) - (-4x^2) \cdot (2x + 5x^3)$

g) $3xy \cdot (4x + 2y) - 2x^2 \cdot (5 - 2y) - 3y^2 \cdot (2x - 1) + (2x + 4y) \cdot (-3xy)$

18. Vereinfachen Sie die Terme „von innen nach außen", indem Sie immer die jeweils innersten Klammern berechnen:

a) $[7x - 2 \cdot (3x + 2)] \cdot 3x - 15x^2$

b) $12ab - 3b \cdot [2a - 5 \cdot (3b - 2a) + 11b]$

c) $4x^3 - 2x \cdot [5x + 2 \cdot (3x^2 - 4x) - 5x^2]$

d) $-3x^4y - (-7xy) \cdot (-2x^3 + 4) + (-3xy) \cdot (2x^3 - 8) + (7x^4y - 8xy) \cdot (-1)$

19. Vereinfachen Sie die Terme:
- a) $\frac{3}{4}x - \frac{4}{5}y^2 - 0{,}5x + 1{,}2y^2$
- b) $\frac{3}{4}x^2 - \frac{2}{5}y^2 + \frac{2x}{3} \cdot 4x + 1{,}2y^2$
- c) $\left(-\frac{1}{2}x^2 - y^2\right) \cdot \frac{2}{3}xy + \frac{2}{6}x^3 \cdot (-2y + 4)$
- d) $\left(-\frac{3}{4}x^2 - \frac{1}{2}xy\right) \cdot \left(-\frac{2}{3}y\right) - x^2y + \frac{1}{3}xy^2$
- e) $\frac{1}{4}x^2 \cdot (-2xy - 4y^2) - \frac{2}{3}xy \cdot \left(\frac{3}{4}x^2 - \frac{3}{5}xy\right)$

20. Klammern Sie den Term $-6x^2$ aus:
- a) $24x^3y - 30x^2y^2$
- b) $120x^2y^2 - 60x^3 + 6x^2 - 54x^5y^2$

21. Verwandeln Sie die Terme in ein Produkt:
- a) $4a - 6ab$
- b) $4 \cdot 2xy - 3a \cdot 2xy$
- c) $3x^2yz + 6s^2yz - 9t^2yz$
- d) $4a - 8ab + 4b$
- e) $a\sqrt{xy} - b\sqrt{xy}$
- f) $rs\sqrt{a+b} - st^2\sqrt{a+b}$
- g) $4xy\sqrt{a^2+b^2} + 5x^2\sqrt{a^2+b^2}$
- h) $\sqrt{x^2-y^2} - 6a\sqrt{x^2-y^2}$
- i) $11 \cdot (x^2 - z) + 6a \cdot (-x^2 + z)$
- j) $(r^2 - 5s) \cdot 3a - 4b \cdot (5s - r^2)$
- k) $4x^2(3a - 6b) + 7y^2(2b - a)$
- l) $(14r + 21s) \cdot 5a - 3b \cdot (12r + 18s)$

2 Rechnen mit Klammern

Mit Klammern lassen sich Terme aneinander binden, die aufgrund der Vorfahrtsregeln eigentlich nicht zusammengehören würden. Die konsequente Beachtung der Klammerregeln ist bei der Bearbeitung von Termen sehr wichtig. In diesem Kapitel wird insbesondere das Distributivgesetz ausgebaut zu den binomischen Formeln, die bei Termumformungen mit Klammern an zentraler Stelle stehen.

2.1 Auflösen von Klammern

Regel | Bestehen die beiden Faktoren eines Produkts aus Summen, dann wird **jeder Summand des ersten Faktors mit jedem Summand des zweiten Faktors** multipliziert und anschließend diese Produkte addiert.

Diese Regel kann durch zweimaliges Anwenden des Distributivgesetzes leicht nachgeprüft werden:

$(a+b) \cdot (c+d)$ Ersetzen von (c+d) durch z
$= (a+b) \cdot z$ Ausmultiplizieren mithilfe des Distributivgesetzes
$= a \cdot z + b \cdot z$ Rücksetzen von z durch (c+d)
$= a \cdot (c+d) + b \cdot (c+d)$ Ausmultiplizieren mithilfe des Distributivgesetzes
$= a \cdot c + a \cdot d + b \cdot c + b \cdot d$

Sie gilt sinngemäß auch für Summen mit mehr als zwei Summanden.

Beispiele

1. $(3x + 5y) \cdot (7a + 3y) = 21ax + 35ay + 9xy + 15y^2$

2. $(a + b + c) \cdot (a^2 + c^2) = a^3 + a^2b + a^2c + ac^2 + bc^2 + c^3$

3. $(x^2 - y^2) \cdot (x - y) = x^3 - xy^2 - x^2y + y^3$

4. $(1 + x + x^2 + x^3 + x^4) \cdot (1 - x)$
   $= 1 + x + x^2 + x^3 + x^4 - x - x^2 - x^3 - x^4 - x^5$
   $= 1 - x^5$

5. $(a + b^2 + c) \cdot (4a - 2c^2) = 4a^2 + 4ab^2 + 4ac - 2ac^2 - 2b^2c^2 - 2c^3$

6. $(a^2 - 5a + 2) \cdot (2a^2 - 3a - 1)$
   $= 2a^4 - 10a^3 + 4a^2 - 3a^3 + 15a^2 - 6a - a^2 + 5a - 2$
   $= 2a^4 - 13a^3 + 18a^2 - a - 2$

7. $(x - 3) \cdot (x + 1) \cdot (2x - 1)$ Ausmultiplizieren der ersten zwei Klammern
   $= (x^2 + x - 3x - 3) \cdot (2x - 1)$ Zusammenfassen in der Klammer
   $= (x^2 - 2x - 3) \cdot (2x - 1)$ Ausmultiplizieren
   $= 2x^3 - x^2 - 4x^2 + 2x - 6x + 3$ Zusammenfassen
   $= 2x^3 - 5x^2 - 4x + 3$

Aufgaben

22. Multiplizieren Sie aus:
    a) $(a + 2) \cdot (b + 5)$
    b) $(x + 5) \cdot (6 + y)$
    c) $(4 + x) \cdot (3 - x)$
    d) $(a + c) \cdot (d - x)$
    e) $(3a + 5) \cdot (2b - 3)$
    f) $(4ab - 8c) \cdot (a^2 - 3bc)$
    g) $(4x - 2x^2) \cdot (3x^3 - 2x^2)$
    h) $(r + r^2 - r^3) \cdot (2r - 3r^2)$
    i) $(a + b + a^2) \cdot (a - b + ab)$
    j) $(2x + 4x^2) \cdot (4x - 2x^2 + 1)$
    k) $(a - a^2 + a^3 - a^4) \cdot (a^2 + a + 1)$
    l) $(x + 1) \cdot (x + 2) \cdot (x + 3)$

23. Multiplizieren Sie aus und fassen Sie soweit wie sinnvoll zusammen:
    a) $(a + 1) \cdot (a - b) + (b - 1) \cdot (a + b)$
    b) $(x - 1) \cdot (y + 1) - (y - 1) \cdot (x + 2)$
    c) $(2x + 3) \cdot (4x + 1) - (3x + 1) \cdot (2x - 1)$
    d) $(2x + 3y) \cdot (4 - 2x) - (x + 4) \cdot (2y - 3x)$
    e) $(x - y) \cdot (x + x^2) - (x + y) \cdot (x^2 - x)$
    f) $3 \cdot (3x - xy) \cdot (2y - 3x) + 2 \cdot (y + x) \cdot (2xy - x) - 4 \cdot (3x - 2y) \cdot (5xy - 2x)$

2.2 Binomische Formeln

Unter den Produkten von Summen kommen drei Typen besonders häufig vor. Bei diesen unterscheiden sich die einzelnen Faktoren höchstens um das Vorzeichen der einzelnen Summanden. Die drei Regeln, nach denen diese Produkte in Summen umgewandelt werden und umgekehrt, werden **binomische Formeln** genannt.

Regel

Die drei **binomischen Formeln** sollte man auswendig kennen:
1. $(a+b)^2 = a^2 + 2ab + b^2$
2. $(a-b)^2 = a^2 - 2ab + b^2$
3. $(a+b) \cdot (a-b) = a^2 - b^2$

Die Gültigkeit dieser Formeln zeigt sich durch Nachrechnen:

1. $(a+b)^2 = (a+b) \cdot (a+b)$ als Produkt schreiben
$= a^2 + ab + ab + b^2$ ausmultiplizieren
$= a^2 + 2ab + b^2$ zusammenfassen

2. $(a-b)^2 = (a-b) \cdot (a-b)$ als Produkt schreiben
$= a^2 - ab - ab + b^2$ ausmultiplizieren
$= a^2 - 2ab + b^2$ zusammenfassen

3. $(a+b) \cdot (a-b) = a^2 + ab - ab - b^2$ ausmultiplizieren
$= a^2 - b^2$ zusammenfassen

Beispiele

1. Multiplizieren Sie den Term $(4x^2 + 5s)^2$ aus.

   Lösung:
   Man ersetzt **$4x^2$ durch a** und **$5s$ durch b** und wendet die erste binomische Formel an:

   $(\mathbf{4x^2 + 5s})^2 = (\mathbf{a+b})^2$ Anwenden der ersten binomischen Formel auf $(a+b)^2$
   $= \mathbf{a}^2 + 2 \cdot \mathbf{a} \cdot \mathbf{b} + \mathbf{b}^2$ Anschließend ersetzt man wieder a und b durch die ursprünglichen Terme
   $= (\mathbf{4x^2})^2 + 2 \cdot \mathbf{4x^2} \cdot \mathbf{5s} + (\mathbf{5s})^2$ Vereinfachen der Summanden
   $= 16x^4 + 40sx^2 + 25s^2$

2. Vereinfachen Sie den Term $(4a^2+3s)\cdot(3s-4a^2)$ mithilfe einer binomischen Formel.

   Lösung:

   $(\mathbf{4a^2+3s})\cdot(3s-4a^2)$ \hfill Anwenden des Kommutativgesetzes auf den ersten Faktor

   $=(\mathbf{3s+4a^2})\cdot(\mathbf{3s-4a^2})$ \hfill Anwenden der dritten binomischen Formel

   $=(\mathbf{3s})^2-(\mathbf{4a^2})^2=9s^2-16a^4$ \hfill Berechnen der Quadrate

3. Vereinfachen Sie den Term $(16a-12b^2)\cdot(12a+9b^2)$ mithilfe einer binomischen Formel.

   Lösung:
   Eine binomische Formel ist nicht auf Anhieb zu erkennen, aber man kann aus den einzelnen Klammertermen jeweils einen Faktor ausklammern.

   $16a-12b^2 = 4\cdot(4a-3b^2)$

   $12a+9b^2 = 3\cdot(4a+3b^2)$

   Damit ergibt sich:

   $(16a-12b^2)\cdot(12a+9b^2)$ \hfill Ausklammern

   $=\mathbf{4}\cdot(\mathbf{4a-3b^2})\cdot\mathbf{3}\cdot(4a+3b^2)$ \hfill Anwenden des Kommutativgesetzes

   $=12\cdot(\mathbf{4a-3b^2})\cdot(\mathbf{4a+3b^2})$ \hfill Anwenden der 3. binomischen Formel

   $=12\cdot(\mathbf{16a^2-9b^4})=192a^2-108b^4$ \hfill Ausmultiplizieren

4. Multiplizieren Sie den Term $(a-2b)^3$ aus.

   Lösung:
   Die dritte Potenz wird zunächst in ein Produkt umgeformt:

   $(a-2b)^3=(\mathbf{a-2b})^2\cdot(a-2b)$ \hfill Anwenden der 2. binomischen Formel

   $=(a^2-4ab+4b^2)\cdot(a-2b)$ \hfill Ausmultiplizieren des Produkts

   $=a^3-4a^2b+4ab^2-2a^2b+8ab^2-8b^3$ \hfill Zusammenfassen

   $=a^3-6a^2b+12ab^2-8b^3$

Aufgaben 24. Multiplizieren Sie nach den binomischen Formeln aus:

a) $(r+s)^2$ \hspace{2cm} b) $(4s+6z)^2$

c) $(x^2+2y^3)^2$ \hspace{2cm} d) $(6rs^2+2pq^2)^2$

e) $(s-t)^2$ \hspace{2cm} f) $(4y-2z)^2$

g) $(5xy^2-6r^2)^2$ \hspace{2cm} h) $(7-9uv^2)^2$

Rechnen mit Klammern 19

25. Multiplizieren Sie nach der 3. binomischen Formel aus:
 a) $(x-y) \cdot (x+y)$
 b) $(4t-5u) \cdot (4t+5u)$
 c) $(2rs - 5t^2) \cdot (2rs + 5t^2)$
 d) $(2s^2 + 5t) \cdot (5t - 2s^2)$
 e) $(4ab + c) \cdot (c - 4ab)$
 f) $(7 - x^2) \cdot (x^2 + 7)$

26. Verwenden Sie eine binomische Formel zur Vereinfachung des Terms:
 a) $(7x^2 - 5y)^2$
 b) $(3x^3 - 5ab^2)^2$
 c) $(7xy - 3a^2) \cdot (7xy + 3a^2)$
 d) $(4a^2b + 5ab) \cdot (4a^2b + 5ab)$
 e) $(3rs^2 + 2r^3s^4)^2$
 f) $(5xz^2 - 2x^2) \cdot (5xz^2 + 2x^2)$
 g) $(8a - 3b) \cdot (3b + 8a)$
 h) $(2a^2x + 3ax^3) \cdot (3ax^3 - 2a^2x)$
 i) $(4x - 6y) \cdot (10x + 15y)$
 j) $(10a - 15b) \cdot (2a - 3b)$

27. Multiplizieren Sie nach den binomischen Formeln aus:
 a) $(3x + \sqrt{7}) \cdot (3x - \sqrt{7})$
 b) $(3x - \sqrt{5})^2$
 c) $(\sqrt{a} + \sqrt{b})^2$
 d) $(\sqrt{a} - 2) \cdot (-2 + \sqrt{a})$

28. Multiplizieren Sie die Terme aus und vereinfachen Sie diese anschließend sinnvoll:
 a) $(4x - y)^2 + (x + 2y)^2$
 b) $(x + 3y)^2 - (x - 3y)^2$
 c) $(2x - 3x^2)^2 - (x + 4x^2) \cdot (x - 4x^2)$
 d) $(a - b)^2 - (2b - 3a)^2 + (a + 2b)^2$
 e) $(a + 1)^2 - (a - 2)^2 + (a - 3)^2 - (a + 4)^2$
 f) $(2a - 3b)^2 - (3a - 2b)^2 - (3a - 5b) \cdot (3a + 5b)$
 g) $(4x - y)^2 \cdot (x + 2y)$
 h) $(2x + y)^2 \cdot (3x - y)^2$
 i) $(a + 1)^2 \cdot (a - 1)^2 - (a^2 + 2) \cdot (a^2 - 2)$
 j) $(x^3y^4 - x^2y)^2 \cdot (x - y)^2$

29. Füllen Sie die Lücken korrekt aus:
 a) $(x + \square)^2 = \square + \square + 4y^2$
 b) $(\square + \square)^2 = 9a^2 + \square + 16b^2y^2$
 c) $(\square + 7x)^2 = \square + 42xy^2 + \square$
 d) $(\square - \square)^2 = 36a^2 - 72ab + \square$
 e) $(\square + \square) \cdot (\square - \square) = z^4 - 9r^2s^4$
 f) $(\square - 4z^2)^2 = 9z^2 - \square + \square$
 g) $(3bz - \square)^2 = \square - 18abz^2 + \square$
 h) $(\square + 4x) \cdot (\square - 4x) = 16r^2 - \square$

30. Multiplizieren Sie die Terme aus:
    a) $(a+2)^3$ b) $(x-4y)^3$
    c) $(2x-3y)^3$ d) $(2x-1)^4$
    e) $(a-5)^4$ f) $(x+1)^5$

2.3 Faktorisieren

Im Gegensatz zum zuvor besprochenen Ausmultiplizieren, bei dem ein Produkt in eine Summe umgewandelt wird, wird beim Faktorisieren eine Summe in ein Produkt umgewandelt.

Um eine Summe in ein Produkt umzuwandeln, geht man folgendermaßen vor:
1. Zunächst sucht man **gemeinsame Faktoren** und klammert diese aus.

2. Man überprüft, ob eine der **binomischen Formeln** „von rechts nach links" angewandt werden kann.

3. Man testet, ob der **Satz des Vieta** anwendbar ist.

Regel

> **Satz des Vieta:** Wenn sich der Term $x^2 + px + q$ in ein Produkt der Form $(x + a) \cdot (x + b)$ verwandeln lässt, dann muss für a und b gelten:
>
>   **a + b = p und a · b = q**

Dieser Satz kann begründet werden, indem man den Term $(x + a) \cdot (x + b)$ ausmultipliziert:
$(x + a) \cdot (x + b) = x^2 + ax + bx + ab = x^2 + \mathbf{(a+b)} \cdot x + \mathbf{a \cdot b}$
Anschließend vergleicht man das Ergebnis mit $x^2 + \mathbf{p}x + \mathbf{q}$ und erhält:
$a + b = p$ und $a \cdot b = q$.

4. Man versucht, die Summanden so zu **gruppieren**, dass in jeder Gruppe nach dem Ausklammern derselbe Term übrig bleibt. Diesen gemeinsamen Term kann man anschließend nochmals ausklammern.

5. Zuletzt gibt es noch das Verfahren der **Polynomdivision**, das in Abschnitt 3.4 erläutert wird.

Beispiele

1. **Gemeinsamer Faktor:** $25r^2s - 20rs^2 + 15r^2s^2 = ?$
   In allen Summanden lässt sich der Faktor 5rs ausklammern:
   $25r^2s - 20rs^2 + 15r^2s^2 = 5rs \cdot (5r - 4s + 3rs)$

2. **Binomische Formel:** $x^2 - 18x + 81 = ?$
   Wenn eine binomische Formel verwendet werden kann, dann wegen der drei Summanden und der Vorzeichen nur die 2. binomische Formel. Durch Vergleich mit $a^2 - 2ab + b^2$

   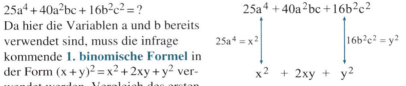

   erhält man $x = a$ und $b = 9$ und somit $x^2 - 18x + 81 = (x-9)^2$. Die Überprüfung des mittleren Summanden, $-2ab = -2 \cdot x \cdot 9 = -18x$, bestätigt die Korrektheit der Umformung.

3. $25a^4 + 40a^2bc + 16b^2c^2 = ?$
   Da hier die Variablen a und b bereits verwendet sind, muss die infrage kommende **1. binomische Formel** in der Form $(x+y)^2 = x^2 + 2xy + y^2$ verwendet werden. Vergleich des ersten und dritten Summanden ergibt hier $25a^4 = x^2$, also $x = 5a^2$ bzw. $16b^2c^2 = y^2$, also $y = 4bc$. Somit erhält man $25a^4 + 40a^2bc + 16b^2c^2 = (5a^2 + 4bc)^2$. Auch hier bestätigt die Überprüfung des mittleren Summanden die Richtigkeit der Umformung: $2xy = 2 \cdot 5a^2 \cdot 4bc = 40a^2bc$.

4. $k^4 - 9z^4 = ?$
   Hier kommt nur die **3. binomische Formel** in Betracht. Der Vergleich mit $a^2 - b^2$ liefert $a = k^2$ und $b = 3z^2$ und daher $k^4 - 9z^4 = (k^2 + 3z^2) \cdot (k^2 - 3z^2)$.

5. $r^2 + 3rs + 4s^2 = ?$
   Der erste und dritte Summand lassen vermuten, dass durch Vergleich mit der **1. binomischen Formel** aus dem Term $a^2 + 2ab + b^2$ sofort $a = r$ und $b = 2s$ folgt. Leider stimmt aber dann

   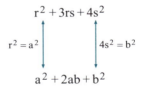

   $2ab = 2 \cdot r \cdot 2s = 4rs$ nicht mit dem vorgegebenen mittleren Summanden $3rs$ überein. Der Term $r^2 + 3rs + 4s^2$ lässt sich **nicht** in ein Produkt verwandeln (abgesehen von $r^2 + 3rs + 4s^2 = 1 \cdot (r^2 + 3rs + 4s^2)$ oder ähnlichem).

6. **Satz des Vieta:** $x^2 + 7x + 12 = ?$
   Dieser Term kann in der Form $(x+a) \cdot (x+b)$ faktorisiert werden. Dabei muss aber $a + b = 7$ und $a \cdot b = 12$ gelten. Dies ist – wenn überhaupt – nur für positive Zahlen a und b möglich. Spielt man die verschiedenen Möglichkeiten für a und b durch, deren Produkt 12 ergibt, und filtert diejenigen Kombinationen heraus, deren Summe auch noch 7 ergibt (siehe Tabelle), dann erhält man $a = 4$ und $b = 3$ (oder umgekehrt) und somit $x^2 + 7x + 12 = (x+4) \cdot (x+3)$.

a	b	a+b
1	12	13
2	6	8
3	4	7
4	3	7
6	2	8
12	1	13

7. $x^2 - 2x - 15 = ?$
   Auch hier muss zur Umwandlung in ein Produkt der Form $(x+a) \cdot (x+b)$ mithilfe des **Satzes von Vieta** gelten: $a+b = -2$ und $a \cdot b = -15$. Ein Faktor muss negativ sein, der andere positiv. Bezeichnet man den positiven Faktor mit a, den negativen Faktor mit b und spielt man wieder die verschiedenen Möglichkeiten für a und b durch (siehe Tabelle), dann erhält man $a = 3$ und $b = -5$ und somit $x^2 - 2x - 15 = (x+3) \cdot (x-5)$.

a	b	a+b
1	−15	−14
3	−5	−2
5	−3	2
15	−1	14

8. **Geeignete Gruppierung:**
   $3 + 4b + 6a + 8ab = \mathbf{3 + 6a + 4b + 8ab}$

   $3 + 6a = 3 \cdot (1 + 2a)$
   $4b + 8ab = 4b \cdot (1 + 2a)$

   $= 3 \cdot \mathbf{(1 + 2a)} + 4b \cdot \mathbf{(1 + 2a)} = (3 + 4b) \cdot (1 + 2a)$

   Ausklammern des gemeinsamen Terms $1 + 2a$

Wenn keine der zuvor beschriebenen Faktorisierungen möglich sind, dann ist oft noch ein Test sinnvoll, ob der Term durch eine quadratische Ergänzung vereinfacht werden kann:

Definition

Unter **quadratischer Ergänzung** versteht man die Addition eines Terms in der Weise, dass dieser sich mithilfe der binomischen Formeln als Quadrat einer Summe oder Differenz schreiben lässt.

Beispiele

1. Der Term $x^2 - 8x$ soll quadratisch ergänzt werden.

   Lösung:
   Wegen des Minuszeichens muss die 2. binomische Formel verwendet werden.

   $(x-p)^2 = x^2 - \mathbf{2 \cdot p} \cdot x + p^2$
   $\Updownarrow$
   $x^2 - \mathbf{8} \cdot x$

   In der 2. binomischen Formel steht das mittlere Glied $-2px$, welches mit $-8x$ verglichen wird. Hieraus entnimmt man durch Vergleich der beiden Zeilen sofort $p = 4$.

   $(x-4)^2 = x^2 - \mathbf{2 \cdot 4} \cdot x + \mathbf{p^2}$
   $\Updownarrow \quad\quad \Updownarrow \quad\quad \Updownarrow$
   $(x-4)^2 = x^2 - \mathbf{8x} \quad \mathbf{+16}$

   Setzt man $p = 4$ in die binomische Formel ein, dann erhält man den gewünschten quadratisch ergänzten Term $x^2 - 8x + 16 = (x-4)^2$

   Der Term $x^2 - 8x$ kann also durch den Summanden **+16** quadratisch ergänzt werden: $x^2 - 8x + \mathbf{16} = (x-4)^2$.

Damit lässt sich der Ausgangsterm auch in der Form $x^2 - 8x = (x-4)^2 - 16$ schreiben. Der Summand 16, der zum Erreichen einer binomischen Formel dazugefügt wurde, muss also sofort wieder subtrahiert werden, damit die Terme äquivalent bleiben.

2. Ergänzen Sie $z^2 + z$ quadratisch:

   Lösung:
   Hier muss die 1. binomische Formel verwendet werden.

   $(z+p)^2 = z^2 + 2 \cdot p \cdot z + p^2$ Vergleich der beiden Zeilen liefert $2pz = z$ und damit $2p = 1 \Leftrightarrow p = \frac{1}{2}$ und durch Quadrieren $p^2 = \frac{1}{4}$.

   $\Updownarrow$

   $z^2 + z$

   $(z+\frac{1}{2})^2 = z^2 + z + \frac{1}{4}$

   Also lässt sich der Ausgangsterm schreiben:
   $z^2 + z = (z+\frac{1}{2})^2 - \frac{1}{4}$

3. Ergänzen Sie den Term quadratisch: $4u^2 - 7u$

   Lösung:

   $4u^2 - 7u = 4 \cdot \left[u^2 - \frac{7}{4}u\right]$ Faktor 4 ausklammern. Für den Klammerterm liefert die 2. binomische Formel $p = \frac{7}{8}$. $p^2 = \left(\frac{7}{8}\right)^2$ wird addiert und sofort wieder subtrahiert.

   $= 4 \cdot \left[u^2 - \frac{7}{4}u + \left(\frac{7}{8}\right)^2 - \left(\frac{7}{8}\right)^2\right]$ 2. binomische Formel anwenden

   $= 4 \cdot \left[\left(u - \frac{7}{8}\right)^2 - \frac{49}{64}\right]$ Eckige Klammern ausmultiplizieren

   $= 4 \cdot \left(u - \frac{7}{8}\right)^2 - \frac{49}{16}$

Aufgaben

31. Klammern Sie möglichst viel aus:
    a) $18ab - 24bc^2$
    b) $39r^2xy - 26rx^2y^3 + 52rx^3y$
    c) $24a^3b^4 - 36a^4b^3 + 18a^4b^4$
    d) $16a\sqrt{b} + 24b\sqrt{a}$

32. Wenden Sie zur Faktorisierung eine binomische Formel an:
    a) $x^2 - y^2$
    b) $r^2 - 6rs + 9s^2$
    c) $4a^2 + 20abc + 25b^2c^2$
    d) $x^4 - 10x^2 + 25$
    e) $r^6 - 12r^4 + 36r^2$
    f) $16a^2b^4 - 25a^4c^2$

33. Prüfen Sie, ob sich eine binomische Formel zur Faktorisierung verwenden lässt. Klammern Sie gegebenenfalls zunächst einen gemeinsamen Faktor aus.

a) $r^2 - rs + 4s^2$ b) $36x^6 - 16x^4$

c) $a^3 - 2a^2b + ab^2$ d) $5r^2s - 30rst + 45st^2$

e) $8a^4b^2 - 48a^3b + 72a^2$ f) $28r^2s^4 - 63t^2$

34. Wenden Sie den Satz des Vieta zur Faktorisierung an. Klammern Sie gegebenenfalls zunächst einen Faktor aus.

a) $x^2 + 3x + 2$ b) $x^2 + 9x + 18$

c) $y^2 + 10y + 9$ d) $u^2 - 3u - 28$

e) $u^4 - u^2 - 20$ f) $z^2 - 14z + 48$

g) $3a^2 - 3a - 36$ h) $6p^2q - 18pq - 60q$

35. Verwandeln Sie die Summe in ein Produkt, indem Sie geeignet gruppieren:

a) $4 + 16x + 9a + 36ax$ b) $12rs - 9st + 16r^2 - 12rt$

c) $1 + x + x^2 + x^3$ d) $14a^2b - 35ab^2 - 6ab^2 + 15b^3$

e) $30a + 40b + 20c + 6ab + 8b^2 + 4bc$

36. Faktorisieren Sie die Terme.

a) $a^2 - 5a - 24$ b) $x^2 + 20x + 100$

c) $25r^2z^4 - 36z^6$ d) $2a^4 - 98$

e) $a^2 + 8ab^2 + 16b^4$ f) $3x^2 - 9xy - 54y^2$

g) $30xy + 3x^2 + 75y^2$ h) $8p^2z - 16pz - 120z$

i) $3x^2 + 9xy + 6y^2$ j) $7r^3 - 28r^2s^2 + 28rs^4$

k) $2p^2 - 28p + 96$ l) $x^6 - 81x^2y^4$

37. Ergänzen Sie den Term quadratisch.

a) $x^2 - 6x$ b) $a^2 + 10a$

c) $r^2 + r$ d) $x^4 - 4x^2$

e) $4a^2 - 4a$ f) $9x^4 - 18x^2$

3 Bruchterme

Im Kapitel 2 haben Sie Terme bearbeitet, die keine Brüche enthalten. Auch bei Termen mit Brüchen gelten die dort erworbenen Regeln. Zusätzlich sind aber weitere Regeln zu beachten, die in diesem Kapitel beschrieben werden.

Definition
Terme, die **mindestens einen Nenner** besitzen, **in dem mindestens eine Variable** vorhanden ist, nennt man **Bruchterme**.

Beispiele
Welche der Terme $\frac{7x+9}{3x+2}$, $3+\frac{7}{3-x}+9x$, $\frac{6x-9}{2x+3-2x}$ und $\frac{7x-9}{8}$ sind Bruchterme?

Lösung:
Die Terme $\frac{7x+9}{3x+2}$ und $3+\frac{7}{3-x}+9x$ sind Bruchterme. Auch $\frac{6x-9}{2x+3-2x}$ ist ein Bruchterm, obwohl man den Nenner zu 3, also in einen Term ohne Variable, vereinfachen kann.
$\frac{7x-9}{8}$ ist jedoch kein Bruchterm, weil keine Variable im Nenner steht.

Weil bei einem Bruchterm eine Variable im Nenner eines Bruchterms steht, darf man eventuell nicht alle zur Verfügung stehenden Zahlen in den Term einsetzen, weil man sonst unter Umständen durch 0 dividieren würde. Man muss also diejenigen Belegungen der Nenner-Variablen ausschließen, durch die sich bei entsprechender Belegung des Bruchterms eine 0 im Nenner ergeben würde. Daher ist die Einführung der Begriffe Grundmenge und Definitionsmenge sinnvoll.

3.1 Grund- und Definitionsmenge

Im Folgenden werden zunächst nur Terme mit einer einzigen Variablen betrachtet.

Definition
Unter der **Grundmenge G** versteht man diejenige Zahlmenge, die man für die Belegung der Variablen zugrunde legt. Meist verwendet man als Grundmenge die umfassendste der zur Verfügung stehenden Zahlmengen, also in der Regel die reellen Zahlen.

Die **maximale Definitionsmenge D_{max}** enthält nur solche Zahlen aus der Grundmenge, mit denen bei entsprechender Variablenbelegung der zugehörige Wert des Terms berechnet werden kann.

Bruchterme

Regel

Die **maximale Definitionsmenge D_{max}** erhält man bei Bruchtermen, die im Nenner aus Polynomen bestehen, indem man diejenigen Zahlen der Grundmenge streicht, für die der **Nenner den Wert 0** annimmt.

Beispiele

1. Bestimmen Sie die maximale Definitionsmenge des Terms $\frac{3x-5}{x-3}$.

   Lösung:
   Bei Verwendung der reellen Zahlen als Grundmenge darf der Term $\frac{3x-5}{x-3}$ nicht mit x = 3 belegt werden, da in diesem Fall im Nenner 3 – 3 = 0 stehen würde. Die maximale Definitionsmenge lautet also $D_{max} = \mathbb{R} \setminus \{3\}$. Der umgekehrte Schrägstrich „\" bedeutet hierbei „ohne". „$D_{max} = \mathbb{R} \setminus \{3\}$" wird gelesen als „Die maximale Definitionsmenge besteht aus den reellen Zahlen ohne die Zahl 3".

2. Bestimmen Sie die maximale Definitionsmenge des Terms
   $\frac{5a}{a-6} \cdot \frac{3}{a} - \frac{3a-5}{a+1{,}5}$ für die Grundmenge $G = \mathbb{N}$.

   Lösung:
   Der erste Nenner a – 6 ergibt für a = 6 den Wert 0, wegen des zweiten Nenners darf a nicht 0 sein, und der dritte Nenner a + 1,5 erfordert a ≠ –1,5.
   Da a = –1,5 nicht in der Grundmenge $\mathbb{N}$ enthalten ist, muss man a = –1,5 nicht explizit verbieten, sodass sich für die maximale Definitionsmenge ergibt: $D_{max} = \mathbb{N} \setminus \{0; 6\}$.

3. Bestimmen Sie die maximale Definitionsmenge für den über den rationalen Zahlen definierten Term $\frac{3}{a^2 - 6a + 8}$.

   Lösung:
   Zunächst muss man diejenigen Belegungen von a finden, für die der Nenner 0 wird. Man erhält durch Anwenden des Satzes von Vieta:
   $a^2 - 6a + 8 = (a-4) \cdot (a-2)$
   Dieses Produkt ist nur dann 0, wenn mindestens einer der Faktoren 0 ist, wenn also a = 4 oder a = 2 ist. Somit erhält man für die maximale Definitionsmenge $D_{max} = \mathbb{Q} \setminus \{2; 4\}$.

4. Bestimmen Sie die maximale Definitionsmenge des Terms $\frac{x-5}{x+5} : \frac{4-x}{3-x}$.

   Lösung:
   Der erste Nenner ist für x = –5 nicht definiert, der zweite Nenner für x = 3. Weiterhin darf x nicht den Wert 4 besitzen, da ansonsten der zweite Bruch 0 wäre und dadurch der erste Bruch durch 0 dividiert würde. Insgesamt ergibt sich für $G = \mathbb{R}$ für die maximale Definitionsmenge:
   $D_{max} = \mathbb{R} \setminus \{3; 4; -5\}$.

5. Bestimmen Sie die maximale Definitionsmenge des Terms $\frac{3x-6}{3x-6}$.

Lösung:
$3x - 6 = 0 \Leftrightarrow x = 2$ $D_{max} = \mathbb{R} \setminus \{2\}$.

Wichtig: Der Term $\frac{3x-6}{3x-6}$ lässt sich für $x \neq 2$ kürzen: $\frac{3x-6}{3x-6} = 1$.
Zur Bestimmung der maximalen Definitionsmenge muss aber stets der ungekürzte Nenner $3x - 6$ betrachtet werden.

Aufgaben

38. Welche der Terme sind Bruchterme?

a) $\frac{4b-3}{5+b}$

b) $34 + \frac{8}{x}$

c) $3 + 7x^{-1}$

d) $28 + \frac{3}{z+9-z}$

39. Welche der angegebenen Zahlen darf man in den Bruchterm *nicht* einsetzen?

a) $\frac{a^2-5}{a^2-9}$ $G = \{1; 2; 3; 4; 5\}$

b) $4x - \frac{6x}{x^2 \cdot (x-2)}$ $G = \{0; 1; 2; 3\}$

c) $\frac{4x}{x^3 - 9x^2 + 26x - 24}$ $G = \{1; 2; 3; 4\}$

d) $\frac{x-5}{(x-2) \cdot (x-3) \cdot (x-4) \cdot (x-5)}$ $G = \{1; 2; 3; 4; 5; 6\}$

40. Bestimmen Sie die jeweilige maximale Definitionsmenge ($G = \mathbb{R}$):

a) $\frac{4-3x}{2x+5}$

b) $2a - \frac{1}{2a+3}$

c) $\frac{7x}{5x-4}$

d) $\frac{3}{x^2+2x+1}$

e) $\frac{a^2-4}{a^2-9}$

f) $\frac{4x-5}{x^2-6x+9}$

41. Bestimmen Sie die jeweilige maximale Definitionsmenge ($G = \mathbb{R}$):

a) $\frac{2x+1}{x-3} - \frac{4}{4x+3}$

b) $\frac{4a-3}{2a+4} - \frac{2a+4}{4a-3}$

c) $\frac{1}{x+1} - \frac{5}{2x+1} - \frac{6}{3x+1}$

d) $\frac{7z-1}{2z+5} - \frac{4z+1}{3z-4}$

42. Bestimmen Sie die maximale Definitionsmenge ($G = \mathbb{R}$):

a) $\dfrac{3-x}{x^2-x}$

b) $\dfrac{4a^2-2a}{a^3-a}$

c) $\dfrac{2}{x^2-4} + \dfrac{3}{x-2}$

d) $\dfrac{4x+5}{9-x^2} + \dfrac{3}{x^2+3x}$

e) $\dfrac{1}{z^2-5z} - \dfrac{3z+4}{z^2+2z}$

f) $4x - \dfrac{3}{x^2-1} + \dfrac{x}{x^2-4}$

g) $\dfrac{x \cdot (x^2-4)}{(x^2-4) \cdot 3x}$

h) $\dfrac{y^2-4}{y \cdot (y^2-4)} \cdot \dfrac{3y+1}{3y+1}$

43. Bestimmen Sie die jeweilige maximale Definitionsmenge ($G = \mathbb{R}$):

a) $\dfrac{7x-1}{x+4} : \dfrac{2x-6}{7x-1}$

b) $\dfrac{3a+1}{a^2-5a} : \dfrac{2a-1}{a^2-9}$

3.2 Vereinfachen von Bruchtermen

Neben den bekannten Vereinfachungsmöglichkeiten von Termen wie z. B. Faktorisieren, Ausmultiplizieren, Gruppieren gilt bei Bruchtermen:

Regel | Bruchterme werden nach denselben Regeln vereinfacht, wie auch Brüche mithilfe der Grundrechenarten vereinfacht werden.

Bei der **Addition** von Bruchtermen werden also der Hauptnenner gesucht, die einzelnen Summanden auf den Hauptnenner erweitert und anschließend die Zähler addiert.
Bei der **Multiplikation** von Bruchtermen werden Zähler mit Zähler und Nenner mit Nenner multipliziert.

Beispiele

1. Vereinfachen Sie den Term $\dfrac{3x-4}{4x} + \dfrac{5}{3x}$.

   Lösung:
   Der Hauptnenner von 4x und 3x ist 12x. Der erste Bruch muss mit 3, der zweite Bruch mit 4 erweitert werden:
   $$\dfrac{3x-4}{4x} + \dfrac{5}{3x} = \dfrac{3 \cdot (3x-4)}{3 \cdot 4x} + \dfrac{4 \cdot 5}{4 \cdot 3x} = \dfrac{9x-12}{12x} + \dfrac{20}{12x} = \dfrac{9x-12+20}{12x} = \dfrac{9x+8}{12x}$$

2. Vereinfachen Sie den Term $\dfrac{3x-5}{x+2} \cdot \dfrac{x-2}{2x+1}$.

   Lösung:
   $$\dfrac{3x-5}{x+2} \cdot \dfrac{x-2}{2x+1} = \dfrac{(3x-5) \cdot (x-2)}{(x+2) \cdot (2x+1)} = \dfrac{3x^2-5x-6x+10}{2x^2+4x+x+2} = \dfrac{3x^2-11x+10}{2x^2+5x+2}$$

3. Vereinfachen Sie den Term $\frac{3}{x+1} - \frac{4}{x+2} + \frac{2}{x-4}$.

Lösung:
Der Hauptnenner lautet $(x+1) \cdot (x+2) \cdot (x-4)$.
Erweitern der drei Summanden auf den Hauptnenner ergibt:

$\frac{3}{x+1} - \frac{4}{x+2} + \frac{2}{x-4}$

$= \frac{3 \cdot (x+2) \cdot (x-4)}{(x+1) \cdot (x+2) \cdot (x-4)} - \frac{4 \cdot (x+1) \cdot (x-4)}{(x+1) \cdot (x+2) \cdot (x-4)} + \frac{2 \cdot (x+1) \cdot (x+2)}{(x+1) \cdot (x+2) \cdot (x-4)}$

$= \frac{3 \cdot (x^2 - 2x - 8) - 4 \cdot (x^2 - 3x - 4) + 2 \cdot (x^2 + 3x + 2)}{(x+1) \cdot (x+2) \cdot (x-4)}$

$= \frac{3x^2 - 6x - 24 - 4x^2 + 12x + 16 + 2x^2 + 6x + 4}{(x+1) \cdot (x+2) \cdot (x-4)} = \frac{x^2 + 12x - 4}{(x+1) \cdot (x+2) \cdot (x-4)}$

4. Vereinfachen Sie den Term $\frac{x}{x+3} - \frac{2}{x-1} + \frac{4x}{5x-5} - \frac{3}{3x+9}$.

Lösung:
Zunächst wird der Hauptnenner gesucht, indem die einzelnen Nenner faktorisiert werden:

$\begin{aligned}
x+3 &= (x+3) \\
x-1 &= \phantom{(x+3) \cdot{}} (x-1) \\
5x-5 &= \phantom{(x+3) \cdot{}} (x-1) \cdot 5 \\
3x+9 &= (x+3) \phantom{{}\cdot (x-1) \cdot 5{}} \cdot 3 \\
\hline
\text{HN} &= (x+3) \cdot (x-1) \cdot 5 \cdot 3 = 15 \cdot (x+3) \cdot (x-1)
\end{aligned}$

Schreibt man dabei **gleiche Faktoren untereinander**, kann man den Hauptnenner sehr einfach ablesen. Außerdem sieht man an den **Lücken** bei den einzelnen Nennertermen sofort, mit welchen Faktoren der jeweilige Bruch erweitert werden muss. So muss z. B. der erste Bruch mit dem Nenner $x+3$ mit dem Term $(x-1) \cdot 5 \cdot 3$ erweitert werden, weil dort diese drei Faktoren fehlen.

Man erhält somit für den Bruchterm:

$\frac{x}{x+3} - \frac{2}{x-1} + \frac{4x}{5x-5} - \frac{3}{3x+9}$

$= \frac{5 \cdot 3 \cdot (x-1) \cdot x}{15(x+3)(x-1)} - \frac{5 \cdot 3 \cdot (x+3) \cdot 2}{15(x+3)(x-1)} + \frac{3 \cdot (x+3) \cdot 4x}{15(x+3)(x-1)} - \frac{5 \cdot (x-1) \cdot 3}{15(x+3)(x-1)}$

$= \frac{15x^2 - 15x}{15(x+3)(x-1)} - \frac{30x + 90}{15(x+3)(x-1)} + \frac{12x^2 + 36x}{15(x+3)(x-1)} - \frac{15x - 15}{15(x+3)(x-1)}$

$= \frac{15x^2 - 15x - 30x - 90 + 12x^2 + 36x - 15x + 15}{15(x+3)(x-1)}$

$= \frac{27x^2 - 24x - 75}{15(x+3)(x-1)}$ \qquad Ausklammern von 3 im Zähler

$= \frac{3 \cdot (9x^2 - 8x - 25)}{15(x+3)(x-1)} = \frac{9x^2 - 8x - 25}{5(x+3)(x-1)}$ \qquad Kürzen durch 3

Bruchterme

Wenn man den Hauptnenner gefunden hat, lässt sich damit die maximale Definitionsmenge des Bruchterms leichter finden:

Regel | Ein Bruchterm ist an denjenigen Stellen **nicht definiert**, an denen ein **Faktor des Hauptnenners null** ist.

Beispiel Bestimmen Sie die maximale Definitionsmenge des Bruchterms
$$\frac{x}{x+3} - \frac{2}{x-1} + \frac{4x}{5x-5} - \frac{3}{3x+9}.$$

Lösung:
Wie in vorhergehendem Beispiel gezeigt, bestimmt man zunächst den Hauptnenner: $HN = 15(x+3)(x-1)$. Der Faktor $x+3$ wird für $x=-3$ gleich null, der letzte Faktor für $x=1$. Somit ergibt sich als maximale Definitionsmenge:
$D = \mathbb{R} \setminus \{-3; 1\}$

Aufgaben

44. Schreiben Sie die Terme als einen Bruch:

a) $\frac{3}{2x} - 5$
b) $\frac{3}{4x} - \frac{1}{2x}$

c) $3 - \frac{1}{5x} + 4 - \frac{2}{3x}$
d) $\frac{3}{x} - \frac{5}{x+3}$

e) $\frac{2}{x+1} - \frac{3}{x-1}$
f) $\frac{5}{x+2} + \frac{6x}{2x-1}$

45. Vereinfachen Sie die Terme und geben Sie die maximale Definitionsmenge an:

a) $\frac{2x}{x+1} - \frac{3x}{2x+2}$
b) $\frac{2a+5}{3a-9} + \frac{3a+1}{2a-6}$

c) $\frac{2a+5}{a^2-9} + \frac{3a+1}{a-3}$
d) $\frac{2y+5}{y^2-25} + \frac{3y}{y-5} - \frac{4}{y+5}$

e) $\frac{4x+1}{5x^2-10x} + \frac{2}{3x-6} + \frac{7x}{15x}$
f) $\frac{8x^2-5}{x^2-4x+4} - \frac{3x+1}{x-2}$

g) $\frac{2x+1}{4x^2-6x} + \frac{8}{6x-9} + \frac{5x-1}{4x^2+6x}$
h) $\frac{8x^4}{x^4-1} + \frac{2x^2}{x^2+1} - \frac{4x}{x+1} - \frac{5x}{x-1}$

3.3 Bruchterme mit mehreren Variablen

Bei Bruchtermen mit mehreren Variablen gelten die gleichen Vereinfachungsregeln wie bei Bruchtermen mit einer einzigen Variablen. Lediglich die Angabe der Grund- und maximalen Definitionsmenge muss an die Zahl der Variablen angepasst werden. Bei Termen mit zwei Variablen werden diese Mengen als Menge von Zahlenpaaren angegeben.

Beispiele

1. Geben Sie die Grund- und maximale Definitionsmenge für den Term $T(x;y) = \frac{4}{x-3} + \frac{2}{y+1}$ an, wenn Sie die reellen Zahlen zu Grunde legen.

   Lösung:
   $G = \{(x;y) \mid x, y \in \mathbb{R}\}$ $D_{max} = \{(x;y) \mid x, y \in \mathbb{R}; x \neq 3; y \neq -1\}$
   Die Angabe $x, y \in \mathbb{R}$ in der Definitionsmenge kann man auch weglassen.

2. Geben Sie die Grund- und maximale Definitionsmenge für den Term $T(x;y) = \frac{4}{x-3} + \frac{2}{x+y}$ an.

   Lösung:
   $G = \{(x;y) \mid x, y \in \mathbb{R}\}$ $D_{max} = \{(x;y) \mid x, y \in \mathbb{R}; x \neq 3; y \neq -x\}$

3. Geben Sie die Grund- und maximale Definitionsmenge für den Term $T(a;b;c) = \frac{3a}{a+b} - \frac{5b}{b-c} + \frac{4c}{3a+b}$ an.

   Lösung:
   $G = \{(a;b;c) \mid a, b, c \in \mathbb{R}\}$
   $D_{max} = \{(a;b;c) \mid a, b, c \in \mathbb{R}; a \neq -b; b \neq c; a \neq -\frac{1}{3}b\}$ oder kürzer
   $D_{max} = \{(a;b;c) \mid a \neq -b; b \neq c; a \neq -\frac{1}{3}b\}$

Aufgaben

46. Geben Sie die Grund- und maximale Definitionsmenge für den Term an:

a) $\frac{x}{y} + \frac{5}{x-6}$

b) $\frac{2x-1}{y+3} + \frac{y+1}{3x-6}$

c) $\frac{2x+y}{y+3x} + \frac{1}{3x-y}$

d) $\frac{3a}{2a+3b} + \frac{b-1}{3a-b}$

e) $\frac{2x-z}{y+z} + \frac{y+z}{3x} - \frac{5}{z+3}$

f) $\frac{3}{xy} + \frac{4}{x}$

g) $\frac{2x}{xy} + \frac{y}{xy-6}$

h) $\frac{4}{xyz} - \frac{4z}{3x-4y} \cdot \frac{2y}{x+z}$

47. Geben Sie die maximale Definitionsmenge an und vereinfachen Sie folgende Terme:

a) $\dfrac{3x+1}{4x} - \dfrac{4+y}{3y}$

b) $\dfrac{4}{2x+6y} - \dfrac{3}{5x+15y}$

c) $\dfrac{x-4}{4x-6y} + \dfrac{2x+1}{9y-6x}$

d) $\dfrac{8x-3}{6x-8y} + \dfrac{2y-5}{9x-12y} + \dfrac{y-3x}{16y-12x}$

e) $\dfrac{7x^2y - 21xy^2}{14xy} - \dfrac{1}{4}(x-2y)$

f) $\dfrac{4}{x^2-6xy} + \dfrac{5}{2x-12y} - \dfrac{4}{4xy-24y^2}$

g) $\dfrac{4x-3y}{4x^2-9y^2} - \dfrac{5}{2x+3y} - \dfrac{2}{3y-2x}$

h) $\dfrac{8xy}{5x^2-20y^2} - \dfrac{y+1}{3xy+6y^2} + \dfrac{x-1}{4x^2-8xy}$

3.4 Polynomdivision

Die Polynomdivision stellt ein Verfahren dar, zwei Polynome durcheinander zu dividieren. Mithilfe der Polynomdivision ist somit auch die Faktorisierung von Polynomen möglich. Dieses Verfahren funktioniert vergleichbar mit der schriftlichen Division zweier Zahlen:

Beispiele

1. Vorbereitende Übung: Dividieren Sie 9876 durch 54.

   Lösung:
   Man rechnet gemäß folgendem Schema (R bezeichnet den Divisionsrest):

	9	8	7	6	:	5	4	=	1	8	2		R	4	8
−	5	4			←	5	4	·	1						
	4	4	7												
−	4	3	2		←	5	4	·		8					
		1	5	6											
−		1	0	8	←	5	4	·			2				
			4	8											

   Ergebnis:
   $9\,876 : 54 = 182\dfrac{48}{54}$

2. Dividieren Sie den Term $x^4 - 3x^3 + 5x^2 - 4$ durch $x-2$.

   Lösung:
   Der Divisionsalgorithmus funktioniert ähnlich wie in Beispiel 1, wobei x^4 der 9, $-3x^3$ der 8, $5x^2$ der 7 und -4 der 6 entspricht.

$$(x^4 - 3x^3 + 5x^2 - 4) : (x - 2) = x^3 - x^2 + 3x + 6 + \frac{8}{x-2}$$
$$\underline{-(x^4 - 2x^3)}$$
$$ -x^3 + 5x^2 -4$$

Zunächst wird x^4 durch x dividiert; dies ergibt $\mathbf{x^3}$. Als Probe wird das Ergebnis x^3 mit $x - 2$ multipliziert; dies ergibt $x^4 - 2x^3$. Das Produkt $x^4 - 2x^3$ wird vom Dividenden $x^4 - 3x^3 + 5x^2 - 4$ subtrahiert.

$$\underline{-(-x^3 + 2x^2)}$$
$$ 3x^2 -4$$

$-x^3$ wird nun durch x dividiert, ergibt $\mathbf{-x^2}$. Als Probe wird $-x^2$ mit $x - 2$ multipliziert, dies ergibt $-x^3 + 2x^2$. Das Produkt $-x^3 + 2x^2$ wird wieder vom Rest-Dividenden subtrahiert.

$$\underline{-(3x^2 - 6x)}$$
$$ 6x - 4$$

Division von $3x^2$ durch x ergibt $\mathbf{3x}$. Als Probe wird das Ergebnis $3x$ mit $x - 2$ multipliziert; man erhält $3x^2 - 6x$. Das Produkt $3x^2 - 6x$ wird vom Rest-Dividenden $3x^2 - 4$ subtrahiert.

$$\underline{-(6x - 12)}$$
$$ 8$$

Division von $6x$ durch x ergibt $\mathbf{6}$. Als Probe wird 6 mit $x - 2$ multipliziert und dann vom Rest-Dividenden $6x - 4$ subtrahiert. Der Rest 8 müsste noch durch $x - 2$ dividiert werden. Dies wird als $\mathbf{\frac{8}{x-2}}$ notiert. Bei dieser Division bleibt also ein Rest.

3. Vereinfachen Sie den Term $\frac{6x^4 - 19x^3 + 16x^2 - 28x + 16}{3x - 2}$; $x \neq \frac{2}{3}$.

   Lösung:

Der Bruchstrich entspricht einer Division; daher wird auch hier eine Polynomdivision ausgeführt:

$$(6x^4 - 19x^3 + 16x^2 - 28x + 16) : (3x - 2) = 2x^3 - 5x^2 + 2x - 8$$
$$\underline{-(6x^4 - 4x^3)}$$
$$ -15x^3 + 16x^2 - 28x + 16$$

$6x^4 : (3x) = \mathbf{2x^3}$;
$2x^3 \cdot (3x - 2) = 6x^4 - 4x^3$
$-19x^3 - (-4x^3) = -15x^3$;

$$\underline{-(-15x^3 + 10x^2)}$$
$$ 6x^2 - 28x + 16$$

$-15x^3 : (3x) = \mathbf{-5x^2}$
$-5x^2 \cdot (3x - 2) = -15x^3 + 10x^2$
$16x^2 - 10x^2 = 6x^2$;

$$\underline{-(6x^2 - 4x)}$$
$$ -24x + 16$$

$6x^2 : (3x) = \mathbf{2x}$;
$2x \cdot (3x - 2) = 6x^2 - 4x$
$-28x - (-4x) = -24x$;

$$\underline{-(-24x + 16)}$$
$$ 0$$

$-24x : (3x) = \mathbf{-8}$
$-8 \cdot (3x - 2) = -24x + 16$

Diese Division geht ohne Rest auf.

Aufgaben

48. Vereinfachen Sie die Terme durch Polynomdivision:
a) $(4x^2 + 23x + 15) : (x + 5)$
b) $(2x^3 + 5x^2 + 9) : (x + 3)$
c) $(x^4 - x^3 - 4x^2 + 5x - 2) : (x - 2)$
d) $(x^4 + 2x^3 - 2x^2 - 4x) : (x + 2)$
e) $(x^4 - 1) : (x - 1)$
f) $(x^4 + x^3 + 2x^2 - 3x - 5) : (x + 1)$
g) $(x^4 + 2x^3 - 4x^2 + 2x - 5) : (x^2 + 1)$
h) $(3x^5 + 5x^4 - 4x^3 - 4x^2 - 15x - 10) : (3x + 2)$
i) $(x^6 + 5x^4 + x^2 - 15) : (x^2 + 3)$
j) $(x^9 - 5x^6 + 5x^3 - 25) : (x^3 - 5)$

49. Vereinfachen Sie die Bruchterme mittels Polynomdivision:
a) $\dfrac{10x^2 + 17x + 3}{2x + 3}$
b) $\dfrac{10x^2 + 17x + 3}{5x + 1}$
c) $\dfrac{2x^3 + 3x^2 - 12x + 5}{2x - 1}$
d) $\dfrac{x^3 + 4x^2 + 3x - 2}{x + 2}$
e) $\dfrac{3x^4 - 2x^3 - 6x^2 + 7x - 2}{3x - 2}$
f) $\dfrac{2x^5 + x^4 - 4x^2 - 4x - 1}{2x + 1}$
g) $\dfrac{x^4 - 2x^3 - 2x - 1}{x^2 + 1}$

50. Verwandeln Sie den Term in ein Produkt, wobei ein Faktor $x - 3$ ist:
a) $x^3 - 8x^2 + 18x - 9$
b) $x^5 - 3x^4 - 5x^2 + 16x - 3$

51. Führen Sie die Polynomdivision mit Rest aus:
a) $(x^3 - x^2 + 3x - 1) : (x + 2)$
b) $(x^4 - 3x) : (x - 1)$
c) $(x^4 - 2x^3 + 4x^2 + 8x - 5) : (x - 2)$

52. Erstellen Sie weitere Aufgaben nach folgender Vorgehensweise:
1. Denken Sie sich einen beliebigen Summenterm T_1 mit Potenzen von x aus, z. B. $T_1 = 3x^2 + 5x - 7$.
2. Multiplizieren Sie diesen Term mit einem beliebigen anderen Summenterm T_2, z. B. $T_2 = 2x - 1$:
$T_1 \cdot T_2 = (3x^2 + 5x - 7) \cdot (2x - 1) = 6x^3 + 10x^2 - 14x - 3x^2 - 5x + 7$
$= 6x^3 + 7x^2 - 19x + 7$
3. Dividieren Sie nun das entstehende Produkt durch einen der beiden gewählten Terme T_1 oder T_2: $(6x^3 + 7x^2 - 19x + 7) : (2x - 1)$. Wenn Sie die Polynomdivision korrekt ausführen, muss sich der andere gewählte Summenterm ergeben.

4 Gleichungen

Wenn zwei Terme durch ein Gleichheitszeichen verbunden werden, entsteht eine Gleichung. In Abschnitt 4.1 werden zunächst die wesentlichen Aspekte besprochen, die Sie für das Lösen von Gleichungen wissen müssen. Anschließend werden spezielle Gleichungstypen ausführlich behandelt.

4.1 Lösen von Gleichungen

Sind in den beiden Termen, die durch ein Gleichheitszeichen verbunden sind, **keine Variablen** enthalten, dann stellt die Gleichung entweder eine wahre oder eine falsche **Aussage** dar, je nachdem, ob die beiden Terme denselben Wert besitzen oder nicht. Man sagt dann, die Gleichung ist erfüllt bzw. nicht erfüllt. Enthält mindestens einer der beiden Terme dagegen eine oder mehrere **Variablen**, dann kann man erst entscheiden, ob die Gleichung erfüllt ist, wenn diese Variablen durch Zahlen belegt werden.

Definition

Diejenigen Werte, die zum Einsetzen prinzipiell zur Verfügung stehen, bilden – wie bei den Termen auch – die **Grundmenge** der Gleichung.

Die **maximale Definitionsmenge** enthält alle Elemente der Grundmenge, die man ohne Verstoß gegen Rechenregeln einsetzen kann. Durch diese Elemente nehmen die beiden Seiten der Gleichung also definierte Werte an, gleichgültig, ob dadurch eine wahre oder falsche Aussage entsteht.

Die **Definitionsmenge** ist eine Teilmenge der maximalen Definitionsmenge und ergibt sich aus der Aufgabenstellung. Wenn keine Angabe darüber gemacht wird, wird die maximale Definitionsmenge verwendet.

Diejenigen Elemente der Definitionsmenge, für die die Gleichung eine **wahre Aussage** darstellt, bilden die **Lösungsmenge** der Gleichung.

Beispiele

1. Untersuchen Sie die Gleichungen $7 + 2 \cdot 3 = 3 \cdot 4 + 1$ und $5^2 - 1 = 5 \cdot 2 - 1$ auf ihren Wahrheitsgehalt.
   Lösung:
   Die erste Gleichung stellt mit $7 + 6 = 12 + 1$ eine wahre, die zweite wegen $25 - 1 \neq 10 - 1$ eine falsche Aussage dar.

2. Setzen Sie für x die Zahlen 1, 2, 3, 4 und 5 ein und prüfen Sie, ob die Gleichung $x^2 - 2x + 5 = 5x - 7$ eine wahre Aussage liefert.

   Lösung:
   $x = 1$: $1^2 - 2 \cdot 1 + 5 = 5 \cdot 1 - 7 \Leftrightarrow 1 - 2 + 5 = 5 - 7 \Leftrightarrow 4 = -2$
   falsche Aussage
   $x = 2$: $2^2 - 2 \cdot 2 + 5 = 5 \cdot 2 - 7 \Leftrightarrow 4 - 4 + 5 = 10 - 7 \Leftrightarrow 5 = 3$
   falsche Aussage
   $x = 3$: $3^2 - 2 \cdot 3 + 5 = 5 \cdot 3 - 7 \Leftrightarrow 9 - 6 + 5 = 15 - 7 \Leftrightarrow 8 = 8$
   wahre Aussage
   $x = 4$: $4^2 - 2 \cdot 4 + 5 = 5 \cdot 4 - 7 \Leftrightarrow 16 - 8 + 5 = 20 - 7 \Leftrightarrow 13 = 13$
   wahre Aussage
   $x = 5$: $5^2 - 2 \cdot 5 + 5 = 5 \cdot 5 - 7 \Leftrightarrow 25 - 10 + 5 = 25 - 7 \Leftrightarrow 20 = 18$
   falsche Aussage
   $G = \mathbb{R}$ $D = \{1; 2; 3; 4; 5\}$ $L = \{3; 4\}$

3. Bestimmen Sie D_{max} sowie L für die Gleichung $4x + 3 = 23$.

   Lösung:
   In der Gleichung kann x durch eine beliebige reelle Zahl ersetzt werden, also gilt $G = D_{max} = \mathbb{R}$.
   Aber nur die Zahl $x = 5$ liefert eine wahre Aussage: $4 \cdot 5 + 3 = 23$. Daher folgt $L = \{5\}$.

4. Gegeben ist die Gleichung $\frac{3}{x-1} = \frac{1}{6}$. Bestimmen Sie D_{max} und L.

   Lösung:
   Als Grundmenge wird $G = \mathbb{R}$ verwendet. Zunächst stellt man fest, dass für $x = 1$ die linke Seite der Gleichung nicht definiert ist. Die maximale Definitionsmenge für diese Gleichung ist also $D_{max} = \mathbb{R} \setminus \{1\}$.
   Nur dann, wenn man $x = 19$ in diese Gleichung einsetzt, erhält man eine wahre Aussage. Damit hat man die Lösungsmenge $L = \{19\}$.

5. Der Umfang eines Quadrats beträgt 20 cm. Bestimmen Sie die Seitenlänge des Quadrats.

   Lösung:
   Setzt man x für die Maßzahl der Seitenlänge des Quadrats, dann ergibt sich die Gleichung $4x = 20$. In diese Gleichung kann man für x jede beliebige reelle Zahl einsetzen, $D_{max} = \mathbb{R}$. Da als Maßzahl für die Seitenlänge eines Quadrats aber nur positive Zahlen infrage kommen, wählt man für die Definitionsmenge $D = \mathbb{R}^+$. Die Gleichung ist für $x = 5$ erfüllt, sodass sich $L = \{5\}$ und somit für die Seitenlänge des Quadrats 5 cm ergibt.

Genau wie bei der Äquivalenz von Termen gibt es auch bei Gleichungen eine Gleichwertigkeit oder Äquivalenz:

Definition Umformungen von Gleichungen, durch die sich die Lösungsmenge der Gleichung nicht ändert, nennt man **Äquivalenzumformung**.

Zwei Gleichungen, die dieselbe Lösungsmenge besitzen, sind **äquivalent**.

Ist eine Gleichung **für jede Belegung erfüllt**, nennt man die Gleichung **allgemein gültig**.

Eine Gleichung nennt man **unlösbar**, wenn ihre **Lösungsmenge leer** ist.

Beispiel Entsteht die Gleichung $7x - 8 = 3x$ aus der Gleichung $7x - 5 = 3x + 3$ durch eine Äquivalenzumformung?

Lösung:
Beide Gleichungen sind nur für $x = 2$ erfüllt, besitzen also dieselbe Lösungsmenge. Die beiden Gleichungen sind äquivalent.

Folgende Umformungen sind **Äquivalenzumformungen**:

Aktion	Beispiel
Termumformungen (T), d. h. Ersetzen der Terme auf beiden Seiten der Gleichung durch **äquivalente Terme**	ausmultiplizieren
Addition oder Subtraktion einer Zahl auf beiden Seiten der Gleichung	$+5$
Multiplikation mit einer Zahl ungleich 0 auf beiden Seiten der Gleichung	$\cdot 7$
Division durch eine Zahl ungleich 0 auf beiden Seiten der Gleichung	$:(-2)$
Addition oder Subtraktion eines Terms auf beiden Seiten der Gleichung, der für jedes Element der Definitionsmenge definiert ist	$-7x^2$
Multiplikation mit einem Term auf beiden Seiten der Gleichung, der für jedes Element der Definitionsmenge definiert und **ungleich 0** ist	$\cdot (2x+4); x \neq -2$
Division durch einen Term auf beiden Seiten der Gleichung, der für jedes Element der Definitionsmenge definiert und **ungleich 0** ist	$:(2x-8); x \neq 4$

Beispiele

Welche der Umformungen sind Äquivalenzumformungen?
a) Multiplikation beider Seiten einer Gleichung mit 8
b) Division beider Seiten einer Gleichung durch –3
c) Addition von 8x auf beiden Seiten einer Gleichung mit x als Variable
d) Multiplikation mit 8x auf beiden Seiten einer Gleichung mit x als Variable
e) Division durch (x + 3) auf beiden Seiten einer Gleichung mit x als Variable
f) Multiplikation mit (x^2 + 3) auf beiden Seiten mit x als Variable

Lösung:
Die Umformungen a, b und c sind Äquivalenzumformungen.

Umformung d ist keine Äquivalenzumformung, da für x = 0 die Gleichung mit 0 multipliziert wird.
Ausnahme: Falls die Zahl x = 0 nicht in der Definitionsmenge der Gleichung enthalten ist, dann stellt die Umformung eine Äquivalenzumformung dar.

Umformung e ist keine Äquivalenzumformung, da für x = –3 die Gleichung durch 0 dividiert würde.
Ausnahme: Wenn die Definitionsmenge der Gleichung die Zahl –3 nicht enthält, dann ist die Umformung eine Äquivalenzumformung.

Umformung f ist immer eine Äquivalenzumformung, da x^2 + 3 nie null werden kann.

Um die Korrektheit einer Lösung zu überprüfen, setzt man die Elemente der Lösungsmenge der Reihe nach in die Ausgangsgleichung ein und überprüft den Wahrheitsgehalt der entstehenden Gleichung. Dieses Verfahren nennt man **Probe**.

Wichtig: Mit der Probe lässt sich lediglich überprüfen, ob die betrachteten Zahlen zur Lösungsmenge gehören. Es ist jedoch keine Aussage darüber möglich, ob die Lösungsmenge vollständig ist.

Beispiel

Machen Sie die Probe für die Lösungsmenge L = {1; 5} für die Gleichung:
a) $x^2 - 6x + 5 = 0$
b) $4x - 12 = 9x - 17$

Lösung:
a) x = 1: $1 - 6 + 5 = 0$ wahre Aussage
   x = 5: $25 - 30 + 5 = 0$ wahre Aussage
Die beiden Werte gehören zur Lösungsmenge.

b) x = 1: $4 - 12 = 9 - 17$ wahre Aussage
   x = 5: $20 - 12 = 45 - 17$ falsche Aussage
Die Probe zeigt, dass die Lösungsmenge nicht korrekt ist.

Aufgaben

53. Untersuchen Sie die Gleichung auf ihren Wahrheitsgehalt:
   a) $4 \cdot (3+2) - 7 \cdot 3 = 0$
   b) $4 \cdot (3+2) - 7 \cdot 3 = -1$
   c) $\frac{3}{5} - 4 \cdot \frac{3}{10} = 1 - \frac{7}{5}$
   d) $1 + 2 + 3 + 4 = 2 \cdot 5$

54. Überprüfen Sie, ob die angegebenen Belegungen wahre Aussagen liefern:
   a) $4x - 3 = x + 1; \; x = 1$
   b) $7x - 5 = 3x + 7; \; x = 3$
   c) $\frac{3}{x-3} = \frac{5}{x-5}; \; x = 0$
   d) $\frac{5}{x+3} = \frac{2}{x-1}; \; x = 1$
   e) $x^2 - 4x + 1 = 4 - 2x; \; x = 3$
   f) $(x-1)^2 = x^2 - 2x + 1; \; x = -1$

55. Prüfen Sie, welche der Zahlen 1, 2, 3, 4, 5 eine wahre Aussage liefern:
   a) $4x - 9 = 2x - 1$
   b) $(x-2)^2 = x^2 - 4x + 4$
   c) $\sqrt{x-3} = x^2 - 15$
   d) $x^2 + 2x = (x+1)^2 - 1$
   e) $(x-2) \cdot (x-3) = 0$
   f) $x^2 - 4x + 3 = 0$

56. Geben Sie die maximale Definitionsmenge D_{max} über der Grundmenge der reellen Zahlen an:
   a) $7x - \frac{2}{x} = 9$
   b) $\frac{5}{x+3} = \frac{4}{x-1}$
   c) $x^2 + \sqrt{x} = 18$
   d) $\frac{1}{x^2} + \frac{3}{x+1} = \frac{8}{x+3}$
   e) $\frac{3}{x^2 - 8x} + \frac{2}{16 - x^2} = 9$
   f) $\frac{1}{x^2 - 6x + 9} + \frac{3x}{6x - 18} = \frac{1}{5 - x}$

57. Stellen Sie eine geeignete Gleichung auf und bestimmen Sie eine zur Aufgabe passende Definitionsmenge D:
   a) Die Fläche eines Quadrats mit der Kantenlänge a beträgt 28 cm². Wie groß ist a?
   b) Das Volumen eines Würfels beträgt 100 cm³. Bestimmen Sie seine Kantenlänge k.
   c) Addiert man zum Dreifachen einer natürlichen Zahl n ihr Doppeltes, dann erhält man 45. Wie lautet die Zahl?
   d) Vergrößert man die Seiten eines Quadrats um 4 cm, dann wächst der Flächeninhalt des Quadrats um 40 cm². Wie groß ist die Seitenlänge des ursprünglichen Quadrats?

58. Entscheiden Sie, ob für die Gleichung $x^2 - 5x + 3 = \frac{3}{x+1}$ mit $D = \mathbb{R}^+$ die genannte Umformung eine Äquivalenzumformung darstellt. Wenn eine Äquivalenzumformung vorliegt, führen Sie diese aus.

Geben Sie an, ob hierdurch eine einfachere Gleichung entsteht (ob also diese Äquivalenzumformung zur Lösungsbestimmung geeignet ist).

a) Subtraktion von 3 auf beiden Seiten

b) Subtraktion von x^2 auf beiden Seiten

c) Multiplikation mit $(x+1)$ auf beiden Seiten

d) Division durch x auf beiden Seiten

e) Division durch $(x^2 - 5x)$ auf beiden Seiten

59. Prüfen Sie, ob die angegebene Umformung eine Äquivalenzumformung ist und führen Sie diese gegebenenfalls durch:

a) $x^2 - 6 = 3$; $D = \mathbb{R}$ Addition von 6

b) $3x - 12 = 4x$; $D = \mathbb{R}$ Subtraktion von 3x

c) $x^2 - 6x = 3x$; $D = \mathbb{R}$ Division durch x

d) $x^2 - 5x = 3x$; $D = \mathbb{R}^+$ Division durch x

e) $\frac{x-5}{x+2} = 6$; $x \neq -2$ Multiplikation mit $x + 2$

f) $4 + \frac{2}{x} = 2 - \frac{1}{x}$; $x \neq 0$ Multiplikation mit x

60. Geben Sie jeweils drei verschiedene, möglichst sinnvolle Äquivalenzumformungen sowie die entstehenden neuen Gleichungen an.

a) $6x - 8 = 2x + 12$; $x \in \mathbb{R}$

b) $4(x-1)^2 = 2x^2 + 2$; $x \in \mathbb{R}$

c) $\frac{3}{x} + 1 = \frac{1}{x} + 3$; $x \neq 0$

d) $\frac{2x}{x+3} = \frac{8}{3x+9} + 6$; $x \neq -3$

61. Machen Sie die Probe:

a) $x^2 - 7x + 10 = 0$; $L = \{2; 5\}$

b) $3 + x^2 = 19$; $L = \{4\}$

c) $5 - 2x = 9$; $L = \{2\}$

4.2 Lineare Gleichungen

In diesem und den folgenden Abschnitten werden verschiedene Gleichungstypen beschrieben, bei denen es standardisierte Lösungsverfahren gibt.

Definition   Eine **lineare Gleichung** ist eine Gleichung, bei der beide Seiten der Gleichung Polynome höchstens ersten Grades darstellen.

Beispiel

Welche der Gleichungen $7x-3=2x-1$, $x^2-5x=9$, $5=9$ bzw. $7-8x=9$ sind lineare Gleichungen?

Lösung:
Die Gleichungen $7x-3=2x-1$, $5=9$ und $7-8x=9$ sind lineare Gleichungen; die Gleichung $x^2-5x=9$ ist keine lineare Gleichung, weil der Grad des Polynoms auf der linken Seite zwei ist.

Lineare Gleichungen können **durch Äquivalenzumformungen gelöst** werden.

Beispiele

1. Bestimmen Sie die Lösung der Gleichung $7x-3=2x-1$; $x \in \mathbb{R}$.

   Lösung:

$7x-3=2x-1$	$\vert +3$	Addition von 3 auf beiden Seiten der Gleichung
$7x-3+3=2x-1+3$	$\vert T$	Äquivalente Termumformung auf beiden Seiten
$7x=2x+2$	$\vert -2x$	Subtraktion von 2x auf beiden Seiten
$7x-2x=2x+2-2x$	$\vert T$	Äquivalente Termumformung auf beiden Seiten
$5x=2$	$\vert :5$	Division durch 5
$x=\frac{2}{5}$	$L=\left\{\frac{2}{5}\right\}$	

2. Bestimmen Sie die Lösung der Gleichung $3x-9=3\cdot(x-3)$; $x \in \mathbb{R}$.

   Lösung:

$3x-9=3\cdot(x-3)$	$\vert T$	Ausmultiplizieren der Klammer
$3x-9=3x-9$	$\vert -3x$	Subtraktion von 3x auf beiden Seiten
$-9=-9$		

   Die Gleichung ist allgemein gültig; sie liefert für jede Belegung von x eine wahre Aussage. Daher ist $L=D=\mathbb{R}$.

3. Bestimmen Sie die Lösung der Gleichung $6x-4=3\cdot(2x+3)$; $x \in \mathbb{R}$.

   Lösung:

$6x-4=3\cdot(2x+3)$	$\vert T$	Ausmultiplizieren der Klammer
$6x-4=6x+9$	$\vert -6x$	Subtraktion von 6x auf beiden Seiten
$-4=9$		

   Die letzte Gleichung stellt eine falsche Aussage dar; die Gleichung ist für jede Belegung von x nicht erfüllt. Daher ist $L=\{\}$.

Um Schreibarbeit zu sparen, können auch mehrere Äquivalenzumformungsschritte zusammengefasst werden.

Aufgaben

62. Welche der Gleichungen sind lineare Gleichungen?

a) $7x - 9 = 7 - 9x$

b) $\sqrt{z} + 1 = 9$

c) $\frac{3}{x+1} = x + 2$

d) $4 = 5s + 2$

e) $4x + 3y = 9$

63. Bestimmen Sie die Lösungsmenge der Gleichung, indem Sie sinnvolle Äquivalenzumformungen durchführen.

a) $7x - 9 = 5 + 3x$

b) $8x - 3 = 4 \cdot (3x + 1)$

c) $8b - 3 = 4 \cdot (2b + 1)$

d) $4 \cdot (3a - 15) = 3 \cdot (4a - 20)$

4.3 Quadratische Gleichungen

Definition

Eine Gleichung der Form $ax^2 + bx + c = 0$ mit $a \neq 0$; $b, c \in \mathbb{R}$ nennt man **quadratische Gleichung**.

Zur Lösung quadratischer Gleichungen sollte man folgende Formel auswendig kennen:

Regel

p-q-Formel: Die quadratische Gleichung $x^2 + px + q = 0$ hat die **Lösungen**

$$x_1 = -\frac{p}{2} + \sqrt{\frac{p^2}{4} - q} \quad \text{und} \quad x_2 = -\frac{p}{2} - \sqrt{\frac{p^2}{4} - q}.$$

Diese beiden Lösungen kann man zusammengefasst angeben:

$$x_{1;2} = -\frac{p}{2} \pm \sqrt{\frac{p^2}{4} - q}$$

Den Radikand (das ist der Term in der Wurzel) $\frac{p^2}{4} - q$ nennt man **Diskriminante**.

Die Diskriminante entscheidet über die Anzahl der möglichen Lösungen:

Regel

Ist die **Diskriminante positiv**, besitzt die Gleichung **zwei Lösungen**.

Ist die **Diskriminante 0**, gilt $x_1 = x_2 = -\frac{p}{2}$ und die Gleichung hat nur **eine Lösung**.

Ist die **Diskriminante negativ**, hat die quadratische Gleichung **keine Lösung**.

Beispiele

1. Bestimmen Sie die Lösungsmenge der quadratischen Gleichung $x^2 - 7x + 12 = 0$.

   Lösung:
   $$x_{1;2} = -\frac{-7}{2} \pm \sqrt{\frac{(-7)^2}{4} - 12} = \frac{7}{2} \pm \sqrt{\frac{49-48}{4}} = \frac{7}{2} \pm \frac{1}{2}$$
   $$x_1 = \frac{7}{2} + \frac{1}{2} = 4; \quad x_2 = \frac{7}{2} - \frac{1}{2} = 3; \quad L = \{3; 4\}$$

2. Bestimmen Sie die Lösungsmenge der Gleichung $x^2 - 14x + 49 = 0$.

   Lösung:
   $$x_{1;2} = -\frac{-14}{2} \pm \sqrt{\frac{196}{4} - 49} = 7 \pm \sqrt{0}$$
   Die Gleichung hat nur eine Lösung: $L = \{7\}$

3. Bestimmen Sie die Lösung der Gleichung $x^2 - 6x + 10 = 0$.

   Lösung:
   $$x_{1;2} = -\frac{-6}{2} \pm \sqrt{\frac{36}{4} - 10} = 3 \pm \sqrt{-1}$$
   Dieser Term ist nicht definiert, da die Diskriminante -1 negativ ist, also folgt: $L = \{\}$

Neben der p-q-Formel gibt es noch eine zweite, gleichwertige Lösungsformel:

Regel

a-b-c-Formel: Die quadratische Gleichung $ax^2 + bx + c = 0$ mit $a \neq 0$ hat die **Lösungen**
$$x_1 = \frac{-b + \sqrt{b^2 - 4ac}}{2a} \quad \text{und} \quad x_2 = \frac{-b - \sqrt{b^2 - 4ac}}{2a},$$
sofern diese Terme definiert sind. Hierfür kann man auch vereinfachend schreiben:
$$x_{1;2} = \frac{-b \pm \sqrt{b^2 - 4ac}}{2a}$$

Der Radikand $b^2 - 4ac$ heißt wieder **Diskriminante**. Auch in der a-b-c-Formel entscheidet die Diskriminante analog zur p-q-Formel über die Anzahl der Lösungen.

Beispiele

1. Bestimmen Sie die Lösungsmenge der quadratischen Gleichung $x^2 - 7x + 12 = 0$.

   Lösung:
   $$x_{1;2} = \frac{-(-7) \pm \sqrt{(-7)^2 - 4 \cdot 1 \cdot 12}}{2 \cdot 1} = \frac{7 \pm \sqrt{49 - 48}}{2}$$
   $$x_1 = \frac{7+1}{2} = 4; \quad x_2 = \frac{7-1}{2} = 3; \quad L = \{3; 4\}$$

2. Bestimmen Sie die Lösungsmenge der Gleichung $2x^2 - 8x + 8 = 0$.

   Lösung:
   $$x_{1;2} = \frac{-(-8) \pm \sqrt{(-8)^2 - 4 \cdot 2 \cdot 8}}{2 \cdot 2} = \frac{8 \pm 0}{4} = 2$$
   Die Gleichung hat nur eine Lösung; $L = \{2\}$.

3. Bestimmen Sie die Lösung der Gleichung $5x^2 - 2x + 20 = 0$.

   Lösung:
   $$x_{1;2} = \frac{-(-2) \pm \sqrt{(-2)^2 - 4 \cdot 5 \cdot 20}}{2 \cdot 5} = \frac{2 \pm \sqrt{4 - 400}}{10}$$
   Dieser Term ist nicht definiert, da die Diskriminante –396 negativ ist. Daher folgt: $L = \{\}$

p-q- und a-b-c-Formel sind gleichwertig, da die Gleichungen $x^2 + px + q = 0$ und $ax^2 + bx + c = 0$ durch Multiplikation mit bzw. Division durch a ineinander übergeführt werden können. In diesem Buch wird künftig nur die p-q-Formel verwendet.

Wenn in einer quadratischen Gleichung kein lineares Glied oder kein absolutes Glied vorkommt, dann kann man die Lösung der Gleichung auch ohne Anwendung der obigen Formeln finden. Ebenso ist die Lösung einer quadratischen Gleichung leicht zu finden, wenn man die Gleichung faktorisieren kann.

Regeln

> Eine quadratische Gleichung der Form **$x^2 - a = 0$** mit $a > 0$ besitzt die Lösungen $x_1 = \sqrt{a}$ und $x_2 = -\sqrt{a}$.
>
> Eine quadratische Gleichung der Form **$x^2 - ax = 0$** besitzt die Lösungen $x_1 = a$ und $x_2 = 0$.
>
> Ein Produkt ist genau dann null, wenn einer der Faktoren null ist. Daher hat die quadratische Gleichung **$(x - a) \cdot (x - b) = 0$** die Lösungen $x_1 = a$ und $x_2 = b$.

Beispiele

1. Bestimmen Sie die Lösungsmenge der quadratischen Gleichung $x^2 - 4 = 0$ und begründen Sie die Richtigkeit der Lösung.

   Lösung:
   $x_1 = \sqrt{4} = 2$; $x_2 = -\sqrt{4} = -2$; $L = \{-2; 2\}$

   Anwendung der p-q-Formel bestätigt die Lösungsmenge:
   $x_{1;2} = 0 \pm \sqrt{0 + 4} = \pm\sqrt{4} = \pm 2$

2. Bestimmen Sie die Lösungsmenge der quadratischen Gleichung $x^2 - 6x = 0$ und begründen Sie die Richtigkeit der Lösung.

Lösung:
L = {0; 6}
Anwendung der p-q-Formel bestätigt die Lösungsmenge:
$x_{1;2} = 3 \pm \sqrt{9-0} = 3 \pm 3$, also $x_1 = 0$ und $x_2 = 6$.

3. Bestimmen Sie die Lösungsmenge der quadratischen Gleichungen:
   a) $(x-4) \cdot (x+3) = 0$ b) $x^2 - 7x + 12 = 0$ c) $x^2 - 8x = 0$

   Lösung:
   a) $(x-4) \cdot (x+3) = 0$ hat die Lösungen $x_1 = 4$; $x_2 = -3$. L = {−3; 4}
   b) Diese Gleichung kann mithilfe des Satzes von Vieta faktorisiert werden:
   $x^2 - 7x + 12 = 0 \Leftrightarrow (x-3) \cdot (x-4) = 0$
   Die Lösungen sind: $x_1 = 3$; $x_2 = 4$; L = {3; 4}
   c) Hier kann x ausgeklammert werden:
   $x^2 - 8x = 0 \Leftrightarrow x \cdot (x-8) = 0$
   Die Lösungen lauten: $x_1 = 0$; $x_2 = 8$; L = {0; 8}

Aufgaben

64. Bestimmen Sie die Lösungsmenge der quadratischen Gleichungen:
    a) $x^2 - 2x - 24 = 0$
    b) $x^2 - 5x - 36 = 0$
    c) $u^2 + 11u + 30 = 0$
    d) $x^2 - 13x + 40 = 0$
    e) $x^2 - 5x + 9 = 0$
    f) $z^2 - 12z + 36 = 0$
    g) $2a^2 - 28a + 98 = 0$
    h) $3x^2 + 6x - 72 = 0$
    i) $-5x^2 + 30x + 80 = 0$
    j) $-3x^2 - 12x - 12 = 0$
    k) $4x^2 + 20x + 24 = 0$
    l) $9x^2 - 9x - 9 = 0$
    m) $z^2 - 8z = 0$
    n) $x^2 - 25 = 0$
    o) $8x^2 - 24x = 0$
    p) $5y^2 - 20 = 0$

65. Bestimmen Sie die Lösungsmenge:
    a) $x^2 - 6x = -9$
    b) $x^2 + 18 = 9x$
    c) $r^2 = 7r - 12$
    d) $4x^2 = 12x + 40$
    e) $2x^2 - 5x = 3x + 10$
    f) $7x^2 - 9x + 3 = 5x^2 - 7x + 43$
    g) $3x^2 + 7x + 17 = x^2 - x - 13$
    h) $5 - 12x = 3x^2 + 6x - 76$
    i) $(a-3)^2 - 5a = -1$
    j) $(2x-7)^2 = (x-1)^2 - x$
    k) $(x-5)^2 - (2x-1)^2 = 24 - 6x - 3x^2$
    l) $(x-2)^2 - (3-x)^2 - 2x = 0$
    m) $4 \cdot (5+2x)^2 - 5 \cdot (2x+3)^2 = (3x-2)^2 - 2 \cdot (4x+3)^2$

4.4 Bruchgleichungen

Wenn in einer Gleichung ein Bruchterm vorhanden ist, spricht man von einer Bruchgleichung. Wie bei Bruchtermen muss man zunächst den Definitionsbereich für Bruchgleichungen bestimmen.
Die maximale Definitionsmenge einer Bruchgleichung besteht aus denjenigen Elementen der Grundmenge, für die die Terme auf beiden Seiten der Gleichung definiert sind.

Regel

> Die **maximale Definitionsmenge** D_{max} enthält man bei Bruchgleichungen, die im Zähler und im Nenner Polynome mit einer Variablen enthalten, indem man diejenigen Zahlen der Grundmenge streicht, für die der **Nenner den Wert 0** annimmt. Dies gilt entsprechend für Bruchgleichungen mit mehreren Nennern.

Beispiele

1. Bestimmen Sie die maximale Definitionsmenge der Gleichung $\frac{4x-2}{x+3} = 9$.

   Lösung:
   Der Nenner $x+3$ ist für $x=-3$ nicht definiert: $D_{max} = \mathbb{R} \setminus \{-3\}$

2. Bestimmen Sie die maximale Definitionsmenge der Gleichung
   $\frac{4x-4}{3x+6} - \frac{6x+3}{x-5} = 9 + \frac{4x-1}{2x+6}$.

   Lösung:
   Die einzelnen Nenner sind für $x=-2$, $x=5$ bzw. $x=-3$ gleich 0.
   Daher ergibt sich $D_{max} = \mathbb{R} \setminus \{-3; -2; 5\}$.

3. Bestimmen Sie die maximale Definitionsmenge der Gleichung
   $\frac{4}{x^2-9} - \frac{x^2-1}{(x-4)^2} = \frac{3}{x^2+2x}$.

   Lösung:
   Der erste Nenner ist für $x=\pm 3$ gleich 0, der zweite Nenner für $x=4$ und der dritte Nenner nimmt für $x=-2$ oder $x=0$ den Wert 0 an. Also ist $D_{max} = \mathbb{R} \setminus \{-3; -2; 0; 3; 4\}$.

Bruchgleichungen werden gelöst, indem man sie in äquivalente Terme umformt. Hierbei können die Brüche durch **Multiplikation mit dem Hauptnenner** entfernt werden.

Beispiele

1. Bestimmen Sie die Lösungsmenge der Gleichung $\frac{4x-2}{x+3} = 9;\ x \neq -3$.

   Lösung:

   $\frac{4x-2}{x+3} = 9$ $| \cdot (x+3)$ Multiplikation mit dem Hauptnenner ($x \neq -3$)

   $4x - 2 = 9x + 27$ $| -9x + 2$ Sortieren der Terme

   $-5x = 29$ $| :(-5)$ Division durch -5

   $x = -\frac{29}{5};\ L = \left\{-\frac{29}{5}\right\}$

2. Bestimmen Sie die maximale Definitionsmenge sowie die Lösungsmenge der Gleichung $\frac{2x+8}{2x+10} = \frac{x+4}{3x+15}$.

   Lösung:
   Die maximale Definitionsmenge ist $D_{max} = \mathbb{R} \setminus \{-5\}$.
   Bestimmung des Hauptnenners:

   $2x + 10 = 2 \cdot (x + 5)$
   $3x + 15 = 3 \cdot (x + 5)$
   $\overline{\text{HN} = 2 \cdot 3 \cdot (x + 5) = 6(x + 5)}$

   $\frac{2x+8}{2x+10} = \frac{x+4}{3x+15}$ (1) $|T$ Nenner wie bei HN-Bestimmung faktorisieren

   $\frac{2x+8}{2 \cdot (x+5)} = \frac{x+4}{3 \cdot (x+5)}$ $| \cdot 2 \cdot 3 \cdot (x+5)$ Multiplikation mit dem Hauptnenner

   $\frac{(2x+8) \cdot 2 \cdot 3 \cdot (x+5)}{2 \cdot (x+5)} = \frac{(x+4) \cdot 2 \cdot 3 \cdot (x+5)}{3 \cdot (x+5)}$ $|T$ kürzen

   $(2x+8) \cdot \mathbf{3} = (x+4) \cdot \mathbf{2}$ (2) $|T$ ausmultiplizieren

   $6x + 24 = 2x + 8$ $|-2x - 24$ sortieren

   $4x = -16$ $|:4$ Division durch 4

   $x = -4;\ L = \{-4\}$

   Vergleicht man die Zeilen (1) und (2) miteinander, dann sieht man, dass die Umformungsschritte verkürzt werden können:
   Bei der Multiplikation mit dem Hauptnenner werden die Zähler mit denjenigen Faktoren multipliziert, die bei der Faktorisierung des Nenners für den Hauptnenner fehlen.

3. Bestimmen Sie die maximale Definitionsmenge sowie die Lösungsmenge der Gleichung $\frac{2x-6}{x^2-4x} - \frac{12-3x}{x^2-16} = \frac{4x+6}{x^2+4x}$.

Lösung:
Bestimmung des Hauptnenners:
$$x^2 - 4x = x \cdot (x-4)$$
$$x^2 - 16 = (x-4) \cdot (x+4)$$
$$x^2 + 4x = x \cdot (x+4)$$
$$\overline{HN = x \cdot (x-4) \cdot (x+4)}$$

Anhand des Hauptnenners ergibt sich die maximale Definitionsmenge $D_{max} = \mathbb{R} \setminus \{-4; 0; 4\}$.

$$\frac{2x-6}{x^2-4x} - \frac{12-3x}{x^2-16} = \frac{4x+6}{x^2+4x} \qquad | \cdot HN$$

Hier wird die in vorhergehendem Beispiel beschriebene Verkürzungsmöglichkeit realisiert: Der erste Zähler wird mit x + 4 multipliziert, der zweite mit x und der dritte Zähler mit x – 4, weil den jeweiligen Nennern genau diese Faktoren im Hauptnenner fehlen.

$(2x-6) \cdot \mathbf{(x+4)} - (12-3x) \cdot \mathbf{x} = (4x+6) \cdot \mathbf{(x-4)}$ | T ausmultiplizieren

$2x^2 - 6x + 8x - 24 - 12x + 3x^2 = 4x^2 + 6x - 16x - 24$ | T zusammenfassen

$5x^2 - 10x - 24 = 4x^2 - 10x - 24$ | $-4x^2 + 10x + 24$

$x^2 = 0 \Leftrightarrow x = 0$

Da die maximale Definitionsmenge die Zahl 0 nicht enthält, folgt: $L = \{\}$

4. Bestimmen Sie die maximale Definitionsmenge sowie die Lösungsmenge der Gleichung $\frac{5-x}{2x-4} - \frac{x-3}{6-3x} = \frac{x+2}{5x-10}$.

Lösung:
Bestimmung des Hauptnenners:
$$2x - 4 = 2 \cdot (x-2)$$
$$6 - 3x = -3 \cdot (x-2)$$
$$5x - 10 = 5 \cdot (x-2)$$
$$\overline{HN = 2 \cdot 3 \cdot 5 \cdot (x-2) = 30 \cdot (x-2)}$$

Anhand des Hauptnenners ergibt sich die maximale Definitionsmenge $D_{max} = \mathbb{R} \setminus \{2\}$.

$$\frac{5-x}{2x-4} - \frac{x-3}{6-3x} = \frac{x+2}{5x-10} \qquad | \cdot HN$$

$(5-x) \cdot \mathbf{15} - (x-3) \cdot \mathbf{(-10)} = (x+2) \cdot \mathbf{6}$ | T ausmultiplizieren

(Beachten Sie das Minuszeichen vor der 10, welches das Minuszeichen bei der Hauptnennerbestimmung ausgleicht!)

$75 - 15x + 10x - 30 = 6x + 12$ | $-6x - 45$

$-11x = -33 \Leftrightarrow x = 3; \quad L = \{3\}$

Aufgabe 66. Geben Sie die maximale Definitionsmenge an und bestimmen Sie die Lösungsmenge der Gleichung:

a) $\dfrac{2}{x+4} = \dfrac{1}{2}$

b) $\dfrac{1}{x} - \dfrac{1}{3} = \dfrac{1}{5}$

c) $\dfrac{4}{3t-3} + \dfrac{5}{2t-2} = \dfrac{1}{6}$

d) $\dfrac{1}{z \cdot (z-2)} + \dfrac{1}{z} = \dfrac{2}{4z-8}$

e) $\dfrac{2y}{2y-1} - \dfrac{4}{y+2} = \dfrac{10-4y}{2-4y}$

f) $\dfrac{4}{(x-3) \cdot (x-2)} + \dfrac{3}{x-2} = \dfrac{6}{3x-9}$

g) $\dfrac{5x-20}{x^2-16} - \dfrac{6}{2x+8} - \dfrac{6}{3x-12} = 0$

h) $\dfrac{5}{6-2a} = \dfrac{8a-14}{4a-12}$

i) $\dfrac{1-3y}{6+2y} - \dfrac{1}{6} = \dfrac{y+3}{3y+9} - \dfrac{5y+6}{8y}$

j) $2 - \dfrac{7-3x}{x+3} = 2 \cdot \dfrac{3x+9}{x^2-9}$

k) $\dfrac{3x-2}{x-1} - \dfrac{4x-2}{1+x} = \dfrac{x+3}{2x^2-2}$

l) $\dfrac{7x-1}{3x-6} + \dfrac{4x+1}{4-2x} = \dfrac{2x-5}{6x+12}$

m) $\dfrac{11x^2-10x}{3x^2-48} - \dfrac{4x-2}{2x+8} = \dfrac{3-5x}{12-3x}$

n) $\dfrac{7u-3}{4u+12} - \dfrac{2-3u}{9-3u} = \dfrac{3u^2-30u+7}{4u^2-36}$

4.5 Gleichungen mit Parametern

Die in diesem Abschnitt geschilderten Verfahren beziehen sich auf Gleichungen, die neben einer Lösungsvariablen noch weitere Variablen enthalten. Das Lösen solcher Gleichungen kann sehr schnell sehr umfangreich und unübersichtlich werden, selbst wenn die Gleichung auf den ersten Blick einfach aussieht. Die korrekte Bearbeitung solcher Gleichungen erfordert also eine gehörige Portion Konzentration und Disziplin!

Definition Die Variable, nach der man eine Gleichung auflösen möchte, nennt man **Lösungsvariable**.

Eine Gleichung, die außer der Lösungsvariablen noch mindestens eine weitere Variable enthält, nennt man **Gleichung mit Parametern**. Diese weiteren Variablen sind die **Parameter der Gleichung**.

Die maximale Definitionsmenge sowie die Lösungsmenge der Gleichung können dabei abhängig von den Parametern sein. Insbesondere muss man bei einem eingeschränkten Definitionsbereich anschließend immer überprüfen, ob die in Abhängigkeit vom Parameter gefundene Lösung auch wirklich zur Definitionsmenge gehört. Diese Zusatzuntersuchung wird insbesondere in den Beispielen 3 und 4 vorgestellt.

Beispiele

1. Bestimmen Sie die Lösungsmenge der Gleichung $2a - 7x = 3b - 5$, wenn x die Lösungsvariable ist.

   Lösung:
   Die Parameter a und b können beliebige reelle Zahlen sein.
   Für x kommen sämtliche reelle Zahlen in Betracht, also ist $D_{max} = \mathbb{R}$.
   $$2a - 7x = 3b - 5 \qquad | -2a$$
   $$-7x = 3b - 2a - 5 \qquad | : (-7)$$
   $$x = \frac{2a - 3b + 5}{7}; \quad L = \left\{\frac{2a - 3b + 5}{7}\right\}$$

2. Bestimmen Sie die Lösungsmenge der Gleichung $ax - 5a = 3x - 1$ mit x als Lösungsvariable.

   Lösung:
   Der Parameter a kann jede beliebige Zahl sein. Für x kommt ebenfalls jede reelle Zahl in Betracht, $D_{max} = \mathbb{R}$.
   $$ax - 5a = 3x - 1 \qquad | +5a - 3x$$
   $$ax - 3x = 5a - 1 \qquad | T \text{ x ausklammern}$$
   $$(a - 3) \cdot x = 5a - 1$$
   Um die Gleichung nach x aufzulösen, muss man jetzt durch $(a-3)$ dividieren. Dies darf man jedoch nur, wenn $a \neq 3$ ist. Man muss daher eine **Fallunterscheidung** durchführen:

   1. Fall: a = 3
   Setzt man $a = 3$ in die Gleichung ein, lautet diese: $0 \cdot x = 15 - 1 \Leftrightarrow 0 = 14$
   Es liegt eine falsche Aussage vor. Für $a = 3$ hat die Gleichung keine Lösung: $L = \{\}$

   2. Fall: $a \neq 3$
   $$(a - 3) \cdot x = 5a - 1 \qquad | : (a - 3) \quad a - 3 \text{ ist ungleich } 0$$
   $$x = \frac{5a - 1}{a - 3}; \quad L = \left\{\frac{5a - 1}{a - 3}\right\}$$

3. Bestimmen Sie die maximale Definitionsmenge sowie die Lösungsmenge der Gleichung $\frac{1+k}{k-x} = \frac{1}{k}$ mit x als Lösungsvariable.

   Lösung:
   Der Parameter k darf wegen des zweiten Nenners nicht 0 sein: **$k \neq 0$**
   Maximale Definitionsmenge: $k - x \neq 0 \Leftrightarrow$ **$x \neq k$**, $D_{max} = \mathbb{R} \setminus \{k\}$
   Der Hauptnenner der Bruchgleichung ist $k \cdot (k - x)$.
   $$\frac{1+k}{k-x} = \frac{1}{k} \qquad | \cdot k \cdot (k - x) \quad \text{Hauptnenner ist ungleich 0}$$
   $$(1 + k) \cdot k = 1 \cdot (k - x) \qquad | T \qquad \text{Klammern ausmultiplizieren}$$
   $$k + k^2 = k - x \qquad | +x - k - k^2$$
   $$x = -k^2$$

Vergleich mit der Definitionsmenge
Da in der Definitionsmenge die Zahl k nicht enthalten ist, darf der berechnete Wert von x nicht gleich k sein; es muss also gelten:
$-k^2 \neq k \Leftrightarrow k^2 + k \neq 0 \Leftrightarrow k \cdot (k+1) \neq 0 \Leftrightarrow k \neq 0$ und $k \neq -1$

Wie oben bereits gesehen, ist $k = 0$ ausgeschlossen, weil die Gleichung sonst nicht korrekt gestellt wäre.
Wenn jedoch $k = -1$ ist, dann ist der errechnete Wert $x = -k^2 = -(-1)^2 = -1$ nicht in der Definitionsmenge, und die Lösungsmenge ist dann leer:
$k = -1 \Rightarrow L = \{\}$.
Andernfalls, d. h. für $k \neq -1$ und $k \neq 0$, ist $L = \{-k^2\}$.

4. Bestimmen Sie die maximale Definitionsmenge sowie die Lösungsmenge der Gleichung $\frac{1}{x-2} - \frac{2}{kx} = \frac{1}{k \cdot (x-2)}$ mit x als Lösungsvariable.

Lösung:
Der Parameter k kann jede beliebige reelle Zahl außer 0 sein, da sonst der zweite und dritte Bruch nicht definiert wären: **k ≠ 0**
Bestimmung der maximalen Definitionsmenge: Der erste und dritte Nenner erzwingen $x \neq 2$, und wegen des zweiten Nenners muss auch $x \neq 0$ sein, also $D_{max} = \mathbb{R} \setminus \{0; 2\}$.
Der Hauptnenner der Gleichung ist $(x-2) \cdot k \cdot x$.

$\frac{1}{x-2} - \frac{2}{kx} = \frac{1}{k \cdot (x-2)}$ | $\cdot (x-2) \cdot k \cdot x$ Hauptnenner ist ungleich 0

$kx - 2 \cdot (x-2) = x$ | T   ausmultiplizieren

$kx - 2x + 4 = x$ | $-x - 4$ zusammenfassen

$kx - 3x = -4$ | T   x ausklammern

$(k-3) \cdot x = -4$

Die jetzt erforderliche Division durch $(k-3)$ erfordert wieder eine Fallunterscheidung:

1. Fall: k = 3
$0 = -4$ ist eine falsche Aussage; $L = \{\}$

2. Fall: k ≠ 3
$(k-3) \cdot x = -4$ | $: (k-3)$ ungleich 0

$x = -\frac{4}{k-3}$

Dieser x-Wert ist jedoch nur dann eine Lösung, wenn er auch in der Definitionsmenge enthalten ist; deshalb darf $-\frac{4}{k-3}$ nicht gleich 0 und nicht gleich 2 sein. Aus diesem Grund werden jetzt noch diejenigen Werte von k bestimmt, für die der Term $-\frac{4}{k-3}$ weder 0 noch 2 ist.

$-\frac{4}{k-3} = 2 \Leftrightarrow -4 = 2k - 6 \Leftrightarrow k = 1$

$-\frac{4}{k-3} = 0 \Leftrightarrow -4 = 0 \Rightarrow$ Dies ist für kein k möglich.

Wenn $k = 1$ ist, dann ist $-\frac{4}{k-3} = 2 \notin D$; für $k = 1$ ist folglich $L = \{\}$.
Man erhält somit insgesamt als Ergebnis:
Für $k = 0$ ist die Gleichung überhaupt nicht korrekt definiert, für $k = 1$ und für $k = 3$ ist keine Lösung vorhanden, und andernfalls ist $L = \left\{-\frac{4}{k-3}\right\}$.

Aufgaben 67. Bestimmen Sie die Lösungsmenge der Gleichung mit x als Lösungsvariable:
   a) $4x - 5a = 0$
   b) $3 \cdot (x - 3a) = 9$
   c) $4 \cdot (x - 5a) = 2 \cdot (7a - 4x)$
   d) $4 \cdot (x - 3a) - 3 \cdot (x - a) = x + 8$
   e) $(x - 2)^2 + 3x = a$
   f) $(x - 3a)^2 - (x - a)^2 = 0$
   g) $5ax - 8 = 2a + 7$
   h) $ax^2 - 7x = 0$

68. Bestimmen Sie die maximale Definitionsmenge sowie die Lösungsmenge der Gleichung mit x als Lösungsvariable:
   a) $\frac{a}{x} - \frac{6}{5x} = 0$
   b) $\frac{a}{2x} - 4 = 0$
   c) $\frac{a}{x} + \frac{x}{a} = 2$
   d) $\frac{2}{x-a} = 7a$
   e) $\frac{a}{2+ax} + 2 = 0$
   f) $\frac{a+1}{a-2x} = \frac{1}{4}$
   g) $\frac{1+a}{x-a} + \frac{1}{a} = \frac{1}{2}$
   h) $\frac{a}{x-1} + \frac{1}{x} = 0$
   i) $\frac{a-1}{x+2} - \frac{3a-1}{2x+4} = \frac{1-4a}{3x+6}$
   j) $\frac{x+ab}{3x} = \frac{b^2}{3}$

4.6 Lineare Gleichungssysteme

Wenn eine Gleichung mehrere Variablen enthält, dann ist nicht notwendigerweise nur eine einzige Variable die Lösungsvariable.

Definition Eine Gleichung mit zwei (drei, vier, …) Lösungsvariablen nennt man **Gleichung zweier (dreier, vierer, …) Variablen**.

Die **Grundmenge** sowie die (maximale) **Definitionsmenge** einer Gleichung zweier Variablen sind geordnete Zahlenpaare, wobei die Variablen alphabetisch angeordnet sind. Die Lösungsmenge beinhaltet alle **geordneten Zahlenpaare** der Definitionsmenge, die diese Gleichung erfüllen.

Gleichungen mehrerer Variablen besitzen oft unendlich viele Lösungen; diese werden dann in **beschreibender Form** angegeben. Hierzu wird die Gleichung nach einer Lösungsvariablen aufgelöst.

Beispiel
Gegeben ist die Gleichung $3x + y = 8$ mit x und y als Lösungsvariable.
Geben Sie die Grund- und maximale Definitionsmenge dieser Gleichung an.
Geben Sie eine Lösung dieser Gleichung an.
Geben Sie alle Lösungen dieser Gleichung in beschreibender Form an.

Lösung:
Die Grundmenge sowie gleichzeitig auch maximale Definitionsmenge ist die Menge aller reellen Zahlenpaare (x; y): $G = D_{max} = \{(x; y) \mid x, y \in \mathbb{R}\}$

Setzt man z. B. $x = 1$ und $y = 5$, erhält man mit $3 \cdot 1 + 5 = 8$ eine wahre Aussage. Das Zahlenpaar (1; 5) ist eine Lösung der Gleichung zweier Variablen.

Bestimmung der Lösungsmenge:
$3x + y = 8 \quad | -3x$ Auflösen nach der Lösungsvariablen y
$y = 8 - 3x$
Die Lösungsmenge besteht aus allen Zahlenpaaren (x; y), die die Bedingung $y = 8 - 3x$ erfüllen: $L = \{(x; y) \mid y = 8 - 3x; x \in \mathbb{R}\}$. Die Veranschaulichung einer solchen Lösungsmenge wird in Kapitel 7 beschrieben.

Wenn eine oder mehrere Lösungsvariablen nicht nur eine Gleichung, sondern gleichzeitig mehrere Gleichungen erfüllen sollen, dann spricht man von einem Gleichungssystem.

Definition
Mehrere Gleichungen zusammen bilden ein **Gleichungssystem**. Jede Gleichung nennt man **Zeile des Gleichungssystems**.

Die **Lösungsmenge** eines Gleichungssystems besteht aus den Elementen der Definitionsmenge, die **alle Gleichungen** dieses Gleichungssystems **erfüllen**.

Bestehen die Gleichungen eines Gleichungssystems aus linearen Gleichungen, dann nennt man dieses Gleichungssystem **lineares Gleichungssystem**.

Gleichungssysteme kann man wie Gleichungen so umformen, dass sich die Lösungsmenge nicht ändert:

Regel
Die Lösungsmenge eines Gleichungssystems ändert sich nicht, wenn
- eine **Äquivalenzumformung auf eine Gleichung** angewandt wird.
- **zu einer Gleichung eine andere Gleichung** des Gleichungssystems **addiert** wird.

Beispiel

Begründen Sie, warum die drei Gleichungssysteme dieselbe Lösungsmenge besitzen:

$4x - 5 = 3y$ $4x - 3y = 5$ $4x - 3y = 5$
$5x + 3y = 4$ $5x + 3y = 4$ $9x \quad\quad = 9$

Lösung:
Vom ersten zum zweiten Gleichungssystem gelangt man, wenn man auf die erste Zeile die Äquivalenzumformung $|+5-3y$ anwendet.
Addiert man die erste Zeile des zweiten Gleichungssystems zu seiner zweiten Zeile, dann erhält man das dritte Gleichungssystem.
Durch die beschriebenen Operationen ändert sich die Lösungsmenge nicht.

Zur Lösung eines Gleichungssystems gibt es drei Verfahren, die nachfolgend erläutert werden. Das **Gleichsetzungsverfahren** und das **Einsetzungsverfahren** eignen sich dabei nur bei Gleichungssystemen mit zwei Gleichungen und zwei Lösungsvariablen, während das so genannte **Gauß-Verfahren** (auch **Additionsverfahren** genannt) bei allen linearen Gleichungssystemen übersichtlich ist und erfolgreich angewandt werden kann.

Das Gleichsetzungsverfahren bei zwei Gleichungen
Wenn die linken Seiten der beiden Gleichungen gleich sind, dann müssen auch die rechten Seiten dieser Gleichungen gleich sein.

Beispiel

Lösen Sie das Gleichungssystem:
$4x - 3 = 2y + 5$
$4x - 3 = 5y - 4$

Lösung:
Wegen der Gleichheit der Terme auf der linken Seite gilt:

$2y + 5 = 5y - 4 \quad |-5y - 5$
$-3y = -9 \quad\quad\quad |:(-3)$
$y = 3$

$y = 3$ wird z. B. in die erste Gleichung eingesetzt:
$4x - 3 = 2 \cdot 3 + 5 \Leftrightarrow 4x - 3 = 11 \Leftrightarrow 4x = 14 \Leftrightarrow x = \frac{7}{2}; \; L = \left\{\left(\frac{7}{2}; 3\right)\right\}$

Das Einsetzungsverfahren bei zwei Gleichungen
Wenn eine der beiden Gleichungen bereits nach einer Variablen aufgelöst ist, dann kann man diese Variable in die andere Gleichung einsetzen.

Beispiel

Lösen Sie das Gleichungssystem:
$5x - 4y = 9$
$y = 3 + 2x$

Lösung:
Die Lösungsvariable y aus der zweiten Gleichung wird in die erste Gleichung eingesetzt:

$$5x - 4 \cdot (\mathbf{3 + 2x}) = 9 \qquad | \text{ T ausmultiplizieren}$$
$$5x - 12 - 8x = 9 \qquad | \text{ T zusammenfassen}$$
$$-3x - 12 = 9 \qquad | +12$$
$$-3x = 21 \qquad | :(-3)$$
$$x = -7$$

$x = \mathbf{-7}$ wird in die zweite Gleichung eingesetzt:
$y = 3 + 2 \cdot (\mathbf{-7}) = -11; \quad L = \{(-7; -11)\}$

Das Gauß-Verfahren (Additionsverfahren)

Die Lösungsmenge eines Gleichungssystems ändert sich nicht, wenn man zu einer Gleichung des Gleichungssystems eine andere Gleichung dieses Gleichungssystems addiert. Dies nutzt man beim Gauß-Verfahren aus:

Das Gauß-Verfahren beruht auf der Idee, durch geschickte Addition von Zeilen das Gleichungssystem so zu vereinfachen, dass man die Lösung einfach ablesen kann. Hierzu versucht man, Gleichungen zu erzeugen, die möglichst wenige Variablen enthalten.

Die Vorgehensweise wird zunächst am Beispiel eines **Gleichungssystems mit zwei Lösungsvariablen und zwei Gleichungen** beschrieben:

Beispiel Lösen Sie das Gleichungssystem:
$4x - 2y = -2$
$2x - 3y = 3$

Lösung:
Ziel der Umformung ist es, eine Gleichung zu erzeugen, die nur noch eine Lösungsvariable, in diesem Fall y, enthält. Um durch eine entsprechende Addition der ersten Gleichung zu der zweiten Gleichung die andere Lösungsvariable x zu eliminieren (also zu entfernen), wird in einem **ersten Schritt** zunächst die zweite Gleichung mit -2 multipliziert:

$$\begin{array}{ll} 4x - 2y = -2 & \\ 2x - 3y = 3 \quad |\cdot(-2) \end{array} \Leftrightarrow \begin{array}{l} 4x - 2y = -2 \\ -4x + 6y = -6 \end{array}$$

Durch diese Multiplikation enthalten nun beide Gleichungszeilen denselben Faktor – jedoch mit verschiedenen Vorzeichen – vor der Lösungsvariablen x. Nun wird im **zweiten Schritt** die erste Zeile zur zweiten Zeile addiert (die Terme $4x$ und $-4x$ heben sich dabei auf, die Addition von $-2y + 6y$ ergibt $4y$ und die Addition von $-2 + (-6)$ führt zu -8). Die erste Zeile des Gleichungssystems bleibt dabei unverändert:

$$4x - 2y = -2$$
$$-4x + 6y = -6 \quad \bigg| + \quad \Leftrightarrow \quad 4x - 2y = -2$$
$$4y = -8$$

Aus der zweiten Gleichung kann man nun mittels **Division durch 4** den Wert von y bestimmen:

$$4x - 2y = -2$$
$$4y = -8 \quad |:4 \quad \Leftrightarrow \quad 4x - 2y = -2$$
$$y = -2$$

Den aus der zweiten Zeile ablesbaren Wert **y = –2** setzt man **in die erste Zeile des Gleichungssystems** ein und erhält:

$$4x - 2 \cdot (-2) = -2 \Leftrightarrow 4x + 4 = -2 \Leftrightarrow 4x = -6 \Leftrightarrow x = -\tfrac{3}{2}; \quad L = \left\{\left(-\tfrac{3}{2}; -2\right)\right\}$$

Bei linearen **Gleichungssystemen mit drei oder mehr Gleichungen und Lösungsvariablen** verwendet man der Übersichtlichkeit wegen immer dieses Gauß-Verfahren. Ziel ist hierbei stets die geschickte Elimination (Entfernung) von Lösungsvariablen in einzelnen Zeilen des Gleichungssystems. Bei korrekter Vorgehensweise sollte sich dadurch am Ende der Umformungen ein Gleichungssystem in Dreiecksform ergeben.

Definition

Unter der **Dreiecksform** eines linearen Gleichungssystems versteht man ein Gleichungssystem, bei dem in jeder Zeile – von oben nach unten gelesen – stets eine Variable weniger vorhanden ist.

Hierbei ist folgende Faustregel hilfreich:

Regel

Bei der Umformung eines linearen Gleichungssystems in Dreiecksform kann man mehrere **Umformungsschritte zusammenfassen**, wenn man darauf achtet, stets **nur darüber liegende Gleichungen** zu einer Zeile des Gleichungssystems zu addieren.

Statt einer Multiplikation einer Zeile mit –1 und anschließender Addition kann man natürlich auch eine **Subtraktion zweier Zeilen** durchführen.
Wie man die Umwandlung in Dreiecksform konkret durchführt, wird in nachfolgendem Beispiel Schritt für Schritt dargestellt.

Beispiel

Bestimmen Sie die Lösungsmenge des Gleichungssystems:

$$4x + 5y - 2z = -3$$
$$2x - 3y - 3z = -2$$
$$-x - 4y + z = 5$$

Lösung:

$4x + 5y - 2z = -3$
$2x - 3y - 3z = -2 \quad |\cdot(-2)$
$-x - 4y + z = 5 \quad |\cdot 4$

Multiplikation der zweiten Zeile mit –2 und der dritten Zeile mit 4, um bis auf die Vorzeichen gleiche Faktoren vor x zu erhalten und anschließend x eliminieren zu können.

$4x + 5y - 2z = -3$
$-4x + 6y + 6z = 4 \quad |(I)+(II)$
$-4x - 16y + 4z = 20 \quad |(I)+(III)$

Addition der ersten Zeile zu der zweiten und dritten Zeile des Gleichungssystems; dadurch entfällt in der zweiten und dritten Zeile die Lösungsvariable x.

$4x + 5y - 2z = -3$
$11y + 4z = 1$
$-11y + 2z = 17 \quad |(II)+(III)$

Da in der zweiten und dritten Zeile vor der Variablen y der Faktor 11 mit verschiedenen Vorzeichen entstanden ist, entfällt die Multiplikation der zweiten oder dritten Zeile. Man addiert daher gleich die zweite Zeile zu der dritten Zeile, um die Variable y zu eliminieren.

$4x + 5y - 2z = -3$
$11y + 4z = 1$
$6z = 18$

Das Gleichungssystem besitzt jetzt die gewünschte **Dreiecksform**, aus der man die Lösungsmenge ermitteln kann:

Aus (III):
$6z = 18 \Leftrightarrow \mathbf{z = 3}$
In (II):
$11y + 4 \cdot \mathbf{3} = 1 \Leftrightarrow 11y = -11 \Leftrightarrow \mathbf{y = -1}$
In (I):
$4x + 5 \cdot (\mathbf{-1}) - 2 \cdot \mathbf{3} = -3 \Leftrightarrow 4x = 8 \Leftrightarrow \mathbf{x = 2}$
$L = \{(2; -1; 3)\}$

Aus der dritten Zeile kann z bestimmt werden. Dieser Wert wird danach in die zweite Zeile eingesetzt, sodass sich hier der Wert von y ergibt. Beide Werte von y und z schließlich erlauben durch Einsetzen in die erste Zeile die Berechnung von x.

So wie Gleichungen neben einer eindeutigen Lösung auch allgemein gültig sein oder keine Lösung besitzen können, sind auch bei linearen Gleichungssystemen drei verschiedene Fälle möglich:

Regel | Lineare Gleichungssysteme haben entweder eine **eindeutige Lösung** oder **keine Lösung** oder **unendlich viele Lösungen**.

Beispiele

1. Bestimmen Sie die Lösungsmenge des linearen Gleichungssystems:
$x + y - 2z = 3$
$x - 2y + z = 1$
$2x - y - z = 1$

Lösung:

$$\begin{aligned} x + y - 2z &= 3 & &| \cdot 2 \\ x - 2y + z &= 1 & &| \cdot (-2) \\ 2x - y - z &= 1 & &| \cdot (-1) \end{aligned}$$

$$\Leftrightarrow \begin{aligned} 2x + 2y - 4z &= 6 \\ -2x + 4y - 2z &= -2 & &| (I)+(II) \\ -2x + y + z &= -1 & &| (I)+(III) \end{aligned}$$

$$\Leftrightarrow \begin{aligned} 2x + 2y - 4z &= 6 \\ 6y - 6z &= 4 \\ 3y - 3z &= 5 & &| \cdot (-2) \end{aligned}$$

$$\Leftrightarrow \begin{aligned} 2x + 2y - 4z &= 6 \\ 6y - 6z &= 4 \\ -6y + 6z &= -10 & &| (II)+(III) \end{aligned}$$

$$\Leftrightarrow \begin{aligned} 2x + 2y - 4z &= 6 \\ 6y - 6z &= 4 \\ 0 &= -6 \end{aligned}$$

In der letzten Zeile steht ein Widerspruch. Daher hat dieses Gleichungssystem **keine Lösung**: $L = \{\}$

2. Bestimmen Sie die Lösungsmenge des linearen Gleichungssystems:
$$\begin{aligned} x + y - 2z &= 3 \\ 2x - 3y - 5z &= 1 \\ -3x + 7y + 8z &= 1 \end{aligned}$$

Lösung:

$$\begin{aligned} x + y - 2z &= 3 \\ 2x - 3y - 5z &= 1 & &| 2 \cdot (I) - (II) \\ -3x + 7y + 8z &= 1 & &| 3 \cdot (II) + 2 \cdot (III) \end{aligned}$$

$$\Leftrightarrow \begin{aligned} x + y - 2z &= 3 \\ 5y + z &= 5 \\ 5y + z &= 5 & &| (II) - (III) \end{aligned}$$

$$\begin{aligned} x + y - 2z &= 3 \\ 5y + z &= 5 \\ 0 &= 0 \end{aligned}$$

In der letzten Zeile steht eine wahre Aussage; diese Gleichung schränkt also die Lösungsmenge nicht ein.
Die zweite Zeile enthält zwei Lösungsvariablen; man kann z. B. y beliebig wählen und z durch y ausdrücken: **z = 5 – 5y**
Setzt man diesen Wert von z in die erste Zeile ein, erhält man:
x + y – 2 · (**5 – 5y**) = 3 ⇔ x + y – 10 + 10y = 3 ⇔ **x = 13 – 11y**
L = {(x; y; z) | y ∈ ℝ; z = 5 – 5y ; x = 13 – 11y}
Dieses Gleichungssystem hat **unendlich viele Lösungen**.

Aufgaben

69. Geben Sie die Grundmenge an und bestimmen Sie die maximale Definitionsmenge der Gleichungen (alle Variablen sind Lösungsvariablen).

    a) $4x + 3y = 9$

    b) $4x - \frac{3}{y} = 8$

    c) $\frac{x+y}{x-y} = 9$

    d) $\frac{x-y}{x+1} = \frac{2}{y-4}$

70. Bestimmen Sie die Lösungsmenge der Gleichungen, wobei alle Variablen Lösungsvariablen sind.

    a) $3x - 2y = 7$

    b) $4 \cdot (3x - 5) = 2 \cdot (y - 1)$

    c) $3x - 2y = 4 \cdot (x - 4) - (x - 2y)$

    d) $(x - y)^2 - (x + y)^2 = 0$

    e) $3 \cdot (3x - 5y) - 2 \cdot (2x + 5y) = 5 \cdot (x - 5y)$

71. Bestimmen Sie die Lösungsmenge der Gleichungen, wobei nur a ein Parameter der Gleichung ist.

    a) $3x - 5y = 2a$

    b) $3ax - 5y = 0$

72. Bestimmen Sie die Lösungsmenge der linearen Gleichungssysteme. Alle angegebenen Variablen sind Lösungsvariablen.

    a) $2x - 5y = 9$
       $3x + y = 5$

    b) $7x - 3y = 18$
       $4x + 2y = 14$

    c) $2x - 3y = 4$
       $6x - 9y = 12$

    d) $3x - 6y = 12$
       $-6x + 12y = 2$

    e) $14x - 22y = 18$
       $-35x + 55y = -45$

73. Bestimmen Sie die Lösungsmenge der linearen Gleichungssysteme.
Alle angegebenen Variablen sind Lösungsvariablen.

a) $2x + 3y - z = 6$
$3x - 2y + 3z = -2$
$-x + 4y + 2z = 1$

b) $5x - 3y + z = 4$
$3x - 2y - 2z = 5$
$7x - 4y + 4z = 3$

c) $x + 4y = -3$
$x + 3z = 4$
$2y + 5z = 3$

d) $5x - 8y = 2$
$3x - 3z = 0$
$-x - 8y + 6z = 2$

e) $4x + 2y + 8z = 4$
$8x - 12y + 14z = 9$
$8x + 20y + 18z = 2$

f) $10x + 30y - 20z = 45$
$-10x + 20y - 30z = 15$
$30x - 40y + 20z = 9$

g) $2x + 5y + 2z = -4$
$-2x + 4y - 5z = -20$
$3x - 6y + 5z = 10$

h) $16x - 5y + 20z = 1$
$20x + 12y - 10z = 18$
$8x - 20y - 50z = 78$

i) $6x - 8y - 10z = -4$
$-15x + 20y + 25z = 10$
$21x - 28y - 35z = -14$

j) $12x - 9y + 15z = -5$
$-20x + 15y - 25z = 10$
$x + 2y - 4z = 5$

74. Erstellen Sie selbst weitere Übungsaufgaben nach folgendem Schema:

Schritte	Beispiel
Wählen Sie eine Lösung für ein Gleichungssystem.	$x = 3; y = -1; z = 5$
Erstellen Sie entsprechend der Anzahl Lösungsvariablen Gleichungen, die bei Belegung mit den Lösungswerten eine wahre Aussage liefern.	$x + y + z = 7$ $2x - y - z = 2$ $3x + 2y - 2z = -3$

Lösen Sie das Gleichungssystem. Wenn Sie keine Rechenfehler machen, muss die gewählte Lösung in Ihrer Lösungsmenge enthalten sein.

4.7 Lineare Gleichungssysteme mit Parameter

Enthält ein Gleichungssystem nicht nur Lösungsvariablen, sondern auch Parameter, spricht man von Gleichungssystemen mit Parameter.
Vergleichbar mit dem Vorgehen beim Lösen von Gleichungen mit Parametern gilt auch bei Gleichungssystemen mit Parametern die wichtige Regel:

Regel

Bei linearen Gleichungssystemen mit Parameter muss man immer dann **Fallunterscheidungen** vornehmen, wenn die Möglichkeit besteht, dass man mit 0 multiplizieren oder durch 0 dividieren würde.

Beispiele

1. Bestimmen Sie die Lösungsmenge des linearen Gleichungssystems mit a als Parameter:

   $3x + y - z = 3$
   $2x - 3y + 2z = 3$
   $x + 4y + a \cdot z = 0$

   Lösung:

   $$\begin{array}{rl} 3x + y - z = 3 & |\cdot 2 \\ 2x - 3y + 2z = 3 & |\cdot 3 \\ x + 4y + a \cdot z = 0 & |\cdot 6 \end{array}$$

   $$\Leftrightarrow \begin{array}{rl} 6x + 2y - 2z = 6 & \\ 6x - 9y + 6z = 9 & |(I) - (II) \\ 6x + 24y + 6a \cdot z = 0 & |(I) - (III) \end{array}$$

   $$\Leftrightarrow \begin{array}{rl} 6x + 2y - 2z = 6 & \\ 11y - 8z = -3 & |\cdot 2 \\ -22y + (-2 - 6a) \cdot z = 6 & \end{array}$$

   $$\Leftrightarrow \begin{array}{rl} 6x + 2y - 2z = 6 & \\ 22y - 16z = -6 & \\ -22y + (-2 - 6a) \cdot z = 6 & |(II) + (III) \end{array}$$

   $$\Leftrightarrow \begin{array}{rl} 6x + 2y - 2z = 6 & \\ 22y - 16z = -6 & \\ (-18 - 6a) \cdot z = 0 & \end{array}$$

   Nun muss die dritte Zeile durch $(-18 - 6a)$ dividiert werden.

1. Fall: $-18-6a=0 \Leftrightarrow a=-3$
Die letzte Zeile lautet dann $0=0$ und liefert keine Einschränkung; deshalb kann man z beliebig wählen und y mithilfe der zweiten Zeile durch z ausdrücken: $22y = 16z-6 \Leftrightarrow y = \frac{8}{11}z - \frac{3}{11}$
Setzt man diesen Wert von y in die erste Zeile des ursprünglichen Gleichungssystems ein, erhält man:
$3x + \frac{8}{11}z - \frac{3}{11} - z = 3 \Leftrightarrow 3x = \frac{3}{11}z + \frac{3}{11} + 3 \Leftrightarrow x = \frac{1}{11}z + \frac{12}{11}$
Das Gleichungssystem besitzt somit unendlich viele Lösungen:
$L = \left\{(x; y; z) \mid x = \frac{1}{11}z + \frac{12}{11}; y = \frac{8}{11}z - \frac{3}{11}\right\}$

2. Fall: $-18-6a \neq 0 \Leftrightarrow a \neq -3$
Division der dritten Zeile durch $(-18-6a)$ ergibt dann $z=0$.
Setzt man diesen Wert für z in der zweiten Zeile ein, ergibt sich:
$22y = -6 \Leftrightarrow y = -\frac{3}{11}$
Aus der ersten Zeile ergibt sich nun bei Einsetzen dieser Werte für z und y:
$3x - \frac{3}{11} = 3 \Leftrightarrow x = \frac{12}{11}$
Die Lösungsmenge lautet: $L = \left\{\left(\frac{12}{11}; -\frac{3}{11}; 0\right)\right\}$
Der Parameter a taucht in keinem der beiden Fälle in der Lösungsmenge auf.

2. Bestimmen Sie die Lösungsmenge des Gleichungssystems (Parameter a):
$$\begin{aligned} x - y + z &= 1 \\ x + 2y - z &= 1 \\ 2x - ay\phantom{{}+z} &= a \end{aligned}$$

Lösung:
Hier bietet es sich an, die Variablen in vertauschter Reihenfolge zu notieren, weil dann die Dreiecksgestalt einfacher erreicht werden kann (man versucht, den Parameter möglichst weit rechts anzuordnen):

$$\begin{aligned} z + x - y &= 1 \\ -z + x + 2y &= 1 \quad |(I)+(II) \\ 2x - ay &= a \end{aligned}$$

$\Leftrightarrow$
$$\begin{aligned} z + x - y &= 1 \\ 2x + y &= 2 \\ 2x - ay &= a \quad |(II)-(III) \end{aligned}$$

$\Leftrightarrow$
$$\begin{aligned} z + x - y &= 1 \\ 2x + y &= 2 \\ (1+a) \cdot y &= 2 - a \end{aligned}$$

Nun müssen wegen der anstehenden Division durch (1 + a) wieder zwei Fälle unterschieden werden:

1. Fall: a = −1
Die letzte Zeile des Gleichungssystems lautet dann $0 \cdot y = 2 - (-1)$
$\Leftrightarrow$ $0 = 3$. Da dies einen Widerspruch darstellt, hat das Gleichungssystem für diesen Fall keine Lösung: $L = \{\}$

2. Fall: a ≠ −1
Dividiert man die letzte Zeile nun durch (1 + a), ergibt sich:
$$y = \frac{2-a}{1+a}$$

Setzt man diesen Wert von y in die zweite Zeile des Gleichungssystems $2x + y = 2$ ein, folgt für x:
$$2x + \frac{2-a}{1+a} = 2 \Leftrightarrow x = 1 - \frac{2-a}{2+2a} = \frac{2+2a-2+a}{2+2a} \Leftrightarrow x = \frac{3a}{2+2a}$$

Einsetzen dieser Werte von x und y in die erste Zeile $z + x - y = 1$ des Gleichungssystems liefert:
$$z + \frac{3a}{2+2a} - \frac{2-a}{1+a} = 1 \Leftrightarrow z = 1 - \frac{3a}{2+2a} + \frac{2-a}{1+a} = \frac{2+2a-3a+4-2a}{2+2a}$$
$$\Leftrightarrow z = \frac{-3a+6}{2+2a}$$

In diesem Fall besteht die Lösungsmenge also aus einem Element:
$$L = \left\{ \left(\frac{3a}{2+2a}; \frac{2-a}{1+a}; \frac{-3a+6}{2+2a} \right) \right\}$$

Aufgaben

75. Untersuchen Sie in Abhängigkeit vom Parameter a, wie viele Lösungen das Gleichungssystem besitzt und geben Sie diese gegebenenfalls in Abhängigkeit von a an.

a) $x + y = 6$
$2x - y = a$

b) $6x - 9y = 3$
$-4x + 6y = a$

c) $3x - 6y = 12$
$5x - ay = 10$

d) $4x + 2y = a$
$ax - y = 1$

76. Bestimmen Sie die Lösungsmenge des Gleichungssystems in Abhängigkeit von a als Parameter.

a) $x + 3y - 2z = 4$
$2x - 4y + z = a$
$3x - 2y + z = a$

b) $2x + y - z = 1$
$x - 2y = -1$
$-x + 2y + az = 3$

5 Ungleichungen

Wenn zwei Terme durch einen anderen Vergleichsoperator als das Gleichheitszeichen verbunden werden, entsteht eine Ungleichung. In diesem Kapitel werden die wichtigsten Strategien zum Lösen von Ungleichungen beschrieben.

5.1 Lineare Ungleichungen

Beim Lösen einer linearen Ungleichung sind die gleichen Regeln wie beim Lösen von Gleichungen (Kapitel 4) zu beachten. Allerdings gilt für Ungleichungen noch folgende besondere Regel:

Regel
> Wird eine Ungleichung **mit einer negativen Zahl multipliziert** bzw. **durch eine negative Zahl dividiert**, dann wird der **Vergleichsoperator umgedreht**: Aus einem Kleiner-Zeichen wird ein Größer-Zeichen („<" wird zu „>") und umgekehrt.
> Diese Regel gilt entsprechend auch für „$\leq$" und „$\geq$".

Beispiele
1. Lösen Sie die Ungleichung $4 - 3x > 3x + 16$; $x \in \mathbb{R}$.

   Lösung:
   $$4 - 3x > 3x + 16 \quad | -3x - 4$$
   $$-6x > 12 \quad | : (-6)$$
   $$x < -2$$
   Lösungsmenge: $L = \{x \mid x < -2\}$

2. Lösen Sie die Ungleichung $3x + 7 \geq 5x + 3$; $D = \mathbb{N}$.

   Lösung:
   $$3x + 7 \geq 5x + 3 \quad | -5x - 7$$
   $$-2x \geq -4 \quad | : (-2)$$
   $$x \leq 2$$
   Da x eine natürliche Zahl ist, ist $L = \{0; 1; 2\}$.

3. Lösen Sie die Ungleichung $4 \cdot (3-2x) < 2 \cdot (5-4x); D = \mathbb{R}$.

   Lösung:

   $4 \cdot (3-2x) < 2 \cdot (5-4x)$ | T ausmultiplizieren
   $12 - 8x < 10 - 8x$ | $+8x - 12$
   $0 < -2$

   Diese Aussage ist falsch; daher ergibt sich $L = \{\}$.

4. Lösen Sie die Ungleichung $5 \cdot (3-2x) \leq 5 \cdot (5-2x); D = \mathbb{R}$.

   Lösung:

   $5 \cdot (3-2x) \leq 5 \cdot (5-2x)$ | T ausmultiplizieren
   $15 - 10x \leq 25 - 10x$ | $+10x - 15$
   $0 \leq 10$

   Diese Aussage ist immer richtig; daher ergibt sich $L = D = \mathbb{R}$.

Aufgaben

77. Lösen Sie die Ungleichung $10 < 4 - 2x$, indem Sie zunächst x auf die linke Seite bringen.
    Lösen Sie nun die Ungleichung $4 - 2x > 10$.
    Warum besitzen beide Ungleichungen dieselbe Lösungsmenge?
    Begründen Sie damit, dass sich der Vergleichsoperator umdreht, wenn man die Ungleichung mit einer negativen Zahl multipliziert.

78. Bestimmen Sie die Lösungsmenge der Ungleichung:

    a) $4x - 5 < 11$
    b) $2x + 9 \geq 3 - x$
    c) $3 \cdot (2x + 8) \leq (5x - 4) \cdot 2$
    d) $6x - 3 \cdot (8 + 3x) \geq 9 - 2 \cdot (x + 4)$
    e) $(x-5)^2 \geq (x+1)^2$
    f) $(2x+3) \cdot (x-2) \leq (4-x) \cdot (1-2x)$

79. Bestimmen Sie die Lösungsmenge der Ungleichung **für $x \in \mathbb{N}$**:

    a) $2x + 9 > 5x - 1$
    b) $4x + 7 \geq 5x + 11$
    c) $7x - 8 < 10x + 1$
    d) $(2x+1) \cdot 5 \geq 2 \cdot (4 + 5x)$
    e) $(3x-1) \cdot 4 \leq 2 \cdot (6x + 1)$
    f) $(3x-4)^2 + (4x-1)^2 \leq (5x+1)^2$

80. Geben Sie jeweils drei Ungleichungen an, die die angegebene Lösungsmenge besitzen.

    a) $L = \{x \mid x > 2\}$
    b) $L = \{x \mid x < -3\}$
    c) $L = \mathbb{R}$
    d) $L = \{\}$

5.2 Bruchungleichungen

Um eine Bruchungleichung zu lösen, muss man diese analog zum Lösen von Bruchgleichungen mit dem Hauptnenner multiplizieren. Diese Multiplikation erfordert hier besondere Vorsicht, da dieser Hauptnenner je nach Belegung der Variable(n) positiv oder negativ sein kann.

Regel

> Wird eine Ungleichung **mit einem Term multipliziert, der eine Variable enthält**, dann ist eine **Fallunterscheidung** erforderlich.
> Die in den einzelnen Fällen erhaltenen Teillösungen L_1 und L_2 werden anschließend zu der Gesamtlösung zusammengefasst:
> $L = L_1 \cup L_2$

Beispiele

1. Lösen Sie die Ungleichung $\frac{4x-3}{x} > 1$; $x \neq 0$.

   Lösung:
   Man multipliziert die Bruchungleichung mit dem Hauptnenner, also mit x. Daher sind zwei Fälle zu unterscheiden (x = 0 ist ausgeschlossen):

   1. Fall: x > 0

   $\frac{4x-3}{x} > 1 \quad | \cdot x$

   $4x - 3 > x \quad | +3$

   $\quad 4x > x + 3 \quad | -x$

   $\quad 3x > 3 \quad | :3$

   $\quad\quad x > 1$

   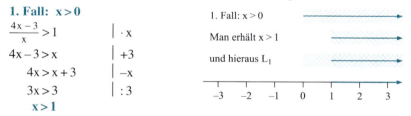

   Unter den positiven Werten von x erfüllen diejenigen die Ungleichung, die größer als 1 sind. Daher ergibt sich als Lösungsmenge für diesen Fall $L_1 = \{x \mid x > 1\}$. Die Lösungsmenge lässt sich anschaulich am Zahlenstrahl darstellen. Im Bild erkennt man L_1 an dem doppelt schraffierten Bereich.

   2. Fall: x < 0

   $\frac{4x-3}{x} > 1 \quad | \cdot x$

   $4x - 3 < x \quad | +3$

   $\quad 4x < x + 3 \quad | -x$

   $\quad 3x < 3 \quad | :3$

   $\quad\quad x < 1$

   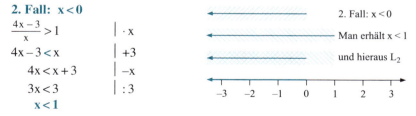

   Unter den negativen Werten von x gehören diejenigen Werte zur Lösungsmenge, die kleiner als 1 sind. Da alle negativen Zahlen kleiner als eins sind, ergibt sich als Lösungsmenge für diesen Fall $L_2 = \{x \mid x < 0\}$. Diese Menge ist im Bild wieder doppelt schraffiert.

Nun müssen die beiden Fälle zusammen betrachtet werden: Wenn x eine Lösung der Ungleichung ist, dann kann x zum ersten Fall gehören und ist dann größer als eins **oder** zum zweiten Fall und ist dann kleiner als null.

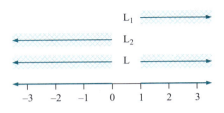

Zusammengefasst ist x also kleiner als 0 **oder** größer als 1. Die Gesamtlösungsmenge für die Ungleichung lautet somit:
$L = L_1 \cup L_2 = \{x \mid x < 0 \text{ oder } x > 1\}$.

2. Lösen Sie die Ungleichung $\frac{x-1}{x+1} \geq 3$; $D = \mathbb{R} \setminus \{-1\}$.

Lösung:
Diese Bruchungleichung muss mit dem Hauptnenner $x + 1$ multipliziert werden. Weil $x + 1$ positiv oder negativ sein kann, sind auch hier wieder **zwei Fälle** zu unterscheiden ($x + 1 = 0$ ist ausgeschlossen):

1. Fall: $x + 1 > 0 \Leftrightarrow x > -1$

$\frac{x-1}{x+1} \geq 3 \qquad | \cdot (x+1)$

$x - 1 \geq 3x + 3 \qquad | +1 - 3x$

$-2x \geq 4 \qquad | : (-2)$

$x \leq -2$

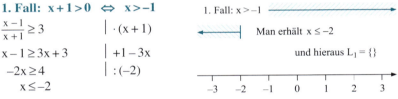

Unter denjenigen Zahlen, die größer als -1 sind, erfüllt keine die Bedingung $x \leq -2$, sodass für diesen Fall gilt: $\mathbf{L_1 = \{\ \}}$. Die im Bild schraffierten Bereiche überschneiden sich nicht.

2. Fall: $x + 1 < 0 \Leftrightarrow x < -1$

$\frac{x-1}{x+1} \geq 3 \qquad | \cdot (x+1)$

$x - 1 \leq 3x + 3 \qquad | +1 - 3x$

$-2x \leq 4 \qquad | : (-2)$

$x \geq -2$

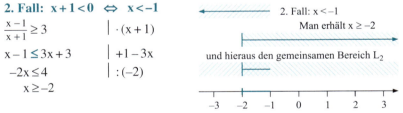

Unter den Zahlen mit $x < -1$ sind nur diejenigen eine Lösung, für die $x \geq -2$ gilt; somit ergibt sich $\mathbf{L_2 = \{x \mid -2 \leq x < -1\}}$.

Dieser Bereich ist im Bild doppelt schraffiert. Die Gesamtlösungsmenge für die Ungleichung ist also $L = L_2 = \{x \mid -2 \leq x < -1\}$.

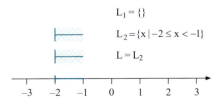

3. Bestimmen Sie die Lösungsmenge der Ungleichung $\frac{3}{x} \leq \frac{1}{x+2}$; $D = \mathbb{R} \setminus \{0; -2\}$.

Lösung:
Der Hauptnenner der Ungleichung $x \cdot (x+2)$ besteht aus einem Produkt mit zwei Faktoren.
Dieses Produkt ist genau dann positiv, wenn entweder
beide Faktoren positiv   oder   **beide Faktoren negativ** sind.
Bei einem **positiven Hauptnenner** muss also gelten:

$\quad\quad x > 0 \quad$ und $\quad x + 2 > 0 \quad$ oder $\quad x < 0 \quad$ und $\quad x + 2 < 0$
$\Leftrightarrow\;\; x > 0 \quad$ und $\quad\quad x > -2 \quad$ oder $\quad x < 0 \quad$ und $\quad\quad x < -2$
$\Leftrightarrow\;\;\quad\quad x > 0 \quad\quad\quad\quad\quad$ oder $\quad\quad\quad\quad x < -2$

Entsprechend ist der **Hauptnenner negativ**, wenn die beiden Faktoren **verschiedene Vorzeichen** haben, wenn also gilt:

$\quad\quad x > 0 \quad$ und $\quad x + 2 < 0 \quad$ oder $\quad x < 0 \quad$ und $\quad x + 2 > 0$
$\Leftrightarrow\;\; x > 0 \quad$ und $\quad\quad x < -2 \quad$ oder $\quad x < 0 \quad$ und $\quad\quad x > -2$

$x > 0$ und $x < -2$ ist unmöglich; $x < 0$ und $x > -2$ ist gleichbedeutend mit $-2 < x < 0$.

1. Fall: Hauptnenner $x \cdot (x+2)$ positiv $\Leftrightarrow$ $x > 0$ oder $x < -2$

$\begin{aligned}\frac{3}{x} &\leq \frac{1}{x+2} \quad &&| \cdot x \cdot (x+2) \\ 3 \cdot (x+2) &\leq x \quad &&| \text{ T ausmultipl.} \\ 3x + 6 &\leq x \quad &&| -x - 6 \\ 2x &\leq -6 \quad &&| : 2 \\ x &\leq -3\end{aligned}$

1. Fall: $x < -2$ oder $x > 0$

Man erhält: $x \leq -3$

Hieraus folgt für L_1: $x \leq -3$

Von den Zahlen, die kleiner als -2 oder größer als null sind, sind nur diejenigen eine Lösung, die kleiner oder gleich -3 sind. Daher ergibt sich für diesen Fall $L_1 = \{x \mid x \leq -3\}$.

2. Fall: Hauptnenner $x \cdot (x+2)$ negativ $\Leftrightarrow$ $-2 < x < 0$

$\begin{aligned}\frac{3}{x} &\leq \frac{1}{x+2} \quad &&| \cdot x \cdot (x+2) \\ 3 \cdot (x+2) &\geq x \quad &&| \text{ T ausmultipl.} \\ 3x + 6 &\geq x \quad &&| -x - 6 \\ 2x &\geq -6 \quad &&| : 2 \\ x &\geq -3\end{aligned}$

2. Fall: $-2 < x < 0$

Man erhält: $x \geq -3$

Hieraus folgt für L_2: $-2 < x < 0$

Von den Zahlen, die zwischen -2 und 0 liegen, sind diejenigen eine Lösung, die größer oder gleich -3 sind. Dies sind jedoch alle Zahlen zwischen -2 und 0: $L_2 = \{x \mid -2 < x < 0\}$

Beide Fälle zusammen betrachtet führen zu dem Ergebnis:
Wenn x eine Lösung der Ungleichung ist, dann ist $x \leq -3$ (gehört also zu L_1) **oder** es gilt $-2 < x < 0$ (x gehört zu L_2).
Daher ist die Lösung dieser Ungleichung:
$L = L_1 \cup L_2 = \{x \mid x \leq -3 \text{ oder } -2 < x < 0\}$

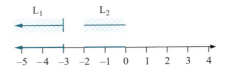

Aufgabe 81. Bestimmen Sie die Lösungsmenge der Bruchungleichungen.

a) $\frac{3}{x} > 1$
b) $\frac{3x+2}{x} < 4$

c) $\frac{7}{2x} + 1 > 0$
d) $\frac{x+1}{x-1} \leq -2$

e) $\frac{x+2}{x-1} \leq 1$
f) $\frac{2x+1}{x+4} \geq 7$

g) $\frac{x^2-5}{x+1} \leq x+2$
h) $4 + 3x \geq \frac{3x^2+1}{x-1}$

i) $\frac{1}{x} > \frac{1}{x+1}$
j) $\frac{4+x}{x} \leq \frac{x}{4+x}$

k) $\frac{4}{5+x} + \frac{1}{1+x} \geq 0$
l) $\frac{2-x}{2+x} + \frac{1}{1+x} \leq -1$

5.3 Ungleichungen mit Parameter

Bei Ungleichungen mit Parameter sind wie bei Gleichungen mit Parameter immer dann Fallunterscheidungen erforderlich, wenn man die Ungleichung mit einem Term multipliziert oder durch einen Term dividiert, der diesen Parameter enthält.

Beispiele

1. Lösen Sie die Ungleichung $4 - a \cdot x > 10$; $x \in \mathbb{R}$ mit a als reellem Parameter.

   Lösung:
   $4 - a \cdot x > 10 \quad | -4$
   $-a \cdot x > 6$

   Um diese Ungleichung nach x aufzulösen, muss durch (–a) dividiert werden. Hierzu sind **drei Fälle** zu unterscheiden.

1. Fall: a = 0

In diesem Fall ist die Division durch −a nicht erlaubt, da ansonsten durch null dividiert würde. Setzt man jedoch a = 0 in die Ungleichung ein, erhält man $-0 \cdot x > 6 \Leftrightarrow 0 > 6$ und damit eine falsche Aussage. Für a = 0 erhält man also keine Lösung für x: L = { }

2. Fall: a < 0

Wenn man durch −a dividiert, dividiert man durch eine positive Zahl:

$-a \cdot x > 6 \quad | :(-a); \; -a > 0$

$x > -\frac{6}{a}; \quad L = \left\{ x \mid x > -\frac{6}{a} \right\}$, falls a < 0

3. Fall: a > 0

Hier wird bei Division durch −a durch eine negative Zahl dividiert:

$-a \cdot x > 6 \quad | :(-a); \; -a < 0$

$x < -\frac{6}{a}; \quad L = \left\{ x \mid x < -\frac{6}{a} \right\}$, falls a > 0

2. Bestimmen Sie die Lösungsmenge der Ungleichung $7x - a \leq 9 - a \cdot x$ mit a als reellem Parameter.

Lösung:

$7x - a \leq 9 - a \cdot x \quad | +a \cdot x + a$

$7x + a \cdot x \leq 9 + a \quad | \text{T} \; x \; \text{ausklammern}$

$(7 + a) \cdot x \leq 9 + a$

Um diese Ungleichung nach x auflösen zu können, muss durch 7 + a dividiert werden. Deshalb ist hier folgende Fallunterscheidung erforderlich.

1. Fall: 7 + a = 0 ⇔ a = −7

a = −7 wird in die Ungleichung eingesetzt:

$(7 - 7) \cdot x \leq 9 + (-7) \quad | \text{T}$

$\qquad 0 \leq 2$

Diese Aussage ist richtig. Für a = −7 ergibt sich also $L = D = \mathbb{R}$.

2. Fall: 7 + a > 0 ⇔ a > −7

$(7 + a) \cdot x \leq 9 + a \quad | :(7+a); \; 7+a > 0$

$x \leq \frac{9+a}{7+a}; \quad L = \left\{ x \mid x \leq \frac{9+a}{7+a} \right\}$, falls a > −7

3. Fall: 7 + a < 0 ⇔ a < −7

$(7 + a) \cdot x \leq 9 + a \quad | :(7+a); \; 7+a < 0$

$x \geq \frac{9+a}{7+a}; \quad L = \left\{ x \mid x \geq \frac{9+a}{7+a} \right\}$, falls a < −7

Aufgaben

82. Lösen Sie die Ungleichung mit $a \in \mathbb{R}$ als Parameter:
  a) $a \cdot x > 1$
  b) $a \cdot x + 2 \leq 1$
  c) $7 - 3a \cdot x \geq 1$
  d) $a \cdot (4 + 3x) \geq 3 \cdot (a + x)$
  e) $(a + x) \cdot 3 > a \cdot (x + 1)$
  f) $(a + x)^2 \leq x^2 - 3a$

83. Bestimmen Sie die Variable a so, dass die Ungleichung die Lösungsmenge $L = \{x \mid x > 2\}$ besitzt.
  a) $3x + a > 11$
  b) $a \cdot x + 3 > 9$
  c) $a \cdot x > 4$

84. Bestimmen Sie a so, dass $L = \{\}$ ist.
  a) $a \cdot x > 2$
  b) $a \cdot x - 7 > 3x + 1$
  c) $a \cdot x \leq 4$

6 Potenzen, Wurzeln und Logarithmen

Aufbauend auf den Regeln für die vier Grundrechenarten werden in diesem Kapitel die Rechenregeln für Potenzen, Wurzeln und Logarithmen besprochen.

6.1 Potenzregeln

Definition

Eine **Potenz** ist ein Ausdruck der Form a^n.
Die Zahl a wird Grundzahl oder **Basis** genannt, n heißt Hochzahl oder **Exponent**.
Für **natürliche Exponenten** $n \in \mathbb{N}$ gilt dabei für alle $a \in \mathbb{R} \setminus \{0\}$:
$a^0 = 1$; $a^1 = a$; $a^2 = a \cdot a$; $a^n = \underbrace{a \cdot a \cdot ... \cdot a}_{n \text{ Faktoren}}$

Für **negative ganzzahlige Exponenten** gilt für alle $a \in \mathbb{R} \setminus \{0\}$: $a^{-n} = \frac{1}{a^n}$

Beispiele

Drücken Sie die Terme durch ein Produkt aus und vereinfachen Sie die Terme soweit möglich: 5^3; a^4; 3^{-4}; a^{-2}; 1^6; $0{,}1^{-3}$

Lösung:

$5^3 = 5 \cdot 5 \cdot 5 = 125$ $\qquad a^4 = a \cdot a \cdot a \cdot a \qquad$ $3^{-4} = \frac{1}{3^4} = \frac{1}{3 \cdot 3 \cdot 3 \cdot 3} = \frac{1}{81}$

$a^{-2} = \frac{1}{a^2} = \frac{1}{a \cdot a} \qquad\qquad 1^6 = 1 \cdot 1 \cdot 1 \cdot 1 \cdot 1 \cdot 1 = 1$

$0{,}1^{-3} = \frac{1}{0{,}1^3} = \frac{1}{0{,}1 \cdot 0{,}1 \cdot 0{,}1} = \frac{1}{0{,}001} = 1\,000$

Für das Rechnen mit Potenzen gelten die folgenden, leicht nachprüfbaren Regeln:

Regeln

> **Potenzen mit gleicher Basis** werden **multipliziert** (dividiert), indem man die **Exponenten addiert** (subtrahiert) und die Basis beibehält:
> $a^n \cdot a^m = a^{n+m}$; $\quad a^n : a^m = \frac{a^n}{a^m} = a^{n-m}$
>
> **Potenzen mit gleichem Exponent** werden **multipliziert** (dividiert), indem man die **Basen multipliziert** (dividiert) und den Exponenten beibehält:
> $a^n \cdot b^n = (a \cdot b)^n$; $\quad a^n : b^n = \frac{a^n}{b^n} = \left(\frac{a}{b}\right)^n$
>
> **Potenzen** werden **potenziert**, indem man die **Exponenten multipliziert** und die Basis beibehält: $(a^n)^m = a^{(n \cdot m)}$

Beispiele

1. Wandeln Sie die Terme $4^3 \cdot 4^2$; $3^2 \cdot 5^2$; $(2^3)^2$; $\frac{3^5}{3^3}$; $\frac{12^2}{3^2}$ durch Anwendung der Definition der Potenz in Terme ohne Potenzen um, vereinfachen Sie diese Terme und begründen Sie damit die Richtigkeit der anwendbaren Potenzregeln.

   Lösung:
   $4^3 \cdot 4^2 = (4 \cdot 4 \cdot 4) \cdot (4 \cdot 4) = 4 \cdot 4 \cdot 4 \cdot 4 \cdot 4 = 4^5 = 4^{3+2} = 1\,024$
   (Multiplikation von Potenzen mit gleicher Basis)

   $3^2 \cdot 5^2 = (3 \cdot 3) \cdot (5 \cdot 5) = 3 \cdot 3 \cdot 5 \cdot 5 = (3 \cdot 5) \cdot (3 \cdot 5) = (3 \cdot 5)^2 = 225$
   (Multiplikation von Potenzen mit gleichem Exponenten)

   $(2^3)^2 = (2^3) \cdot (2^3) = (2 \cdot 2 \cdot 2) \cdot (2 \cdot 2 \cdot 2) = 2 \cdot 2 \cdot 2 \cdot 2 \cdot 2 \cdot 2 = 2^6 = 2^{3 \cdot 2} = 64$
   (Potenzieren von Potenzen)

   $\frac{3^5}{3^3} = \frac{3 \cdot 3 \cdot 3 \cdot 3 \cdot 3}{3 \cdot 3 \cdot 3} = 3 \cdot 3 = 3^2 = 3^{5-3} = 9$
   (Division von Potenzen mit gleicher Basis)

   $\frac{12^2}{3^2} = \frac{12 \cdot 12}{3 \cdot 3} = \frac{12}{3} \cdot \frac{12}{3} = \left(\frac{12}{3}\right)^2 = 4^2 = 16$
   (Division von Potenzen mit gleichem Exponenten)

2. Vereinfachen Sie den Term $\left(\frac{2^5 \cdot 2^7}{2^4 \cdot 5^3}\right)^3 \cdot \left(\frac{5^4}{2^7 \cdot 2^2}\right)^2$.

   Lösung:

   $\left(\frac{2^5 \cdot 2^7}{2^4 \cdot 5^3}\right)^3 \cdot \left(\frac{5^4}{2^7 \cdot 2^2}\right)^2$ Multiplikation von Potenzen mit gleicher Basis

   $= \left(\frac{2^{12}}{2^4 \cdot 5^3}\right)^3 \cdot \left(\frac{5^4}{2^9}\right)^2$ Division von Potenzen mit gleicher Basis

   $= \left(\frac{2^8}{5^3}\right)^3 \cdot \left(\frac{5^4}{2^9}\right)^2$ Division von Potenzen mit gleichem Exponenten (in umgekehrter Richtung angewandt)

   $= \frac{(2^8)^3}{(5^3)^3} \cdot \frac{(5^4)^2}{(2^9)^2}$ Potenzierung von Potenzen

   $= \frac{2^{24}}{5^9} \cdot \frac{5^8}{2^{18}} = \frac{2^{24}}{2^{18}} \cdot \frac{5^8}{5^9}$ Division von Potenzen mit gleicher Basis

   $= 2^6 \cdot \frac{1}{5} = \frac{64}{5}$

3. Vereinfachen Sie den Term $\left(\frac{a^5 \cdot a^n}{a^4 \cdot b^3}\right)^3 \cdot \left(\frac{b^4}{a^n \cdot a^2}\right)^2$ durch Anwenden der Potenzregeln (a, b > 0).

Lösung:

$\left(\frac{a^5 \cdot a^n}{a^4 \cdot b^3}\right)^3 \cdot \left(\frac{b^4}{a^n \cdot a^2}\right)^2$ Multiplikation von Potenzen mit gleicher Basis

$= \left(\frac{a^{n+5}}{a^4 \cdot b^3}\right)^3 \cdot \left(\frac{b^4}{a^{n+2}}\right)^2$ Division von Potenzen mit gleicher Basis

$= \left(\frac{a^{n+1}}{b^3}\right)^3 \cdot \left(\frac{b^4}{a^{n+2}}\right)^2$ Division von Potenzen mit gleichem Exponenten (in umgekehrter Richtung angewandt)

$= \frac{(a^{n+1})^3}{(b^3)^3} \cdot \frac{(b^4)^2}{(a^{n+2})^2}$ Potenzierung von Potenzen

$= \frac{a^{3n+3}}{b^9} \cdot \frac{b^8}{a^{2n+4}} = \frac{a^{3n+3}}{a^{2n+4}} \cdot \frac{b^8}{b^9}$ Division von Potenzen mit gleicher Basis

$= a^{(3n+3)-(2n+4)} \cdot b^{8-9}$ Vereinfachen der Exponenten

$= a^{3n+3-2n-4} \cdot b^{-1} = \frac{a^{n-1}}{b}$ Definition von $b^{-1} = \frac{1}{b}$

Aufgaben

85. Berechnen Sie die Terme:

a) $3^3 \cdot 3^2$ b) $2^3 \cdot 4^3$

c) $4^7 : 4^4$ d) $18^3 : 9^3$

e) $(2^4)^2$ f) $\frac{6^5}{3^5}$

g) $\frac{6^9}{6^7}$ h) $9^{-3} \cdot 9^5$

i) $8^4 \cdot 8^{-6}$ j) $(4^{-2})^2$

86. Vereinfachen Sie die Terme:

a) $\frac{3^5 \cdot 2^6}{2^4 \cdot 3^2}$ b) $\left(\frac{7}{3}\right)^5 \cdot \left(\frac{9}{14}\right)^4 \cdot \left(\frac{2}{3}\right)^6$

c) $(3 \cdot 7)^{-4} \cdot \left(\frac{21}{2}\right)^6 \cdot \left(\frac{1}{4}\right)^{-3}$ d) $\frac{3^{-6} \cdot 8^7}{2^{20} \cdot 9^{-3}}$

87. Formen Sie die Terme so um, dass keine negativen Exponenten vorkommen; alle Variablen sind ungleich null.

a) $\frac{3^8 \cdot 4^{-3}}{5^{-7} \cdot 7^3}$ b) $(4 \cdot 9)^{-5} \cdot \left(\frac{1}{5}\right)^{-6}$

c) $\frac{a^{-4} b^{-2}}{c^3 d^{-9}}$ d) $\frac{(6ax^2)^{-3} \cdot 5b^{-5}}{(3z)^{-8}}$

88. Vereinfachen Sie die Terme (alle Variablen sind ungleich null):
  a) $a^5 \cdot a^9$
  b) $r^7 \cdot t^7$
  c) $a^{-6} \cdot (2a)^5$
  d) $x^5 \cdot z^5 \cdot y^5$
  e) $r^{-3} \cdot (2r^4)^2 \cdot 4r^{-5}$
  f) $(2r^{-2})^{-3}$
  g) $1\,000 \cdot (2a)^{-4} \cdot (5b)^{-3}$
  h) $\dfrac{(3x-2)^7}{(x-1)^{-4}} \cdot \dfrac{(x-1)^{-3}}{(3x-2)^6}$; $(x \neq 1, x \neq \tfrac{2}{3})$
  i) $(3a^2x^4)^4 \cdot (2x^3a^3)^{-5}$
  j) $\left(\dfrac{3a^2z^3}{5a^3z^5}\right)^3$

89. Klammern Sie möglichst viel aus (alle Variablen sind ungleich null):
  a) $6ax^7 - 3a^2x^6$
  b) $15x^7y^9 + 25x^6y^{10} - 35x^7y^{10}$
  c) $27r^{-3}s^5 - 18r^{-2}s^4$
  d) $36a^2b^{-3}c^5 - 24a^4bc^3$

90. Vereinfachen Sie die Terme:
  a) $\dfrac{x^n - x^{n+2}}{1-x}$; $(x \neq 1)$
  b) $\dfrac{a^{2n} - b^{2n}}{a^n - b^n}$; $(|a| \neq |b|)$
  c) $\dfrac{2-x^8}{x^5} - \dfrac{x^4 - 3x^{12}}{x^9}$; $(x \neq 0)$
  d) $\left(\dfrac{a^3}{b^3}\right)^{-4} \cdot \dfrac{a^{12} - b^{12}}{b^9}$; $(a, b \neq 0)$
  e) $\dfrac{a^{14}b^{12} - a^{12}b^{14}}{a^5b^2 + a^4b^3}$; $(a, b \neq 0; a \neq -b)$
  f) $(x^5 - 2z^3)^2 - (2z^3 + x^5)^2$

6.2 Rechnen mit Wurzeln

Verwendet man als Exponenten bei Potenzen rationale Zahlen, dann sind diese Potenzen folgendermaßen definiert:

Definition Für jede **reelle Zahl** $a \geq 0$ und natürliche Zahl $n \geq 2$ stellt die Potenz $a^{\frac{1}{n}}$ diejenige **nichtnegative Zahl** $p \geq 0$ dar, für die $p^n = a$ gilt.
Statt $a^{\frac{1}{n}}$ kann man auch $\sqrt[n]{a}$ schreiben.
Die Zahl $a^{\frac{1}{2}} = \sqrt[2]{a}$ nennt man die **Quadratwurzel**; diese schreibt man kurz in der Form $\sqrt{a}$.

Beispiel

Bestimmen Sie $16^{\frac{1}{4}}$; $25^{\frac{1}{2}}$; $64^{\frac{1}{3}}$; $625^{\frac{1}{4}}$; $1024^{\frac{1}{5}}$; $\sqrt{49}$; $\sqrt[5]{32}$; $\sqrt[3]{343}$; $\sqrt[4]{81}$; $\sqrt[10]{1024}$; $\sqrt[3]{a^6}$; $\sqrt{a^2}$; $\sqrt{x^{10}}$.

Lösung:

$16^{\frac{1}{4}} = 2$, da $2^4 = 16$ $\quad\quad\quad 25^{\frac{1}{2}} = 5$, da $5^2 = 25$

$64^{\frac{1}{3}} = 4$, da $4^3 = 64$ $\quad\quad\quad 625^{\frac{1}{4}} = 5$, da $5^4 = 625$

$1024^{\frac{1}{5}} = 4$, da $4^5 = 1024$ $\quad\quad \sqrt{49} = 7$, da $7^2 = 49$

$\sqrt[5]{32} = 2$, da $2^5 = 32$ $\quad\quad\quad \sqrt[3]{343} = 7$, da $7^3 = 343$

$\sqrt[4]{81} = 3$, da $3^4 = 81$ $\quad\quad\quad \sqrt[10]{1024} = 2$, da $2^{10} = 1024$

$\sqrt[3]{a^6} = a^2$, da $(a^2)^3 = a^6$ $\quad\quad \sqrt{a^2} = |a|$, da $|a|^2 = a^2$ ist.

Der Betrag ist hier erforderlich, da a negativ sein könnte, eine Wurzel jedoch nie negativ sein kann.

$\sqrt{x^{10}} = |x^5|$, da $|x^5|^2 = x^{10}$ ist.

Der Betrag ist hier ebenfalls erforderlich, da bei einer negativen Zahl x auch ihre fünfte Potenz negativ ist, die Wurzel jedoch positiv sein muss.

Regel

Für **Potenzen mit rationalen Exponenten** gelten dieselben Regeln wie für Potenzen mit ganzzahligen Exponenten. Insbesondere gilt für a, b > 0:

$a^{\frac{n}{m}} = a^{n \cdot \frac{1}{m}} = (a^n)^{\frac{1}{m}} = \sqrt[m]{a^n}$ und $a^{\frac{n}{m}} = a^{\frac{1}{m} \cdot n} = \left(a^{\frac{1}{m}}\right)^n = (\sqrt[m]{a})^n$ sowie

$\sqrt[n]{a} \cdot \sqrt[n]{b} = a^{\frac{1}{n}} \cdot b^{\frac{1}{n}} = (ab)^{\frac{1}{n}} = \sqrt[n]{ab}$

Wenn Potenzen innerhalb von Wurzeln stehen, dann kann man den Radikand oft als Produkt schreiben und einen oder mehrere Faktoren aus der Wurzel herausziehen.

Definition

Wenn sich die Wurzel eines Produkts dadurch vereinfachen lässt, dass man einzelne Faktoren aus der Wurzel herauszieht, nennt man dies **teilweises Wurzelziehen**.

Beispiel

Vereinfachen Sie den Term $\sqrt{a^6 b^3 c^{10}}$; (a, b, c > 0).

Lösung:

Der Term lässt sich umformen zu:

$\sqrt{a^6 b^3 c^{10}} = \sqrt{a^6 \cdot b \cdot b^2 \cdot c^{10}} = \sqrt{a^6} \cdot \sqrt{b} \cdot \sqrt{b^2} \cdot \sqrt{c^{10}} = a^3 \cdot \sqrt{b} \cdot b \cdot c^5 = a^3 b c^5 \cdot \sqrt{b}$

Potenzen, Wurzeln und Logarithmen

Aufgaben

91. Berechnen Sie den Term:

a) $\sqrt{64}$

b) $\sqrt[8]{25^4}$

c) $125^{\frac{1}{3}} - 64^{\frac{1}{6}}$

d) $\sqrt[4]{80} \cdot \sqrt[4]{125}$

e) $\sqrt{4-\sqrt{7}} \cdot \sqrt{4+\sqrt{7}}$

f) $\sqrt[4]{9} \cdot (\sqrt[4]{9} + \sqrt{3})$

92. Vereinfachen Sie den Term, indem Sie teilweise die Wurzel ziehen:

a) $\sqrt{25 \cdot 5}$

b) $\sqrt{121 \cdot 7 \cdot 16}$

c) $\sqrt{50}$

d) $\sqrt{128}$

93. Vereinfachen Sie den Term (a, b > 0):

a) $\sqrt{a^6}$

b) $\sqrt{a^5 \cdot b^8}$

c) $\sqrt[4]{a^8 \cdot b^{12}}$

d) $\sqrt[5]{\frac{32a^{10}}{b^{15}}}$

e) $(\sqrt{a^3} - \sqrt{b^5}) \cdot (\sqrt{a^3} + \sqrt{b^5})$

f) $\frac{\sqrt[3]{a^7 b^9} \cdot \sqrt{a^6}}{\sqrt{b^{10}} \cdot \sqrt[4]{a^4 b^3}}$

94. Vereinfachen Sie den Term (a, b $\in \mathbb{R}$):

a) $\sqrt{b^2}$

b) $\sqrt{a^4}$

c) $\sqrt{a^6 \cdot b^{10}}$

d) $\sqrt{a^2 \cdot b^{16}}$

e) $\sqrt[4]{a^8 \cdot b^{20}}$

f) $\sqrt[5]{\frac{32b^{10}}{a^{25}}}$

95. Welche der angegebenen Zahlen darf man in den Term einsetzen?

a) $\sqrt{x-2}$ G = {0; 1; 2; 3; 4}

b) $\sqrt{x^2-9}$ G = {0; 1; 2; 3; 4}

c) $\sqrt{4-x}$ G = {0; 1; 2; 3; 4; 5}

d) $\sqrt{3x^2}$ G = {0; 1; 2; 3; 4; 5}

e) $\sqrt{x} - \sqrt{x-5}$ G = {0; 1; 2; 3; 4; 5}

f) $\sqrt{x^2}$ G = {−3; −2; −1; 0; 1; 2; 3}

g) $\frac{4}{\sqrt{x-2}}$ G = {0; 1; 2; 3; 4}

h) $\frac{\sqrt{x-1}}{\sqrt{2-x}}$ G = {0; 1; 2; 3; 4}

i) $\frac{3x^2 - 5x}{x - 2\sqrt{x}}$ G = {0; 1; 2; 3; 4}

j) $\frac{3 - \sqrt{x}}{\sqrt{x-1} - 1}$ G = {0; 1; 2; 3}

k) $\frac{3x - 5}{\sqrt{x-2}}$ G = [0; 5]

l) $\frac{1}{\sqrt{x-1}} - \frac{1}{x-2}$ G = [0; 5]

96. Für welche Werte von x ist der Term nicht definiert?

a) $\sqrt{x-2}$

b) $\sqrt{x^2-9}$

c) $\sqrt{4-x}$

d) $\frac{1}{\sqrt{x+1}}$

e) $\sqrt{x}-3\sqrt{x+5}$

f) $\sqrt{x^2}$

g) $\sqrt{4-x^2}$

h) $\sqrt{x^2-9}+\sqrt{16-x^2}$

i) $\sqrt[3]{x+8}$

j) $\sqrt[4]{x^2-25}$

k) $(2x+6)^{\frac{1}{7}}$

l) $(x^2+4)^{\frac{1}{5}}$

97. Bestimmen Sie die jeweilige maximale Definitionsmenge ($G = \mathbb{R}$):

a) $4x + \frac{3}{x+\sqrt{2}}$

b) $\frac{4}{\sqrt{x}}$

c) $\frac{3\sqrt{x}}{2x-7}$

d) $\frac{3}{\sqrt{2x+5}}$

e) $\frac{3}{\sqrt{5-2x}}$

f) $\frac{\sqrt{x}+x}{\sqrt{x}-x} - \frac{3x+2}{4-\sqrt{1-x}}$

g) $\frac{x}{(x-3)^{\frac{1}{3}}}$

h) $\frac{(x-1)^{\frac{1}{2}}}{(x+1)^{\frac{1}{5}}}$

i) $\frac{\sqrt{x}+x}{\sqrt{x}-x} - \frac{3x+2}{4-\sqrt{4-x}}$

j) $\frac{\sqrt{x}+x}{3\sqrt{x}-x} - \frac{3x+2}{2-\sqrt{10-x}}$

k) $\frac{\sqrt{x-4}}{\sqrt{6-x}}$

6.3 Der Logarithmus

Um eine herkömmliche Gleichung, z. B. die lineare Gleichung $7x + 3 = 0$, nach x aufzulösen, kann man die bekannten Äquivalenzumformungen benutzen. Wenn die Unbekannte jedoch im Exponenten steht, z. B. in der Gleichung $2^x = 32$, benötigt man eine weitere Rechenoperation, die die Frage „2 hoch welche Zahl ergibt 32?" löst.

Definition

In der Gleichung $a^x = b$ mit a, b > 0 und a ≠ 1 nennt man x den **Logarithmus von b zur Basis a**. Man schreibt kurz: $x = \log_a b$
Bei Verwendung der **Basis 10** schreibt man statt $\log_{10}$ auch **lg**.
Die **Taschenrechnertaste** [LOG] berechnet den Logarithmus zur Basis 10.

Beispiel

Bestimmen Sie $\log_2 32$; $\log_4 64$; $\log_{10} 10\,000$; $\log_2 512$

Lösung:
$\log_2 32 = 5$, weil $2^5 = 32$
$\log_4 64 = 3$, weil $4^3 = 64$
$\log_{10} 10\,000 = \lg 10\,000 = 4$, weil $10^4 = 10\,000$
$\log_2 512 = 9$, weil $2^9 = 512$

Aus den Potenzregeln lassen sich entsprechende Regeln für den Logarithmus ableiten:

Regel

Der **Logarithmus eines Produkts** (eines Quotienten) ist die **Summe** (Differenz) **der Logarithmen** der einzelnen Faktoren:

$$\log_a (x \cdot y) = \log_a x + \log_a y \qquad \log_a \left(\frac{x}{y}\right) = \log_a x - \log_a y; \quad (a, x, y > 0, a \neq 1)$$

Der **Logarithmus einer Potenz** ist das Produkt aus dem Exponenten und dem Logarithmus der Basis der Potenz:

$$\log_a (x^y) = y \cdot \log_a x; \quad (a, x > 0, a \neq 1)$$

Für alle Logarithmen gilt insbesondere:
$\log_a 1 = 0$, weil $a^0 = 1$, und $\log_a a = 1$, weil $a^1 = a$

Potenzen, Wurzeln und Logarithmen | 81

Beispiel

Bestimmen Sie $\log_2(32 \cdot 128)$ sowie $\log_a(b \cdot c)$; $\log_a(b^c)$; $\log_a(b^3 \cdot c^5)$ für $a, b, c > 0, a \neq 1$.

Lösung:

$\log_2(32 \cdot 128) = \log_2 32 + \log_2 128 = 5 + 7 = 12$
$\log_a(b \cdot c) = \log_a b + \log_a c$
$\log_a(b^c) = c \cdot \log_a b$
$\log_a(b^3 \cdot c^5) = \log_a(b^3) + \log_a(c^5) = 3 \cdot \log_a b + 5 \cdot \log_a c$

Aufgaben

98. Berechnen Sie die Terme:
- a) $\log_3 81$
- b) $\log_2 128$
- c) $\log_5(5^8)$
- d) $\log_3(81 \cdot 27)$
- e) $\log_4(4^5 \cdot 64)$
- f) $\log_5\left(\frac{2}{125}\right)$
- g) $\log_5 \sqrt{5}$
- h) $\log_3\left(\frac{27}{\sqrt{3}}\right)$

99. Vereinfachen Sie die Terme (alle Variablen sind positiv, $a \neq 1$):
- a) $\log_a(a^7)$
- b) $\log_a(x^3 y^7)$
- c) $\log_a\left(a^3 b^2 \sqrt{c}\right)$
- d) $(\log_a a^3)^2$
- e) $\log_a(a^8 \cdot a^{3a})$
- f) $\log_a\left((a^{2+a})^3\right)$
- g) $\log_a(4a^2)$
- h) $\log_2(\log_a a^8)$
- i) $\log_a\left(\frac{a^7}{b^4}\right)$
- j) $\log_2\left(\frac{8a^2 b^5}{c^3}\right)$

100. Lösen Sie die Gleichung:
- a) $3^x = 81$
- b) $a^x = (a^2)^7$; $(a > 0, a \neq 1)$

7 Funktionen

Funktionen spielen in der Mathematik eine zentrale Rolle. In der Oberstufe werden Sie regelmäßig mit Funktionen arbeiten. Daher werden in diesem Kapitel die wesentlichen Grundlagen von Funktionen vorgestellt und im Anschluss charakteristische Eigenschaften spezieller Funktionsklassen beschrieben.

7.1 Eigenschaften und Darstellung von Funktionen

Definition

Eine **Funktion** ist eine Zuordnungsvorschrift, bei der **jedem Element x** einer Ausgangsmenge **ein Element y** einer Zielmenge zugeordnet wird. Man schreibt hierfür: $f: x \rightarrow f(x)$ oder auch $y = f(x)$.

Die Ausgangsmenge nennt man **Definitionsmenge D** der Funktion f.
Die **Funktionswerte f(x)** ergeben die **Wertemenge W** der Funktion f.
Als **maximale Definitionsmenge D_{max}** wird die größtmögliche Definitionsmenge bezeichnet.

Eine Funktion kann man **grafisch darstellen**, indem man jedes Zahlenpaar (x; f(x)) als **Punkt im Koordinatenkreuz** deutet. Alle solche Punkte im Koordinatenkreuz zusammen nennt man **Schaubild** der Funktion.

Beispiele

1. Ein Supermarkt bietet an: „Ein Kugelschreiber kostet 1,50 €, drei Kugelschreiber kosten zusammen nur 3,00 €!".
   Begründen Sie, dass die Zuordnungsvorschrift f, die jeder Anzahl von Kugelschreibern den jeweils günstigsten Preis zuordnet, eine Funktion ist. Geben Sie die maximale Definitionsmenge und die Wertemenge von f an und stellen Sie f grafisch dar.

   Lösung:
   Für jede Anzahl Kugelschreiber ergibt sich eindeutig ein günstigster Preis, daher ist f eine Funktion. Den Zusammenhang zwischen Zahl der Kugelschreiber und Gesamtpreis stellt man übersichtlich in einer Wertetabelle dar:

Zahl der Kugelschreiber	1	2	3	4	5	6	7
Gesamtpreis (in €)	1,50	3,00	3,00	4,50	6,00	6,00	7,50

Zur **maximalen Definitionsmenge** gehört jede natürliche Zahl ohne die Null: $D_{max} = \mathbb{N}^*$

Die **Wertemenge** besteht aus den zugehörigen günstigen Preisen und somit aus den Zahlen 1,5; 3; 4,5; 6; 7,5; …: $W = \{1{,}5; 3; 4{,}5; 6; 7{,}5; \ldots\}$

Als **Schaubild** der Funktion f ergibt sich im Bereich $1 \leq x \leq 7$ Bild A.

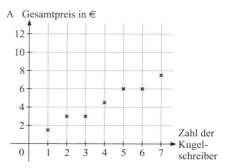

Dass diese Zuordnung wirklich eine Funktion darstellt, lässt sich folgendermaßen erklären:
Da jedem Element x der Definitionsmenge einer Funktion nur genau ein Element der Wertemenge zugeordnet werden darf, darf es auch nur einen Punkt des Schaubilds von f geben, der diese x-Koordinate besitzt. Dieser Sachverhalt ist in Bild B am Beispiel des x-Werts 5 dargestellt:

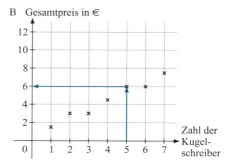

Geht man – beginnend auf der **x-Achse** bei $x = 5$ – senkrecht nach oben, dann trifft man **nur an einer Stelle** auf einen Kurvenpunkt, in diesem Fall auf $P(5 \mid 6)$. Die y-Koordinate des Schaubildpunkts kann man an der **y-Achse** ablesen, wenn man von diesem Punkt des Schaubilds aus waagerecht zur y-Achse hin läuft.

Dass man, wenn man auf der x-Achse z. B. bei $x = 2$ und bei $x = 3$ nach oben bis zu den beiden Punkten des Schaubilds und danach waagerecht zur y-Achse geht, in beiden Fällen bei dem gleichen y-Wert $y = 3$ landet,

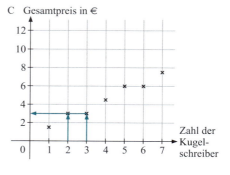

spricht nicht gegen die Funktionseigenschaft; gleiche y-Werte bei zwei verschiedenen x-Werten sind bei Funktionen erlaubt (Bild C)!

2. Erstellen Sie eine Wertetabelle für die Zuordnung, die – ausgehend von dem Supermarkt-Angebot in Beispiel 1 – jeder Anzahl gekaufter Kugelschreiber alle dabei **prinzipiell möglichen Preise** zuweist (wenn also z. B. teilweise auf den Rabatt verzichtet wird).
Stellen Sie diese Zuordnung grafisch dar und erläutern Sie anhand des Schaubilds, warum es sich um **keine Funktion** handelt.

Lösung:

Zahl der Kugelschreiber	1	2	3	4	5	6	7
mögliche Gesamtpreise (in €)	1,50	3,00	3,00 4,50	4,50 6,00	6,00 7,50	6,00 7,50 9,00	7,50 9,00 10,50

In diesem Fall wird nicht jeder Anzahl von Kugelschreibern genau ein Preis zugeordnet. Dies stellt **keine Funktion** dar, da die zugeordneten Preise **nicht eindeutig** festgelegt sind. Beispielsweise trifft die senkrechte Gerade bei x = 5 zwei Punkte des Schaubilds, die auf die möglichen Preise 6 € und 7,50 € deuten (Bild D).

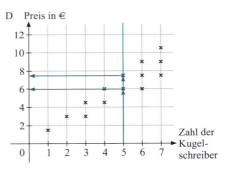

Eine Funktion kann man sich vereinfacht als Automaten (z. B. eine Registrierkasse des Supermarkts) vorstellen, bei der man als **Eingabe** die Anzahl x der Kugelschreiber eintippt und dieser Automat hieraus automatisch als **Ausgabe** den entsprechenden eindeutig bestimmten Preis f(x) berechnet. Wenn man bei dem Kugelschreiberbeispiel auf jegliche Rabatte verzichtet, dann erhält man den Preis für z. B. drei Kugelschreiber, indem man diese Zahl der Kugelschreiber mit 1,5 multipliziert. Für x Kugelschreiber sind demnach 1,5x € zu bezahlen.

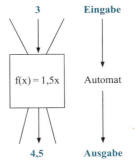

Definition

Wenn die **Definitionsmenge aus unendlich vielen Zahlen** – z. B. den reellen Zahlen ℝ – besteht, dann kann man die Punkte nicht mehr alle einzeln zeichnen. Viele Funktionen haben jedoch die Eigenschaft, dass sich die **Funktionswerte nur wenig ändern, wenn man die x-Werte etwas variiert**, sodass die zugehörigen Punkte des Schaubilds als durchgehende **Kurve** erscheinen.

Liegen die Punkte eines Schaubilds so dicht nebeneinander, dass sie als Kurve erscheinen, nennt man diese Punkte des Schaubilds auch **Kurvenpunkte**.

Beispiel

Zeichnen Sie das Schaubild der Funktion, die jeder reellen Zahl deren Hälfte zuordnet, und geben Sie eine Funktionsgleichung an.

Lösung:
Den Funktionswert z. B. an der Stelle x = 2,6 erhält man dadurch, dass man diesen x-Wert halbiert: $f(2,6) = \frac{1}{2} \cdot 2,6 = 1,3$. Der zugehörige Punkt des Schaubilds ist P(2,6 | 1,3). Allgemein bildet man zu einer beliebigen Stelle x den Funktionswert $f(x) = \frac{1}{2}x$. Diese Gleichung ist somit die Funktionsgleichung.

Einige Zuordnungen sind in nachfolgender Wertetabelle aufgeführt:

x	−0,8	0	1	2	2,6	2,62	2,64	2,7	2,8	3
y = f(x)	−0,4	0	0,5	1	1,3	1,31	1,32	1,35	1,4	1,5

Zeichnet man die in der Wertetabelle berechneten Punkte in ein Koordinatenkreuz ein, sieht man, dass alle diese Punkte auf einer Geraden liegen. Die Gerade wird aus allen Punkten des Schaubilds gebildet. Diese Gerade stellt somit das Funktionsschaubild dar (im Bild sind zusätzlich die Punkte aus der Wertetabelle hervorgehoben).

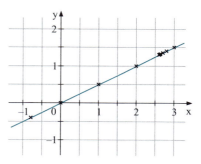

Ob ein Punkt auf dem Schaubild liegt, lässt sich mit der Punktprobe überprüfen:

Definition

Punktprobe: Wenn sich bei **Einsetzen der Koordinaten** eines Punktes in die Funktionsgleichung y = f(x) eine **wahre Aussage** ergibt, liegt der Punkt auf dem Schaubild der Funktion f; bei einer falschen Aussage liegt er nicht auf dem Schaubild.

Beispiel

Prüfen Sie, welche der Punkte A(1|2), B(5|3) und C(−4|−3) auf dem Schaubild der Funktion g mit $g(x) = \frac{2}{3}x - \frac{1}{3}$; $x \in \mathbb{R}$ liegen.

Lösung:
Setzt man jeweils die beiden Koordinaten des Punktes für x bzw. y in die Funktionsgleichung $y = \frac{2}{3}x - \frac{1}{3}$ ein, dann erhält man folgendes Resultat:
a) Für A mit x = 1 und y = 2 folgt $2 = \frac{2}{3} \cdot 1 - \frac{1}{3} \Leftrightarrow 2 = \frac{1}{3}$ und somit ein Widerspruch.
b) Der Punkt B mit x = 5 und y = 3 liefert $3 = \frac{2}{3} \cdot 5 - \frac{1}{3} \Leftrightarrow 3 = \frac{9}{3}$ und damit eine wahre Aussage.
c) Auch beim Punkt C ergibt sich mit $-3 = \frac{2}{3} \cdot (-4) - \frac{1}{3} \Leftrightarrow -3 = -\frac{9}{3}$ eine wahre Aussage.

Die Punkte B und C liegen auf dem Schaubild von g, der Punkt A dagegen nicht.

Zusammenfassung: Funktionen beschreiben den Zusammenhang zwischen mindestens zwei Größen. Mithilfe der Schaubilder von Funktionen kann man diese Zusammenhänge veranschaulichen. In diesem Buch werden nur Zusammenhänge zwischen jeweils zwei Größen (z. B. Kugelschreiberanzahl und Gesamtpreis) betrachtet.

Beispiel

Der Fahrtenschreiber eines Lkw zeichnet die gefahrene Geschwindigkeit in Abhängigkeit von der Zeit auf. Es ergibt sich folgendes Bild:

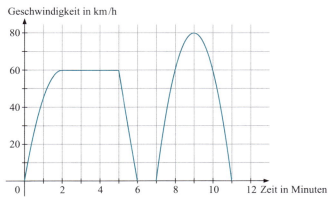

Beschreiben Sie den Verlauf der Fahrt.

Lösung:
Zunächst beschleunigt der Lkw bis auf 60 km/h. Diese Geschwindigkeit erreicht er nach ca. 2 Minuten. Er fährt weitere 3 Minuten mit konstanter Geschwindigkeit von 60 km/h und bremst danach gleichmäßig innerhalb von einer Minute bis zum Stillstand ab. Nach einer weiteren Minute beschleunigt

er wieder, erreicht nach zwei weiteren Minuten die Höchstgeschwindigkeit von 80 km/h und bremst anschließend immer stärker ab, bis er nach insgesamt 11 Minuten Fahrzeit wieder steht.

Aufgaben

101. Geben Sie zu der Funktion f mit $f(x) = 3 \cdot x - 6$; $x \in \mathbb{R}$ die Funktionswerte an den Stellen $x_1 = 5$; $x_2 = -3$ und $x_3 = \frac{2}{3}$ an.

102. Bestimmen Sie zu der Funktion g mit $g(x) = 3 \cdot (x-2)^2 + 3$; $x \in \mathbb{R}$ die Funktionswerte an den Stellen $x_1 = 0$ und $x_2 = -3$.

103. Zeichnen Sie ein Schaubild der Funktion f mit $f(x) = x^2$; $x \in \{-2; -1; 0; 1; 2\}$.

104. Prüfen Sie, welche der Punkte auf dem Schaubild der Funktion f mit $f(x) = 5 - 2x$; $x \in \mathbb{R}$ liegen.
 A(5|−5)   B(3|1)   C(−3|11)   D(0|2)   E(0|5)   F(4|−3)

105. Bestimmen Sie die Parameter a, b, c, d, e und f so, dass die Punkte auf dem Schaubild der Funktion g mit $g(x) = 2 + 3x$; $x \in \mathbb{R}$ liegen.
 A(4|a)   B(−2|b)   C(0|c)   D(d|5)   E(e|−4)   F(f|3,5)

106. Vervollständigen Sie die Wertetabelle für die Funktion f mit $f(x) = 4 - \frac{1}{2}x$; $x \in \mathbb{R}$.

x	−4	2	0	9			
y					3	−1	0

Zeichnen Sie die Punkte der Wertetabelle in ein Koordinatenkreuz. Ergänzen Sie Ihr Bild im gezeichneten Bereich durch das Funktionsschaubild.

107. Geben Sie an, welche Schaubilder zu Funktionen gehören können.

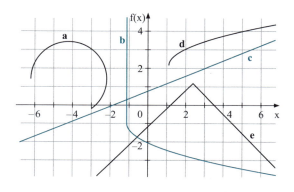

108. a) In nebenstehend abgebildete Gefäße wird gleichmäßig Wasser eingefüllt. Skizzieren Sie den Füllstand in Abhängigkeit von der Zeit.

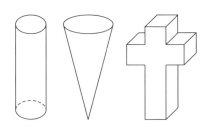

b) Beschreiben Sie mögliche Körper, die beim gleichmäßigen Befüllen mit Wasser folgende Füllstände in Abhängigkeit von der Zeit zeigen.

7.2 Lineare Funktionen

In diesem Abschnitt werden diejenigen Funktionen betrachtet, deren Schaubilder Geraden sind.

Definition

Eine Funktion, deren Funktionsgleichung die Form $f(x) = m \cdot x + c$; $m, c \in \mathbb{R}$, besitzt, heißt **lineare Funktion**. Ihre Schaubilder sind **Geraden**.
Geradengleichungen werden in der Form $y = m \cdot x + c$ notiert. Die Variablen m und c nennt man **Parameter** der Funktion.
- Der **Parameter m** bestimmt die **Steigung** der zugehörigen Geraden.
- Der **Parameter c** bestimmt den **y-Achsenabschnitt** der zugehörigen Geraden.

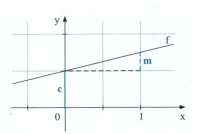

Beispiel

Gegeben sind die Geraden f und g durch f: $y = \frac{1}{2}x + 1$; $x \in \mathbb{R}$ und
g: $y = -\frac{2}{3}x - 1$; $x \in \mathbb{R}$.
Geben Sie jeweils die Steigung und den y-Achsenabschnitt an und zeichnen
Sie die beiden Geraden.

Lösung:
Die Gerade f hat die Steigung $m = \frac{1}{2}$
und den y-Achsenabschnitt $c = 1$.
Die Gerade g besitzt die Steigung
$m = -\frac{2}{3}$ und den Achsenabschnitt
$c = -1$.

x	−2	−1	0	1	2
f(x)	0	$\frac{1}{2}$	1	$\frac{3}{2}$	2
g(x)	$\frac{1}{3}$	$-\frac{1}{3}$	−1	$-\frac{5}{3}$	$-\frac{7}{3}$

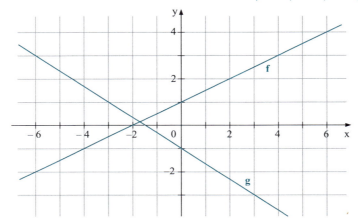

Aus der Geradengleichung lässt sich die Lage der Geraden direkt ablesen.

Auswirkung des y-Achsenabschnitts
Zeichnet man verschiedene **Geraden mit gleicher Steigung**, dann erkennt man:
- Alle Geraden mit gleicher Steigung sind **parallel**.
- Der **y-Achsenabschnitt c** gibt den Schnittpunkt der Geraden mit der y-Achse an.

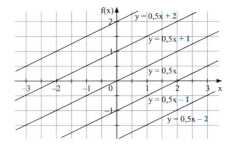

Auswirkung der Steigung

Die Gerade mit der Gleichung $y = m \cdot x + c$ schneidet die y-Achse im Punkt $P(0|c)$. Zeichnet man verschiedene **Geraden mit gleichem Achsenabschnitt c**, dann erkennt man:

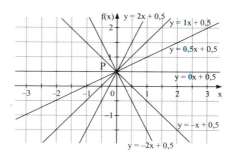

- Alle Geraden mit gleichem Achsenabschnitt c **gehen durch den Punkt $P(0|c)$ auf der y-Achse**.
- Die Gerade verläuft umso **steiler**, je größer die **Steigung m** ist.
- Bei negativer Steigung fällt die Gerade von links nach rechts.

Die Steigung einer Geraden kann durch das Steigungsdreieck veranschaulicht werden:

Definition Ergänzt man zwei beliebige Punkte einer Geraden zu einem Dreieck mit zwei achsenparallelen Seiten, nennt man dieses Dreieck **Steigungsdreieck**.

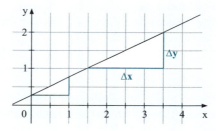

Gleichgültig, wie man das Steigungsdreieck legt, stets ergibt sich für die zwei Punkte auf der Geraden die Beziehung $m = \frac{\Delta y}{\Delta x}$, wobei Δy die Differenz der beiden y-Werte und Δx die Differenz der beiden x-Werte dieser zwei Punkte ist.

Beispiel Bestimmen Sie mithilfe des Steigungsdreiecks die Steigung der im Kasten abgebildeten Geraden.

Lösung:

Aus dem Bild entnimmt man für das größere Steigungsdreieck mit den beiden Geradenpunkten A(1,5|1) und B(3,5|2):

$\Delta y = y_2 - y_1 = 2 - 1 = 1$

und

$\Delta x = x_2 - x_1 = 3,5 - 1,5 = 2$

und somit:

$m = \frac{\Delta y}{\Delta x} = \frac{1}{2}$

Um die Lage einer Geraden im Koordinatensystem zu beschreiben, ist die Einteilung des Koordinatensystems in vier Felder hilfreich.

Definition Das Koordinatensystem wird durch die beiden Koordinatenachsen in vier **Felder** eingeteilt, die entgegen dem Uhrzeigersinn nummeriert sind. Diese Felder nennt man auch **Quadranten**.

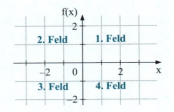

Besondere Geraden
Eine Gerade, die **parallel zur x-Achse** verläuft und die y-Achse bei Y(0|c) schneidet, hat die **Gleichung y = c**. Diese Gerade hat die Steigung 0 und ist das **Schaubild einer Funktion** f mit der Gleichung f(x) = c.
Die Gerade, die auf der x-Achse liegt, hat die Gleichung y = 0.

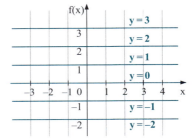

Eine Gerade, die **parallel zur y-Achse** verläuft, stellt **kein Funktionsschaubild** dar, weil zu demselben x-Wert unendlich viele y-Werte gehören.
Die Gerade lässt sich allerdings durch die **Gleichung x = k** beschreiben, wobei k diejenige Stelle ist, an der die Gerade die x-Achse schneidet.
Die Gerade, die auf der y-Achse liegt, besitzt die Gleichung x = 0.

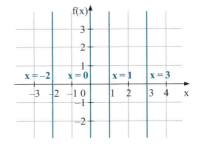

Winkelhalbierenden
Die Gerade mit der Gleichung y = x nennt man **erste Winkelhalbierende**, weil sie das erste und dritte Feld des Koordinatensystems halbiert.
Die Gerade mit der Gleichung y = −x halbiert das zweite und vierte Feld des Koordinatensystems und wird **zweite Winkelhalbierende** genannt.

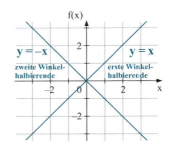

Beispiele

1. Geben Sie die Gleichungen von zur x-Achse parallelen Geraden durch den Punkt A(0|5) bzw. B(6|3) an.

   Lösung:
   Die Gerade durch A hat die Gleichung y = 5.
   Die Gerade durch B schneidet die y-Achse im Punkt Y(0|3) und hat daher die Gleichung y = 3.

2. Wie lauten die Gleichungen von zur y-Achse parallelen Geraden durch A(4|6) bzw. B(0|3)?

   Lösung:
   Die Gerade durch A schneidet die x-Achse im Punkt S(4|0) und hat daher die Gleichung x = 4.
   Die Gerade durch B erfüllt die Gleichung x = 0. Diese Gerade liegt auf der y-Achse.

3. Wie lautet eine Gleichung der Parallelen zur zweiten Winkelhalbierenden, die durch den Punkt P(2|3) geht?

   Lösung:
   Die Parallele muss die Steigung -1 besitzen; die Gleichung lautet also $y = -x + c$. Punktprobe mit dem Punkt P(2|3) ergibt hieraus (mit x = 2 und y = 3) **$3 = -2 + c$** $\Leftrightarrow$ c = 5 und damit als Lösung: $y = -x + 5$

In den folgenden Beispielen werden wichtige Fragestellungen bearbeitet, die typisch bei der Arbeit mit Geraden sind.

Beispiele

1. Wie lautet die Gleichung einer Geraden durch die Punkte A(1|2) und B(5|4)?

   Lösung:
   Zunächst wird die Steigung der Geraden aus den beiden Punkten bestimmt:
   $$m = \frac{\Delta y}{\Delta x} = \frac{4-2}{5-1} = \frac{2}{4} = \frac{1}{2}$$
   Die Gerade hat also die Gleichung $y = \frac{1}{2}x + c$. Setzt man den Punkt A(1|2) in die Geradengleichung ein (Punktprobe), dann erhält man:
   $2 = \frac{1}{2} \cdot 1 + c$ $\Leftrightarrow$ $c = 2 - \frac{1}{2} = \frac{3}{2}$
   Die Gleichung der Geraden durch A und B lautet $y = \frac{1}{2}x + \frac{3}{2}$.

2. Bestimmen Sie die x-Koordinate des Punktes A auf der Geraden g: y = 3x − 5, wenn die y-Koordinate des Punktes A den Wert 9 besitzt.

   Lösung:
   Setzt man y = 9 in die Geradengleichung ein, dann erhält man **$9 = 3x - 5$** und nach beidseitiger Addition von 5 für die x-Koordinate:
   $14 = 3x$ $\Leftrightarrow$ $x = \frac{14}{3}$

3. Bestimmen Sie die Schnittpunkte der Geraden g: $y = 2x + 6$ mit den Koordinatenachsen.

Lösung:
Den Schnittpunkt mit der y-Achse kann man direkt als Achsenabschnitt ablesen (dort ist **x = 0** und somit $y = 2 \cdot 0 + 6 = 6$): $S_y(0|6)$
Für den Schnittpunkt mit der x-Achse setzt man den Wert **y = 0** in die Geradengleichung ein (da jeder Punkt auf der x-Achse den y-Wert 0 hat):
0 $= 2x + 6 \iff x = -3$
Die Gerade schneidet die x-Achse in $S_x(-3|0)$.

4. Bestimmen Sie die Gleichung einer Geraden, die den Punkt A(1|4) enthält und parallel zur Geraden mit der Gleichung $y = 3x - 1$ ist.

Lösung:
Wegen der Parallelität muss die Steigung m der gesuchten Geraden ebenfalls 3 betragen. Die Gleichung der gesuchten Geraden lautet also $y = 3x + c$. Den Achsenabschnitt c erhält man durch Punktprobe mit A, indem man **x = 1** und **y = 4** in diese Geradengleichung einsetzt:
4 $= 3 \cdot$ **1** $+ c \iff c = 1$
Die gesuchte Gerade hat somit die Gleichung $y = 3x + 1$.

5. In welchem Punkt schneiden sich die Geraden g: $y = x + 3$ und h: $y = -2x + 12$?

Lösung:
Der gemeinsame Punkt $A(x_0|y_0)$ liegt auf beiden Geraden, muss also die Punktprobe bei beiden Geraden erfüllen:
$y_0 = x_0 + 3$ und $y_0 = -2x_0 + 12$
Setzt man die beiden y_0-Werte gleich, dann erhält man die Gleichung:
$x_0 + 3 = -2x_0 + 12 \iff 3x_0 = 9 \iff$ **$x_0 = 3$**
Einsetzen dieses Wertes von x_0 in eine der Geradengleichungen liefert
$y_0 =$ **3** $+ 3 = 6$ bzw. $y_0 = -2 \cdot$ **3** $+ 12 = 6$ und somit den Schnittpunkt A(3|6).

Aufgaben

109. a) Bestimmen Sie die Gleichung der zur x-Achse parallelen Geraden durch den Punkt A(3|4).

    b) Bestimmen Sie die Gleichung der zur y-Achse parallelen Geraden durch den Punkt B(−4|−2).

110. Bestimmen Sie die fehlenden Koordinaten der Punkte auf der Geraden g: $y = -2x + 3$.
    a) A(3|a)
    b) B(−5|b)
    c) C(c|−1)
    d) D(d|11)

111. Welche Punkte liegen auf welcher Geraden?

A(1|−3) B(3|−1) C(5|0) g: y = 2x − 5 h: y = x − 4

112. Bestimmen Sie die Gleichung der Geraden durch die Punkte A und B:
a) A(3|2) B(5|−4)
b) A(−3|1) B(1|1)
c) A(4|3) B(4|2)

113. Bestimmen Sie die Gleichung derjenigen Geraden, die parallel zur Geraden h: y = −3x + 9 ist und durch den Punkt A(4|2) geht.

114. Bestimmen Sie die Gleichungen der drei Geraden, die die Seiten des Dreiecks ABC mit A(1|−3), B(4|2) und C(2|5) bilden.

115. Zeichnen Sie die Geraden g: $y = -\frac{3}{2}x + 3$, h: $y = \frac{2}{3}x - 2$, k: y = 2x, m: y = 1 und n: x = 3 in ein gemeinsames Koordinatenkreuz und lesen Sie die Schnittpunkte von g und h bzw. k und m ab.

116. Geben Sie die Gleichungen der beiden Geraden durch den Punkt A(3|4) an, die parallel zu einer der beiden Winkelhalbierenden sind.

117. Die Geraden g: y = −x + 13, h: y = x − 4 und k: $y = \frac{1}{2}x + 1$ schließen ein Dreieck ein. Bestimmen Sie die Eckpunkte dieses Dreiecks.

118. Geben Sie die Gleichungen der nachfolgend abgebildeten Geraden an.

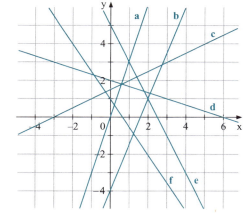

7.3 Quadratische Funktionen

In diesem Abschnitt werden die Eigenschaften der quadratischen Funktionen näher untersucht.

Definition

Eine Funktion, deren Funktionsgleichung sich in der **allgemeinen Form** $f(x) = ax^2 + bx + c$ schreiben lässt, nennt man **quadratische Funktion**. Die Parameter a, b und c sind dabei beliebige reelle Zahlen ($a \neq 0$).

Das **Schaubild** einer quadratischen Funktion nennt man **Parabel zweiter Ordnung** oder verkürzt **Parabel**.

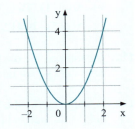

Das Bild zeigt die Parabel mit der Gleichung $y = x^2$, sie heißt **Normalparabel**.

Beispiele

1. Begründen Sie, dass die Funktionen f mit $f(x) = 3x^2 - 2{,}3x + 1{,}9$; $x \in \mathbb{R}$ und g mit $g(x) = (4x - 2) \cdot (2x + 1)$; $x \in \mathbb{R}$ quadratische Funktionen sind.

   Lösung:
   Für f sieht man durch Vergleich mit der Definition sofort, dass $a = 3$; $b = -2{,}3$; $c = 1{,}9$ gilt. Für g erhält man nach Ausmultiplizieren der Klammern $g(x) = (4x - 2) \cdot (2x + 1) = 8x^2 - 2$ und somit $a = 8$; $b = 0$; $c = -2$.

2. Zeichnen Sie ein Schaubild der Funktionen f und g mit $f(x) = x^2 - 4$; $x \in \mathbb{R}$ bzw. $g(x) = -x^2 + 4$; $x \in \mathbb{R}$.

   Lösung:
   Mithilfe einer Wertetabelle lässt sich das Schaubild erstellen.

x	-3	-2	-1	0	1	2	3
f(x)	5	0	-3	-4	-3	0	5
g(x)	-5	0	3	4	3	0	-5

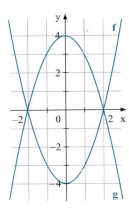

Definition

Den tiefsten Punkt des Schaubilds einer nach oben geöffneten bzw. den höchsten Punkt einer nach unten geöffneten Parabel nennt man **Scheitel**.

Beispiele

1. Bestimmen Sie den Scheitel der Parabel mit der Gleichung $y = x^2 - 4$.

   Lösung:
   Das Quadrat einer Zahl ist nie negativ. Daher ist der Term x^2 stets größer oder gleich 0. Den Wert 0 nimmt er nur für $x = 0$ an. Subtrahiert man nun 4, dann ist der Term $x^2 - 4$ stets größer oder gleich -4 und nimmt nur für $x = 0$ den Wert -4 an. Daher hat die Parabel an der Stelle $x = 0$ den kleinsten y-Wert -4. Die nach oben geöffnete Parabel hat den Scheitel $S(0|-4)$.

2. Bestimmen Sie den Scheitel der Parabel mit der Gleichung $y = -x^2 + 4$.

   Lösung:
   Da das Quadrat einer Zahl nie negativ werden kann, ist der Term $-x^2$ nie positiv und nimmt somit für $x = 0$ seinen größten Wert 0 an.
   Hieraus ergibt sich, dass der Term $-x^2 + 4$ an der Stelle $x = 0$ seinen größten Wert 4 besitzt. Die Parabel ist nach unten geöffnet und hat den Scheitel $S(0|4)$.

3. Wie lautet der Scheitel der Parabel mit der Gleichung $y = -3x^2 - 1$?

   Lösung:
   Da wieder $x^2 \geq 0$ gilt, folgt hieraus $-x^2 \leq 0$ und damit auch $-3x^2 \leq 0$, wobei der Wert 0 nur für $x = 0$ angenommen wird.
   Nach Subtraktion von 1 erhält man somit $-3x^2 - 1 \leq -1$ und nur für $x = 0$ den größten Wert -1. Die Parabel ist also nach unten geöffnet und hat ihren Scheitel bei $S(0|-1)$.

Definition

Die **Scheitelform** einer quadratischen Funktion hat die Gleichung
$f(x) = a \cdot (x - p)^2 + q$.

Ist die Gleichung einer quadratischen Funktion in der Scheitelform gegeben, lässt sich der Scheitel der Parabel leicht ablesen:

Regel

> Der **Scheitel** einer quadratischen Funktion mit der Gleichung $f(x) = a \cdot (x - p)^2 + q$ liegt bei **$S(p|q)$**.

Begründung: Das Quadrat $(x - p)^2$ kann nie negativ werden. Den kleinsten Wert 0 nimmt dieser Term für $x = p$ an, da nur dann der Term in der Klammer 0 ist und sich hieraus der Wert 0 für das Quadrat ergibt. Für alle anderen Werte von x ist das Quadrat positiv und somit größer als 0. Der Scheitel der Parabel hat deshalb den x-Wert p. Hieraus ergibt sich für den y-Wert:
$f(\mathbf{p}) = a \cdot (\mathbf{p} - p)^2 + q = a \cdot 0 + q = q$

Beispiele

1. Bestimmen Sie den Scheitel der Parabel mit der Gleichung
   $f(x) = 4 \cdot (x-3)^2 - 24$.

   Lösung:
   Aus der Scheitelform $f(x) = 4 \cdot (x-3)^2 - 24$ kann man den Scheitel der Parabel ablesen: $S(3|-24)$.

2. Geben Sie den Scheitel der Parabel mit der Gleichung $y = (x-1)^2 + 3$ an.

   Lösung:
   Durch Vergleich mit der Scheitelform $y = (x-p)^2 + q$ liest man den Scheitel direkt ab: $S(1|3)$.

3. Bestimmen Sie den Scheitel der Parabel mit der Gleichung $y = (x+2)^2 - 8$.

   Lösung:
   Die Parabel $y = (x+2)^2 - 8 \Leftrightarrow y = (x-(\mathbf{-2}))^2 + (\mathbf{-8})$ hat ihren Scheitel bei $S(-2|-8)$.

4. Bestimmen Sie den Scheitel der Parabel mit der Gleichung
   $f(x) = 4x^2 - 24x + 12$.

   Lösung:
   Die Umwandlung der Parabelgleichung von der allgemeinen Form in die Scheitelform wird mittels **quadratischer Ergänzung** (vgl. Abschnitt 2.3) durchgeführt:

$f(x) = 4x^2 - 24x + 12$	Ausklammern des Faktors vor dem quadratischen Term
$= 4 \cdot [x^2 - 6x + 3]$	Die ersten beiden Summanden des Klammerterms werden quadratisch ergänzt; der zugefügte Summand wird sofort wieder subtrahiert, damit der Term äquivalent bleibt.
$= 4 \cdot [\mathbf{x^2 - 6x + 9} - 9 + 3]$	Der binomische Term wird als Quadrat geschrieben, $-9 + 3$ wird zusammengefasst.
$= 4 \cdot [(x-3)^2 - 6]$	Ausmultiplizieren der äußeren Klammer nach dem Distributivgesetz
$= 4 \cdot (x-3)^2 - 4 \cdot 6$	
$= 4 \cdot (x-3)^2 - 24$	

   Der Scheitel der Parabel liegt bei $S(3|-24)$.

Die Parameter a, p und q der Scheitelform einer Parabel haben verschiedene Auswirkungen auf die Lage und Form der Parabel. Diese werden im Folgenden betrachtet.

Parabeln der Form $f(x) = a \cdot x^2$

Regel

Die Parabel mit der Gleichung $y = ax^2$ ist um den **Faktor a in Richtung der y-Achse gestreckt**.

Wenn dabei $-1 < a < 1$ ist, dann stellt dies optisch eine **Stauchung** dar (die Parabel wird „flacher").

Ist der Parameter **a positiv**, dann ist die Parabel **nach oben geöffnet**.

Wenn der Parameter **a negativ** ist, ist die Parabel **nach unten geöffnet**.

Die Parabeln $y = ax^2$ und $y = -ax^2$ liegen **spiegelbildlich** bzgl. der x-Achse zueinander.

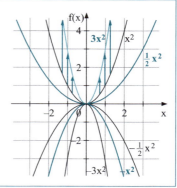

Parabeln der Form $f(x) = a \cdot (x-p)^2 + q$

Regel

Die Parabel $y = a \cdot (x-p)^2 + q$ hat ihren Scheitel in $S(p|q)$ und entsteht aus der Normalparabel $y = x^2$ durch folgende drei Abbildungen:
- **Verschiebung um p Einheiten nach rechts** (bzw. nach links, wenn die Parabel die Gleichung $y = a \cdot (x+p)^2 + q$ besitzt).
- **Streckung um den Faktor a in y-Richtung**
- **Verschiebung um q Einheiten nach oben** (bzw. nach unten, wenn q negativ ist).

Beispiele

1. Wie entsteht die Parabel mit der Gleichung $y = x^2 - 3$ aus der Normalparabel $y = x^2$?

   Lösung:
   Die Normalparabel $y = x^2$ wird um 3 Einheiten **nach unten** verschoben.

2. Wie entsteht die Parabel mit der Gleichung $y = (x-2)^2$ aus der Normalparabel $y = x^2$?

   Lösung:
   Die Normalparabel $y = x^2$ muss um 2 Einheiten **nach rechts** verschoben werden.

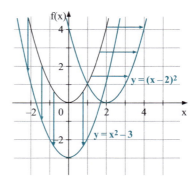

3. Wie entsteht die Parabel p mit der Gleichung y = (x − 2)² − 3 aus der Normalparabel? Zeichnen Sie die Parabel und beschreiben Sie ihre Lage.

Lösung:
Die Parabel p entsteht aus der Normalparabel durch Verschiebung um 2 Einheiten nach rechts und 3 Einheiten nach unten. Der Scheitel der Parabel liegt bei S(2|−3). Die Parabel ist nach oben geöffnet.

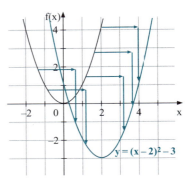

Aufgaben

119. Bestimmen Sie die fehlenden Werte für die Kurvenpunkte der Funktion f mit $f(x) = -\frac{2}{3}x^2 + 2$:

A(3|a)   B(−2|b) $C\left(\frac{3}{4}\middle|c\right)$ D(0|d)

E(e|2) $G\left(g\middle|\frac{1}{2}\right)$ H(h|0)   K(k|5)

120. Erstellen Sie eine Wertetabelle und zeichnen Sie die zugehörigen Schaubilder:

a) $f(x) = \frac{1}{2}x^2 - 4x$
b) $g(x) = -\frac{1}{3}x^2 + 3$
c) $h(x) = -(x-3)^2 + 2$
d) $k(x) = \frac{2}{3}(x+2)^2 - 5$

121. Bringen Sie die Terme durch quadratische Ergänzung in die Scheitelform:

a) $x^2 - 6x + 1$
b) $x^2 + 3x - 1$
c) $2x^2 - 8x + 2$
d) $-x^2 + 4x$
e) $-2x^2 - 5x + 1$
f) $\frac{1}{2}x^2 + 3x - 5$

122. Bestimmen Sie die Scheitelform der quadratischen Funktion:

a) $f(x) = x^2 + 4x - 3$
b) $g(x) = -3x^2 + 3x - 9$
c) $h(x) = -\frac{2}{3}x^2 - x$
d) $k(x) = \frac{1}{4}x^2 + 3$

123. Bestimmen Sie den Scheitel der Parabel:

a) $f(x) = x^2 + 10x - 2$ \qquad b) $g(x) = \frac{1}{2}x^2 - 4x + 2$

124. Geben Sie die Gleichung einer Parabel zweiter Ordnung an, die ihren Scheitel bei $S(5|2)$ hat.
Wie lautet die Gleichung einer Parabel zweiter Ordnung, die den Scheitel $S(2|3)$ hat und nach unten geöffnet ist?

125. Bestimmen Sie die Funktionsgleichungen für die gezeichneten Parabeln zweiter Ordnung:

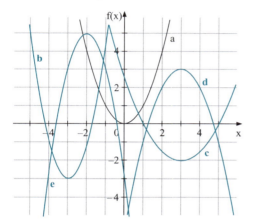

126. a) Bestimmen Sie die Gleichung einer Parabel zweiter Ordnung, die ihren Scheitel im Ursprung hat und durch den Punkt $A(4|12)$ geht.

b) Bestimmen Sie die Gleichung einer Parabel zweiter Ordnung, die ihren Scheitel im Punkt $S(2|-3)$ hat und durch den Ursprung geht.

c) Wie lautet die Gleichung einer Parabel, die ihren Scheitel im Punkt $A(3|5)$ hat und durch $B(5|-3)$ geht?

d) Bestimmen Sie die Gleichung einer Parabel zweiter Ordnung, die durch die Punkte $A(4|8)$, $B(1|-1)$ und den Ursprung $O(0|0)$ geht.

7.4 Potenzfunktionen

In diesem Abschnitt wird eine weitere Funktionenklasse, die Klasse der Potenzfunktionen, untersucht.

Definition Eine Funktion der Form $f(x) = a \cdot x^n$ mit $n \in \mathbb{Z}$, $n \neq 0$ und $a \neq 0$ nennt man **Potenzfunktion**.
Den Exponenten n bezeichnet man als **Grad der Potenzfunktion**.

Beispiel Welche der Funktionen f, g und h mit $f(x) = 5x^7$; $x \in \mathbb{R}$, $g(x) = \frac{4}{x}$; $x \neq 0$ bzw. $h(x) = 3x^6 + x^3$; $x \in \mathbb{R}$ sind Potenzfunktionen?

Lösung:
Die Funktionen f und g sind Potenzfunktionen. Die Funktion h ist **keine** Potenzfunktion, sondern die Summe von zwei Potenzfunktionen.

Die Schaubilder der Potenzfunktionen unterscheiden sich qualitativ stark voneinander. Daher teilt man die Potenzfunktionen in insgesamt vier verschiedene Klassen ein:
- Potenzfunktionen mit **positivem Exponenten**. Hierbei wird unterschieden in
  - Potenzfunktionen mit **positivem geraden** Exponenten
  - Potenzfunktionen mit **positivem ungeraden** Exponenten
- Potenzfunktionen mit **negativem Exponenten**, wobei unterschieden wird in
  - Potenzfunktionen mit **negativem geraden** Exponenten
  - Potenzfunktionen mit **negativem ungeraden** Exponenten.

Die Schaubilder jeder dieser verschiedenen Funktionsklassen besitzen viele Gemeinsamkeiten, die nachfolgend dargestellt werden.

Potenzfunktionen mit positivem Exponenten

Definition Für **positive Exponenten** n nennt man die Schaubilder der zugehörigen Potenzfunktionen mit $f(x) = a \cdot x^n$ **Parabeln n-ter Ordnung**.
Diese Potenzfunktionen sind für alle reellen Zahlen definiert: $D = \mathbb{R}$.

Beispiel Sind die Funktionen p mit $p(x) = -3x^2$; $x \in \mathbb{R}$ bzw. q mit $q(x) = -3x^5$; $x \in \mathbb{R}$ Potenzfunktionen?

Lösung:
Die Funktionen p und q sind Potenzfunktionen und besitzen den Grad 2 bzw. 5. Ihre Schaubilder sind Parabeln zweiter bzw. fünfter Ordnung.

Potenzfunktionen mit positivem geraden Exponenten

Die Abbildung zeigt die Schaubilder für n = 2, 4, 8 und 20.

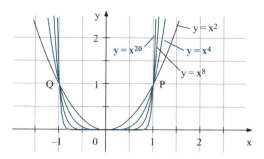

Alle Parabeln der Form f(x) = x^n mit positivem **geraden n** haben folgende Eigenschaften:
- Sie gehen durch den Punkt P(1|1) sowie durch den Ursprung O(0|0) und den Punkt Q(–1|1).
- Sie haben den **Scheitel im Ursprung O**.
- Sie sind **achsensymmetrisch zur y-Achse**. Diese Eigenschaft entspricht der Gleichung f(–x) = f(x) für alle x ∈ ℝ.
- Sie sind im Bereich **x < 0 monoton fallend** und für **x > 0 monoton wachsend** (siehe Definition unten).
- Sie verlaufen **im ersten und zweiten Quadranten**.

Definition Wenn ein Schaubild – **von links nach rechts** betrachtet – stets ansteigt oder auf gleicher Höhe bleibt, ist das Schaubild **monoton wachsend**. Fällt es stets oder bleibt es auf gleicher Höhe, nennt man dies **monoton fallend**.

Potenzfunktionen mit positivem ungeraden Exponenten

Die Abbildung zeigt die Schaubilder für n = 1, 3, 7 und 21.

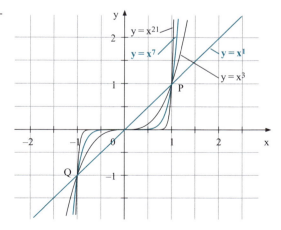

Alle Parabeln der Form $f(x) = x^n$ mit **ungeradem n** haben folgende Eigenschaften:
- Sie gehen durch den Punkt P(1|1) sowie durch den Ursprung O(0|0) und den Punkt Q(−1|−1).
- Sie sind **punktsymmetrisch zum Ursprung**. Diese Eigenschaft entspricht der Gleichung $f(-x) = -f(x)$ für alle $x \in \mathbb{R}$.
- Sie sind **monoton wachsend**.
- Sie verlaufen **im ersten und dritten Quadranten**.

Potenzfunktionen mit negativem Exponenten

Definition

Für **negative ganzzahlige Exponenten n** nennt man die Schaubilder der Potenzfunktionen der Form $f(x) = a \cdot x^n$ mit $a \neq 0$ **Hyperbeln n-ter Ordnung**.
Der Funktionsterm lässt sich auch als Bruch schreiben, z. B. $f(x) = x^{-5} = \frac{1}{x^5}$.
Diese Potenzfunktionen sind **für x = 0 nicht definiert**: $D = \mathbb{R} \setminus \{0\}$

Potenzfunktionen mit negativem geraden Exponenten

Die Abbildung zeigt die Schaubilder für n = −2, −4, −6 und −12.

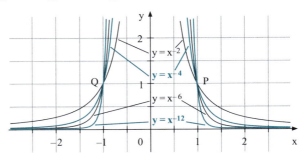

Alle Hyperbeln der Form $f(x) = x^n$ mit **negativem geraden n** haben folgende Eigenschaften:
- Sie gehen durch den Punkt P(1|1) sowie durch den Punkt Q(−1|1).
- Sie nähern sich für große und kleine x-Werte der x-Achse an.
- Für $x \to 0$ werden die y-Werte beliebig groß.
- Sie sind **achsensymmetrisch zur y-Achse**.
  Diese Eigenschaft entspricht der Gleichung $f(-x) = f(x)$ für alle $x \in \mathbb{R} \setminus \{0\}$.
- Sie sind im Bereich **x < 0 monoton wachsend** und für **x > 0 monoton fallend**.
- Sie verlaufen **im ersten und zweiten Quadranten**.

Potenzfunktionen mit negativem ungeraden Exponenten

Die Abbildung zeigt die Schaubilder für n = –1, –3, –5 und –11.

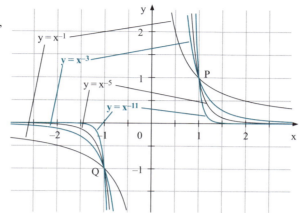

Alle Hyperbeln der Form f(x) = x^n mit **negativem ungeraden Exponenten n** haben folgende Eigenschaften:
- Sie verlaufen durch den Punkt P(1 | 1) sowie durch den Punkt Q(–1 | –1).
- Sie nähern sich für große und kleine x-Werte der x-Achse an.
- Für x → 0 werden die y-Werte beliebig groß (Annäherung von rechts) bzw. beliebig klein (Annäherung von links).
- Sie sind **punktsymmetrisch zum Ursprung**.
  Diese Eigenschaft entspricht der Gleichung f(–x) = –f(x) für alle x ∈ ℝ \ {0}.
- Sie sind **monoton fallend** in den Bereichen x < 0 und x > 0.
- Sie verlaufen **im ersten und dritten Quadranten**.

Aufgaben

127. a) Wie ist eine Potenzfunktion definiert?

b) Was versteht man unter dem Grad einer Potenzfunktion?

c) Wodurch unterscheiden sich Parabeln von Hyperbeln?

128. Bestimmen Sie die fehlenden Koordinaten der Kurvenpunkte auf der Parabel mit der Gleichung y = 2x^3.

A(3 | a)   B(–2 | b)   C(c | 16)   D(d | 3)   E(e | –4)

129. Bestimmen Sie die Gleichung einer Parabel vierter Ordnung, die ihren Scheitel im Ursprung hat und durch den Punkt A(3 | –54) geht.

130. Zeichnen Sie die Schaubilder folgender Funktionen:

a) $f_1(x) = \frac{1}{15} x^3$

b) $f_2(x) = -\frac{1}{2} x^4$

c) $f_3(x) = -\frac{1}{20} x^5$

131. Bestimmen Sie die fehlenden Koordinaten der Kurvenpunkte auf der Hyperbel mit der Gleichung $y = 4x^{-3}$.

A(3|a)   B(−2|b)   C(c|8)   D(d|3)   E(e|−4)

132. Bestimmen Sie die Gleichung einer Hyperbel der Form $y = \frac{a}{x^4}$, die durch den Punkt A(3|−1) geht.

133. Zeichnen Sie die Schaubilder folgender Funktionen:

a) $f_1(x) = 4x^{-3}$

b) $f_2(x) = \frac{1}{5x^2}$

c) $f_3(x) = -\frac{1}{5} x^{-2}$

d) $f_4(x) = -\frac{20}{x^4}$

134. In welchen Bereichen sind die Funktionswerte von f größer als die Funktionswerte von g?

a) $f(x) = x^2;\ g(x) = -2x^3$

b) $f(x) = x^{-2};\ g(x) = x^2$

c) $f(x) = 2x^3;\ g(x) = -2x^3$

d) $f(x) = -x^{-2};\ g(x) = 2x^4$

135. a) Welche Parabeln der Form $y = ax^4$ schneiden die Strecke AB mit A(2|2) und B(4|2)?

b) Welche Hyperbeln der Form $y = ax^{-2}$ schneiden die Strecke AB mit A(1|2) und B(2|2)?

7.5 Exponentialfunktionen

Bei Exponentialfunktionen befindet sich die freie Variable x im Exponenten und nicht – wie bei den Potenzfunktionen – in der Basis des Funktionsterms:

Definition Eine Funktion der Form $f(x) = a^x$; $x \in \mathbb{R}$ mit $a > 0$, $a \neq 1$, nennt man **Exponentialfunktion**.

Die Abbildung zeigt die Schaubilder für a = 2, 3, 10 sowie für a = $\frac{1}{2}, \frac{1}{3}, \frac{1}{10}$.

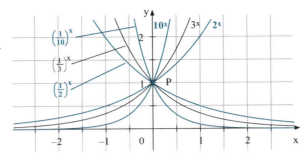

Eigenschaften der Exponentialfunktion
- Die Schaubilder der Exponentialfunktionen gehen alle durch den **Punkt P(0|1)**.
- Für **a > 1** sind die Exponentialfunktionen **monoton wachsend**. Das Schaubild verläuft für kleine x-Werte in der Nähe der x-Achse und wird umso steiler, je weiter man nach rechts geht.
- Für **0 < a < 1** sind die Exponentialfunktionen **monoton fallend**. Das Schaubild wird immer flacher und nähert sich immer mehr der x-Achse, je weiter man nach rechts geht.
- Die Wertemenge aller Exponentialfunktionen ist $W = \mathbb{R}^+ = \{y \mid y > 0\}$. Das Schaubild hat aber **keine gemeinsamen Punkte mit der x-Achse**.
- Statt $f(x) = a^{-x}$ kann man auch $f(x) = (\frac{1}{a})^x$ schreiben. Das bedeutet, dass die Schaubilder der Funktionen f und g mit $f(x) = a^x$ und $g(x) = (\frac{1}{a})^x$ **symmetrisch zueinander** bezüglich der y-Achse liegen, da gilt:
$f(-x) = a^{-x} = \frac{1}{a^x} = g(x)$

Aufgaben

136. Bestimmen Sie die fehlenden Koordinaten der Punkte auf dem Schaubild der Funktion f mit $f(x) = 4^x$:

A(3|a)   B(−4|b)   C(c|16)   D$\left(d \mid \frac{1}{16}\right)$ E(e|0)

137. Bestimmen Sie die Stellen, an denen die Funktionswerte der Exponentialfunktion f mit $f(x) = 0{,}2^x$; $x \in \mathbb{R}$ kleiner als 0,001 sind.

138. Eine Exponentialfunktion der Form $f(x) = a^x$; a > 0 verläuft durch den Punkt A. Bestimmen Sie den Wert von a für:

a) A(4|625)
b) A(−2|8)
c) A(0|1)
d) A(4|4)

139. Zeichnen Sie das Schaubild der Funktion.

a) $f_1(x) = 2^x$

b) $f_2(x) = \left(\frac{1}{3}\right)^x$

c) $f_3(x) = -3^x$

d) $f_4(x) = 4 \cdot 4^{-x}$

7.6 Trigonometrische Funktionen

Das Wort Trigonometrie leitet sich aus dem griechischen Wort *trigonon* (= Dreieck) ab. Die Trigonometrie beschäftigt sich mit der Dreieckslehre, speziell an rechtwinkligen Dreiecken.
Die beiden Seiten eines rechtwinkligen Dreiecks, die den rechten Winkel einschließen, heißen **Katheten**. Die dem rechten Winkel gegenüber liegende Seite heißt **Hypotenuse**. Bezogen auf den Winkel α nennt man die diesem Winkel gegenüber liegende Seite **Gegenkathete** und die am Winkel anliegende Seite **Ankathete**.

Definition

Die Seitenverhältnisse in rechtwinkligen Dreiecken sind nur abhängig von einem Winkel.

Das Seitenverhältnis $\frac{\text{Gegenkathete}}{\text{Hypotenuse}}$ wird **Sinus** genannt.

Das Seitenverhältnis $\frac{\text{Ankathete}}{\text{Hypotenuse}}$ heißt **Cosinus**.

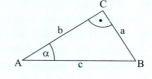

Man schreibt kurz: $\sin \alpha = \frac{a}{c}$; $\cos \alpha = \frac{b}{c}$

Für den **Tangens** gilt: $\tan \alpha = \frac{\text{Gegenkathete}}{\text{Ankathete}} = \frac{a}{b}$

Beispiel

Berechnen Sie in einem rechtwinkligen Dreieck mit $\gamma = 90°$; $c = 4$ cm und $\alpha = 30°$ die fehlenden Seitenlängen.

Lösung:

$\sin \alpha = \frac{a}{c} \Rightarrow a = c \cdot \sin \alpha = 4 \text{ cm} \cdot 0{,}5 = 2 \text{ cm}$

$\cos \alpha = \frac{b}{c} \Rightarrow b = c \cdot \cos \alpha \approx 4 \text{ cm} \cdot 0{,}866 = 3{,}464 \text{ cm}$

Zwischen den trigonometrischen Funktionen sin, cos und tan gilt die Beziehung:

$\frac{\sin \alpha}{\cos \alpha} = \frac{\frac{\text{Gegenkathete}}{\text{Hypotenuse}}}{\frac{\text{Ankathete}}{\text{Hypotenuse}}} = \frac{\text{Gegenkathete}}{\text{Hypotenuse}} \cdot \frac{\text{Hypotenuse}}{\text{Ankathete}} = \frac{\text{Gegenkathete}}{\text{Ankathete}} = \tan \alpha$, also kurz:

$\tan \alpha = \frac{\sin \alpha}{\cos \alpha}$

Während man bei Alltagsproblemen einen Winkel üblicherweise im Gradmaß angibt, bei dem der Vollwinkel 360° beträgt, verwendet man bei trigonometrischen Funktionen das Bogenmaß.

Definition Das **Bogenmaß** ist die Länge des zu einem Winkel α gehörenden Bogens auf dem Einheitskreis (Kreis mit Radius 1).

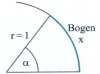

Die **Umrechnung** vom Bogenmaß ins Gradmaß und umgekehrt erfolgt durch die beiden Formeln

$$x = \frac{\pi}{180°} \cdot \alpha \quad \text{bzw.} \quad \alpha = \frac{180°}{\pi} \cdot x.$$

180° entsprechen dem Bogenmaß π; dies lässt sich leicht auf folgende Weise merken:
Ein Halbkreis mit Radius 1 hat den Innenwinkel 180°. Dieser Winkel lässt sich im Bogenmaß als die Länge des halben Kreisumfangs, also $\frac{1}{2} \cdot 2\pi = \pi$ angeben.

Beispiele

1. Geben Sie 360° und 90° im Bogenmaß an.

   Lösung:
   Einem Winkel von 360° entspricht der Umfang des Einheitskreises von 2π, dem Winkel von 90° entspricht dann der Bogen des Viertel-Einheitskreises, also $\frac{2\pi}{4} = \frac{\pi}{2}$.

2. Geben Sie 30° und 68° im Bogenmaß an.

   Lösung:
   $$x = \frac{\pi}{180°} \cdot 30° = \frac{\pi}{6} \qquad x = \frac{\pi}{180°} \cdot 68° = \frac{17}{45}\pi \approx 1{,}187$$

3. Geben Sie $\frac{3}{4}\pi$ sowie 0,3 im Gradmaß an.

   Lösung:
   $$\alpha = \frac{180°}{\pi} \cdot \frac{3}{4}\pi = \frac{180° \cdot 3}{4} = 135° \qquad \alpha = \frac{180°}{\pi} \cdot 0{,}3 \approx 17{,}19°$$

Folgende Gradmaß-Bogenmaß-Beziehungen werden häufig benötigt:

α im Gradmaß	0°	30°	45°	60°	90°	135°	180°	360°
x im Bogenmaß	0	$\frac{\pi}{6}$	$\frac{\pi}{4}$	$\frac{\pi}{3}$	$\frac{\pi}{2}$	$\frac{3\pi}{4}$	π	2π

Die Sinus- und Cosinusfunktion

Definition Bei den Funktionen f mit f(x) = sin x; x ∈ ℝ und g mit g(x) = cos x; x ∈ ℝ wird das Argument **x** jeweils **im Bogenmaß** angegeben.

Im Bild ist das rechtwinklige Dreieck OAB zu sehen. In diesem Dreieck ist bzgl. des Winkels x die Seite AB die Gegenkathete und die Seite OB die Hypotenuse, wobei diese Hypotenuse die Länge 1 besitzt. Hieraus ergibt sich:

$$\sin x = \frac{|AB|}{|OB|} = \frac{|AB|}{1} = |AB|$$

Daher kann man an der **lotrechten Strecke den Wert sin x direkt ablesen.**

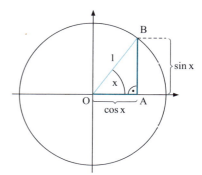

Den cos x kann man ebenfalls an diesem Bild verdeutlichen, da die Seite OA die Ankathete des Dreiecks OAB bzgl. des Winkels x ist:

$$\cos x = \frac{|OA|}{|OB|} = \frac{|OA|}{1} = |OA|$$

Der Wert cos x kann an der horizontalen Strecke abgelesen werden.

Den **Verlauf der Sinus- und Cosinuskurve** mit wachsendem Winkel x kann man sich daher gut am Einheitskreis veranschaulichen, wenn man sich vorstellt, dass ein Zeiger (hellgrüne Strecke) sich entgegen dem Uhrzeigersinn dreht und die entsprechenden Projektionslinien (Sinus = dicke **grüne** Strecke, Cosinus = dicke **schwarze** Strecke) betrachtet (Bild A):

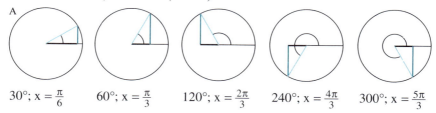

30°; x = $\frac{\pi}{6}$ 60°; x = $\frac{\pi}{3}$ 120°; x = $\frac{2\pi}{3}$ 240°; x = $\frac{4\pi}{3}$ 300°; x = $\frac{5\pi}{3}$

Die **Sinuskurve** beginnt bei 0, wächst mit zunehmendem Winkel bis 1 (bei 90° bzw. x = $\frac{\pi}{2}$) und fällt anschließend entsprechend wieder auf 0 (bei 180° bzw. x = π). Zwischen 180° und 360° bzw. zwischen x = π und x = 2π ist der Sinus negativ mit einem minimalen Wert von −1 bei 270° bzw. x = $\frac{3}{2}\pi$.

Die **Cosinuskurve** beginnt für x = 0 bei 1 und fällt bis 90° bzw. x = $\frac{\pi}{2}$ auf 0. Zwischen 90° und 270° bzw. zwischen x = $\frac{\pi}{2}$ und x = $\frac{3\pi}{2}$ ist der Cosinus negativ mit einem minimalen Wert bei 180° bzw. x = π. Zwischen 270° und 360° bzw. zwischen x = $\frac{3\pi}{2}$ und 2π steigt der Cosinus wieder von 0 auf 1.

Für die Sinusfunktion und Cosinusfunktion ergeben sich somit die in Bild B gezeigten Schaubilder (die in Bild A gezeichneten Strecken des Sinus sind ebenfalls eingezeichnet) und nachfolgende Wertetabelle.

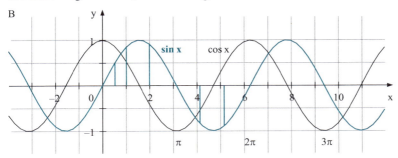

α (Gradmaß)	0°	30°	45°	60°	90°	135°	180°	270°	360°
x (Bogenmaß)	0	$\frac{\pi}{6}$	$\frac{\pi}{4}$	$\frac{\pi}{3}$	$\frac{\pi}{2}$	$\frac{3\pi}{4}$	π	$\frac{3\pi}{2}$	2π
sin x	0	$\frac{1}{2}$	$\frac{1}{2}\sqrt{2}$	$\frac{1}{2}\sqrt{3}$	1	$\frac{1}{2}\sqrt{2}$	0	-1	0
cos x	1	$\frac{1}{2}\sqrt{3}$	$\frac{1}{2}\sqrt{2}$	$\frac{1}{2}$	0	$-\frac{1}{2}\sqrt{2}$	-1	0	1

Regel — Für die Sinus- und Cosinusfunktion gilt die Beziehung: $\sin(x + \frac{\pi}{2}) = \cos x$

Begründung: Der Wert $x + \frac{\pi}{2}$ liegt um $\frac{\pi}{2}$ rechts von x. Wie man an den Schaubildern gut erkennen kann, hat die Cosinuskurve an der Stelle x denselben Funktionswert, den die Sinuskurve erst an der Stelle $x + \frac{\pi}{2}$, also $\frac{\pi}{2}$ rechts von x, besitzt.

Definition — Wenn das Schaubild einer Funktion bei **Verschiebung um den Wert p** in horizontaler Richtung **in sich selbst** übergeht, nennt man diese Funktion **periodisch**. Die **kleinste positive Zahl p mit dieser Eigenschaft** nennt man **Periodenlänge**.

Beispiel — Bestimmen Sie die Periodenlänge der Sinus- und Cosinusfunktion.

Lösung:
Die Sinus- und Cosinuskurve wiederholen sich regelmäßig alle 2π, sie haben jeweils die **Periodenlänge 2π**. Insbesondere gilt:
$\sin(x + 2\pi) = \sin x$; $\cos(x + 2\pi) = \cos x$

Im Folgenden werden die Funktion $f(x) = a \cdot \sin(x-p) + q$; $x \in \mathbb{R}$ und die Auswirkungen der Parameter a, p und q auf das Schaubild dieser Funktion betrachtet (vergleichen Sie hierzu auch die entsprechenden Ausführungen bei den Parabeln in Abschnitt 7.3).

Funktionen der Form $f(x) = a \cdot \sin(x-p) + q$

Regel

Das Schaubild der Funktion f mit $f(x) = a \cdot \sin(x-p) + q$; $x \in \mathbb{R}$ entsteht aus der Sinuskurve durch
- eine **Verschiebung um den Wert p nach rechts** ($p \geq 0$)
  (bzw. nach links bei $f(x) = a \cdot \sin(x+p) + q$; $x \in \mathbb{R}$ ($p \geq 0$)),
- eine **Streckung um den Faktor a in y-Richtung**,
- eine **Verschiebung in y-Richtung um den Wert q nach oben** ($q \geq 0$)
  (bzw. nach unten, wenn $q < 0$ ist).

Beispiele

1. Zeichnen Sie das Schaubild der Funktionen f und g mit
   $f(x) = \sin(x-2)$; $x \in \mathbb{R}$ bzw. $g(x) = \sin(x+2)$; $x \in \mathbb{R}$.

   Lösung:
   Das Schaubild der Funktion f entsteht durch eine **Verschiebung der Sinuskurve um 2 Einheiten nach rechts**.

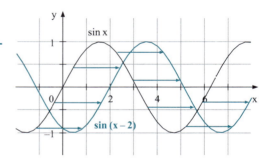

   Entsprechend entsteht das Schaubild von g durch eine Verschiebung um 2 Einheiten nach links.

   Diese Beziehungen gelten sinngemäß auch für die Cosinusfunktion.

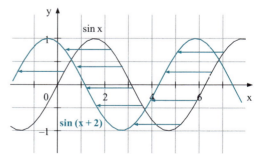

2. Zeichnen Sie die Schaubilder der Funktion f und g mit
   f(x) = 2,5 · sin x; x ∈ ℝ bzw. g(x) = 0,5 · sin x; x ∈ ℝ.

   Lösung:
   Der Faktor a = 2,5 bewirkt eine **Streckung in y-Richtung**:

   Diese Eigenschaft gilt sinngemäß ebenfalls für die Cosinusfunktion.

   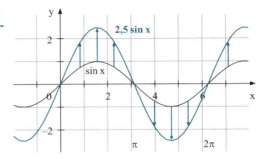

   Ist –1 < a < 1, wie im Fall der Funktion g mit dem Wert a = 0,5, stellt die Streckung optisch eine **Stauchung** dar.

   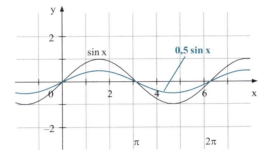

3. Zeichnen Sie das Schaubild der Funktion f mit f(x) = sin x + 2; x ∈ ℝ.

   Lösung:
   Der Summand q = 2 bewirkt eine **Verschiebung in y-Richtung** um den Wert 2 nach oben, da q > 0 ist.

   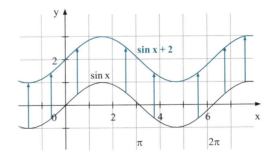

4. Zeichnen Sie das Schaubild der Funktion f mit
   f(x) = 2 sin (x + 1) + 3; x ∈ ℝ.

   Lösung:
   Die Sinuskurve (Kurve 1) wird der Reihe nach:
   - um 1 nach links verschoben (Kurve 2),
   - dann mit dem Faktor 2 in y-Richtung gestreckt (ergibt Kurve 3) und
   - zuletzt noch um 3 nach oben verschoben (Kurve 4):

   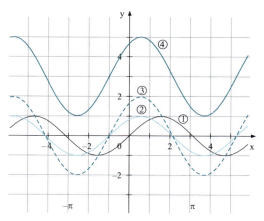

5. Zeichnen Sie das Schaubild der Funktion g mit
   g(x) = 2 cos (x − 2) − 3; x ∈ ℝ.

   Lösung:
   Die Cosinuskurve (Kurve 1) wird entsprechend
   - um 2 nach rechts verschoben (Kurve 2),
   - um den Faktor 2 gestreckt (Kurve 3) und dann noch
   - um 3 nach unten verschoben (Kurve 4).

   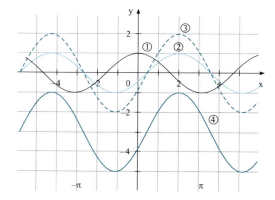

Funktionen der Form f(x) = sin (k · x)

Regel

Das Schaubild dieser Funktion f mit f(x) = sin (k · x) entsteht aus der Sinuskurve durch **Stauchung um den Faktor k in x-Richtung** bzw. durch eine Streckung um den Faktor $\frac{1}{k}$, wenn −1 < k < 1 und k ≠ 0 ist.
Die Funktion f mit f(x) = sin (k · x); k ≠ 0 hat die **Periodenlänge** $\frac{2\pi}{k}$.

Beispiele

1. Zeichnen Sie das Schaubild der Funktion f mit $f(x) = \sin(2x); x \in \mathbb{R}$.

   Lösung:
   Das Schaubild entsteht aus der Sinuskurve durch eine Stauchung um den Faktor 2 in Richtung der x-Achse.

   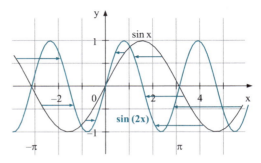

2. Zeichnen Sie die Schaubilder der Funktionen f und g mit
   $f(x) = \sin(2\pi \cdot x) + 2; x \in \mathbb{R}$, $g(x) = \cos(\frac{\pi}{2} \cdot x) - 2; x \in \mathbb{R}$.

   Lösung:
   Das Schaubild von f entsteht aus der Sinuskurve durch eine **Stauchung um den Faktor 2π** in Richtung der x-Achse und anschließende Verschiebung um 2 nach oben. Die Periodenlänge dieser Funktion beträgt also $\frac{2\pi}{2\pi} = 1$, das heißt, die Funktion wiederholt sich in Abständen von 1 und „pendelt" um $y = 2$.

   Um das Schaubild von g zu erhalten, wird zunächst die Cosinuskurve um den Faktor $\frac{\pi}{2}$ in Richtung x-Achse gestaucht, sodass die Periodenlänge dann $2\pi : (\frac{\pi}{2}) = 4$ beträgt. Danach wird das Schaubild noch um 2 nach unten verschoben.

   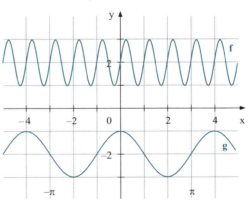

Aufgaben

140. Berechnen Sie die fehlenden Winkel und Seiten im rechtwinkligen Dreieck ABC mit $\gamma = 90°$.

a) $a = 5{,}2$ cm; $\alpha = 37°$
b) $c = 8{,}2$ cm; $\beta = 55°$
c) $a = 4{,}8$ cm; $c = 6{,}3$ cm
d) $a = 4{,}3$ cm; $b = 5{,}6$ cm

141. Bestimmen Sie in nebenstehender Figur die Länge aller eingezeichneten Strecken.

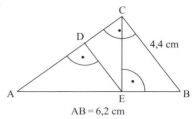

AB = 6,2 cm

142. Wandeln Sie folgende Gradmaße ins Bogenmaß um:

180°   45°   10°   43°   1°   720°

143. Wandeln Sie folgende Bogenmaße ins Gradmaß um:

2π $\frac{\pi}{3}$ 3π $\frac{2\pi}{5}$ 1   0,35

144. Zeichnen Sie ein Schaubild der Funktion:

a) $f(x) = 3 \cdot \sin x$
b) $g(x) = \sin(x-4)$
c) $h(x) = \sin x + 3$
d) $f(x) = \cos(x+2)$
e) $f(x) = 2 \cdot \cos x$
f) $f(x) = -\cos x - 1$

145. Geben Sie die Periodenlänge folgender Funktionen an:

a) $f(x) = \sin \frac{x}{2}$
b) $g(x) = \sin(2x)$
c) $h(x) = \sin(3x) + 3$
d) $f(x) = \cos(\pi x)$
e) $f(x) = 2 \cdot \cos \frac{x}{3}$
f) $f(x) = -\cos(x-1)$

146. Zeichnen Sie das Schaubild der Funktion:

a) $f(x) = \sin \frac{x}{2}$
b) $g(x) = \cos(2x)$
c) $h(x) = \sin(\pi x) + 2$
d) $k(x) = 2\cos(\frac{2}{3}x) - 3$

147. Bestimmen Sie eine trigonometrische Funktion mit der Periodenlänge π, die durch den Kurvenpunkt $P\left(\frac{\pi}{3} \mid 1\right)$ geht.

148. Bestimmen Sie eine Funktionsgleichung der farbig gezeichneten Kurve, indem Sie mittels der schwarz gezeichneten Hilfskurven die Entstehung aus der Cosinuskurve schrittweise nachvollziehen.

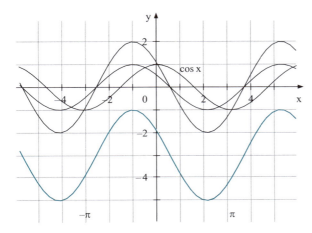

149. Bestimmen Sie mögliche Funktionsgleichungen für nachfolgende Schaubilder.

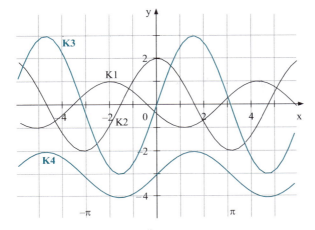

150. Bestimmen Sie Funktionsgleichungen für nachfolgende Schaubilder.

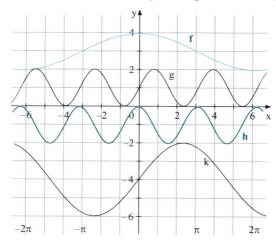

151. Zeichnen Sie das Schaubild der Funktion (bestimmen Sie hierfür zunächst die Periodenlänge!):

a) $f(x) = \sin(\pi \cdot x) + 3$

b) $g(x) = \sin\left(\frac{\pi}{2}x\right) + 1$

c) $h(x) = \cos(\pi \cdot x) - 1$

d) $k(x) = \cos(2\pi \cdot x) - 4$

152. Bestimmen Sie mögliche Funktionsgleichungen für nachfolgende Schaubilder. Achten Sie dabei auf die Periodenlänge, die jeweils eine natürliche Zahl ist.

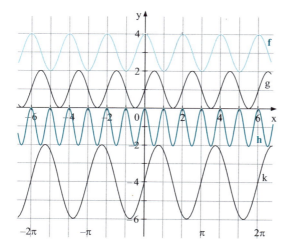

8 Umkehrfunktionen

Bei einer Funktion wird jedem Element der Definitionsmenge ein Element der Wertemenge zugeordnet. Hier geht man also von einem Element der Definitionsmenge aus und sucht das dazu gehörende Element der Wertemenge. Wenn man sich nun jedoch ein Element der Wertemenge vornimmt und bestimmen möchte, **von welchem Element der Definitionsmenge aus** man dieses Element der Wertemenge erhält, dann benötigt man die zugehörige Umkehrfunktion.

8.1 Bildung von Umkehrfunktionen

In diesem Abschnitt wird zunächst allgemein die Bildung der Umkehrfunktion besprochen, bevor Sie in den darauf folgenden Abschnitten spezielle Umkehrfunktionen kennen lernen.

Beispiel

Ein Kugelschreiber kostet 1,50 €. Die Funktion f beschreibt, wie viel man für eine bestimmte Anzahl Kugelschreiber bezahlen muss.
Stellen Sie eine Funktionsgleichung von f auf und geben Sie die Definitions- und Wertemenge von f an. Erläutern Sie, welchen Zusammenhang die Umkehrfunktion $\bar{f}$ von f beschreibt.

Lösung:
Für x Kugelschreiber muss man y = 1,5x € bezahlen. Daher ist f(x) = 1,5x mit $x \in \mathbb{N}$. Die Wertemenge besteht aus den jeweils zu zahlenden Preisen, also W = {0; 1,5; 3; 4,5; ...}.
Die Umkehrfunktion dagegen gibt an, wie viele Kugelschreiber man für einen bestimmten Betrag erhalten kann.
Für y € erhält man $\frac{y}{1,5} = \frac{2}{3}y$ Kugelschreiber, wobei $y \in \{0; 1,5; 3; 4,5; ...\}$ sein muss, damit sich eine ganzzahlige Anzahl von Kugelschreibern ergibt.

Funktion f

x	y
0	0
1	1,5
2	3
3	4,5
4	6
5	7,5
6	9

Umkehrfunktion $\bar{f}$

Umkehrfunktionen

Definition

Die **Umkehrfunktion $\overline{f}$ einer Funktion f** ist diejenige Funktion, die jedem Funktionswert f(x) einer Funktion den jeweiligen x-Wert zuordnet.
Dabei ist die Definitionsmenge von $\overline{f}$ gerade die Wertemenge von f und die Wertemenge von $\overline{f}$ ist die Definitionsmenge von f.

Beispiel

Bestimmen Sie die Umkehrfunktion $\overline{f}$ von f mit $f(x) = 4x$; $x \in \mathbb{R}$.

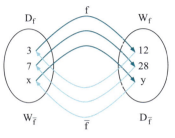

Lösung:
Durch die Funktion f wird jedem x-Wert sein Vierfaches zugewiesen, z. B. $3 \rightarrow 12$ oder $7 \rightarrow 28$ oder $x \rightarrow 4x = y$.
Durch die Funktion $\overline{f}$ wird entgegengesetzt jedem Element der Wertemenge von f dessen Viertel zugewiesen, z. B. $28 \rightarrow 7$ bzw. $y \rightarrow x = \frac{1}{4}y$. Damit lautet die Umkehrfunktion:
$\overline{f}: y \rightarrow x = \frac{1}{4}y$ oder $x = \overline{f}(y) = \frac{1}{4}y$; $y \in \mathbb{R}$.

Bei der Bestimmung einer Umkehrfunktion ist Folgendes zu beachten:

Regel

Zu einer Funktion f **existiert** nur dann eine Umkehrfunktion $\overline{f}$, wenn **zwei verschiedenen Elementen der Definitionsmenge von f stets zwei verschiedene Elemente der Wertemenge von f zugeordnet** werden.

Beispiel

Begründen Sie, dass die Funktion f mit $f(x) = x^2$; $x \in \mathbb{R}$ keine Umkehrfunktion besitzt.

Lösung:
Bei der Funktion f werden zwei x-Werten, z. B. den Zahlen -4 und 4, derselbe Funktionswert, nämlich 16, zugeordnet. Man kann also rückwärts nicht eindeutig angeben, welcher Ausgangszahl (-4 oder 4) der Funktionswert 16 zugeordnet worden ist. Daher besitzt f keine Umkehrfunktion.
Wenn man jedoch die Definitionsmenge von f auf z. B. die positiven Zahlen einschränkt, dann ist f umkehrbar, da die Doppeldeutigkeit bzgl. -4 oder 4 entfällt.

Regel

Schränkt man bei einer Funktion, zu der es keine Umkehrfunktion gibt, die Definitionsmenge so ein, dass zwei verschiedenen Elementen **der eingeschränkten Definitionsmenge** stets zwei verschiedene Elemente der Wertemenge zugeordnet werden, dann gibt es zu der **eingeschränkten Funktion** eine **Umkehrfunktion**.

Beispiel

Schränken Sie die Funktion f mit $f(x) = -2x^2 + 5$; $x \in \mathbb{R}$ so ein, dass f eine Umkehrfunktion besitzt und geben Sie diese Umkehrfunktion an.

Lösung:
Wie man am Schaubild von f erkennen kann, gibt es zu jeweils zwei betragsmäßig gleichen x-Werten, z. B. -1 und 1, stets denselben y-Wert. Daher wird die Definitionsmenge von f eingeschränkt auf $D_f = \mathbb{R}_0^+$, wobei $W_f = \{y \mid y \leq 5\}$ gilt (farbiger Teil des Schaubilds).

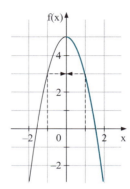

Damit ergibt sich für die Umkehrfunktion:
$\overline{f}: y = -2x^2 + 5 \rightarrow x$, wobei $y \leq 5$ und $x \geq 0$ ist.
Löst man die Gleichung $y = -2x^2 + 5$ nach x auf, dann erhält man:

$$y = -2x^2 + 5 \quad | -5$$
$$y - 5 = -2x^2 \quad | : (-2)$$
$$\frac{y-5}{-2} = x^2 \quad | \text{T}$$
$$\frac{-y+5}{2} = x^2 \quad | \text{Wurzel ziehen } (-y+5 \geq 0)$$
$$x = \sqrt{\frac{-y+5}{2}}$$

Damit ergibt sich für die Umkehrfunktion zunächst

$$\overline{f}: y = -2x^2 + 5 \rightarrow x = \sqrt{\frac{-y+5}{2}} \Leftrightarrow \overline{f}: y \rightarrow \sqrt{\frac{-y+5}{2}}$$

und damit:

$$\overline{f}(y) = \sqrt{\frac{-y+5}{2}} \text{ mit } y \leq 5$$

Die Umkehrfunktion wird abschließend in der üblichen Schreibweise $y = \overline{f}(x)$ angegeben, d. h. x und y werden vertauscht:

$$\overline{f}(x) = \sqrt{\frac{-x+5}{2}}; \quad x \leq 5$$

Zeichnet man das Schaubild dieser Umkehrfunktion, dann stellt man fest:

Regel

> Das **Schaubild der Umkehrfunktion** entsteht aus dem Schaubild der zugehörigen Funktion durch **Spiegelung an der ersten Winkelhalbierenden**.

Dies lässt sich dadurch erklären, dass zu jedem Punkt P(a|b) des Schaubilds von f genau ein Punkt $\overline{P}$(b|a) des Schaubilds von $\overline{f}$ gehört; bei diesem Punkt $\overline{P}$ sind gerade die x- und y-Koordinaten gegenüber denen des Punktes P vertauscht.

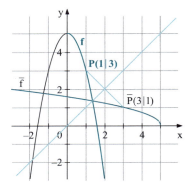

Die Vorgehensweise zur Bildung der Umkehrfunktion lässt sich in folgender Regel zusammenfassen:

Regel

Die **Umkehrfunktion $\overline{f}$** einer Funktion f wird in folgenden **3 Schritten** gebildet:

1. Schritt: Einschränken der Definitionsmenge von f, sodass jeweils zwei verschiedene x-Werte auf verschiedene y-Werte abgebildet werden.

2. Schritt: Auflösen der Funktionsgleichung y = f(x) nach x.

3. Schritt: Vertauschen von x und y und Angabe der Funktionsgleichung von $\overline{f}$.

Beispiel

Bilden Sie die Umkehrfunktion $\overline{f}$ zu der geeignet eingeschränkten Funktion f: $x \rightarrow x^4 + 3$; $x \in \mathbb{R}$.

Lösung:

1. Schritt: Einschränken der Definitionsmenge von f:
Am Schaubild sieht man, dass für $x \geq 0$ zwei x-Werten stets verschiedene y-Werte zugeordnet werden; daher wählt man $D_f = \mathbb{R}_0^+$. Die Wertemenge von f ist $W_f = \{y \mid y \geq 3\}$.

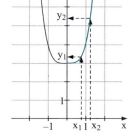

2. Schritt: Auflösen der Funktionsgleichung $y = x^4 + 3$ nach x:

$$y = x^4 + 3 \quad | -3$$
$$y - 3 = x^4 \quad | \sqrt[4]{} \quad (x \geq 0)$$
$$\sqrt[4]{y - 3} = x$$

3. Schritt: Vertauschen von x und y:

$$\sqrt[4]{x - 3} = y \quad \Rightarrow \quad \overline{f}(x) = \sqrt[4]{x - 3}; \quad x \geq 3$$

Aufgaben 153. Geben Sie an, zu welchen der gezeichneten Funktionen Umkehrfunktionen existieren.

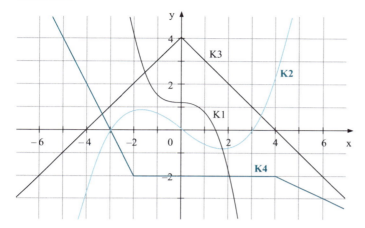

154. Zeichnen Sie das Schaubild der Funktion f und begründen Sie, dass f eine Umkehrfunktion besitzt. Zeichnen Sie das Schaubild der Umkehrfunktion, ohne den Funktionsterm der Umkehrfunktion zu bestimmen.

a) $f(x) = x^3$ 　　　　　　　　b) $f(x) = 5 - 2x$

155. Bestimmen Sie die Definitionsmenge von f so, dass f eine Umkehrfunktion besitzt. Stellen Sie anschließend eine Gleichung der Umkehrfunktion von f auf.

a) $f(x) = 2x - 5$ 　　　　　　　b) $f(x) = 4x^2$
c) $f(x) = 4 - 2x^2$ 　　　　　　d) $f(x) = x^2 - 2x$

8.2 Wurzelfunktionen

Wie in Abschnitt 8.1 bereits dargestellt, entstehen Wurzelfunktionen als Umkehrfunktionen der quadratischen Funktionen.

Definition　Funktionen, deren Funktionsvariablen unter einer Wurzel stehen, heißen **Wurzelfunktionen**.

Da der Radikand einer Wurzel nicht negativ sein darf, ist die maximale Definitionsmenge von Wurzelfunktionen vom Radikanden abhängig.

124 Umkehrfunktionen

Regel

Die **maximale Definitionsmenge** einer Wurzelfunktion enthält nur solche Zahlen, für die der **Radikand nicht negativ** ist.

Beispiel

Bestimmen Sie die maximale Definitionsmenge der Wurzelfunktion w: $x \to \sqrt{x}$, zeichnen Sie ein Schaubild dieser Funktion und beschreiben Sie den Verlauf des Schaubilds.

Lösung:
Die Wurzelfunktion w: $x \to \sqrt{x}$ ist nur für nicht negative Werte von x definiert: $D = \mathbb{R}_0^+$.
Das Schaubild steigt im Ursprung senkrecht an und ist im weiteren Verlauf monoton wachsend, wird jedoch immer flacher.

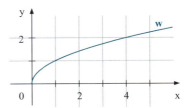

Wir betrachten im Folgenden **die speziellen Wurzelfunktionen** der Form
$f(x) = a\sqrt{x-p} + q;\ x \geq p,\ a \neq 0$.

Regel

Das Schaubild der Funktion f mit $f(x) = a\sqrt{x-p} + q;\ x \geq p,\ a \neq 0$ entsteht aus der Wurzelfunktion w: $x \to \sqrt{x},\ x \geq 0$ durch
- eine **Verschiebung um den Wert p nach rechts** ($p \geq 0$)
  (bzw. nach links bei $f(x) = a\sqrt{x+p} + q;\ x \geq -p$, mit positivem p),
- eine **Streckung um den Faktor a in y-Richtung**,
- eine **Verschiebung in y-Richtung um den Wert q nach oben**
  (bzw. nach unten, wenn $q < 0$ ist).

Beispiele

1. Zeichnen Sie die Schaubilder der Funktion f: $x \to \sqrt{x-2};\ x \geq 2$ und g: $x \to \sqrt{x+1};\ x \geq -1$.

   Lösung:
   Um die Schaubilder von f bzw. g zu erhalten, verschiebt man das Schaubild der Funktion
   w: $x \to \sqrt{x};\ x \geq 0$
   um zwei Einheiten nach rechts bzw. um eine Einheit nach links.

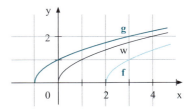

2. Zeichnen Sie das Schaubild der Funktion f: $x \to 2\sqrt{x}$; $x \geq 0$ und g: $x \to -\frac{1}{2}\sqrt{x}$; $x \geq 0$.

Lösung:
Um die Schaubilder von f bzw. g zu erhalten, streckt man das Schaubild der Funktion w: $x \to \sqrt{x}$; $x \geq 0$ um den Faktor 2 bzw. um den Faktor $-\frac{1}{2}$ in Richtung der y-Achse (letzteres entspricht einer Spiegelung an der x-Achse und einer Streckung um den Faktor $\frac{1}{2}$).

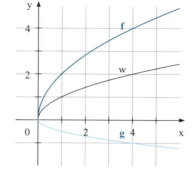

3. Zeichnen Sie das Schaubild der Funktion f: $x \to \sqrt{x} + 2$; $x \geq 0$ und g: $x \to \sqrt{x} - 1$; $x \geq 0$.

Lösung:
Die Schaubilder von f bzw. g erhält man, indem man das Schaubild der Funktion w: $x \to \sqrt{x}$; $x \geq 0$ um 2 nach oben bzw. um 1 nach unten verschiebt.

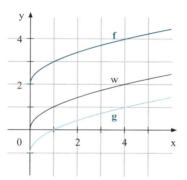

4. Zeichnen Sie das Schaubild der Funktion
g: $x \to -2\sqrt{x+3} + 2$; $x \geq -3$
und beschreiben Sie es.

Lösung:
Das Schaubild von g erhält man, indem man das Schaubild der Funktion w: $x \to \sqrt{x}$; $x \geq 0$
a) um 3 Einheiten nach links verschiebt,
b) mit dem Faktor 2 in Richtung der y-Achse streckt und an der x-Achse spiegelt und
c) dann noch um 2 Einheiten nach oben verschiebt.

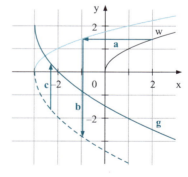

Das Schaubild von g beginnt im Punkt $(-3|2)$ und verläuft dort senkrecht zur x-Achse. Es ist im weiteren Verlauf monoton fallend, wird aber flacher.

Umkehrfunktionen

Aufgaben

156. Bestimmen Sie die maximale Definitionsmenge der Funktion:
a) $f(x) = \sqrt{x-5}$
b) $f(x) = \sqrt{6-3x}$
c) $f(x) = \sqrt{\frac{x}{2}+4}$
d) $f(x) = -\sqrt{x^2-5}$

157. Beschreiben Sie, wie das Schaubild der Funktion f aus der Grundfunktion w mit $w(x) = \sqrt{x}$; $x \geq 0$ entsteht:
a) $f(x) = \sqrt{x-2}$
b) $f(x) = 2\sqrt{x}$
c) $f(x) = \sqrt{x}+3$
d) $f(x) = -\sqrt{x-1}+5$

158. Zeichnen Sie die Schaubilder nachfolgender Funktionen:
a) $f(x) = \sqrt{x+2}$
b) $f(x) = -2\sqrt{x}$
c) $f(x) = 2\sqrt{x}-3$
d) $f(x) = -\sqrt{x+3}+2$

159. Geben Sie einen möglichen Funktionsterm für die gezeichneten Funktionen an.

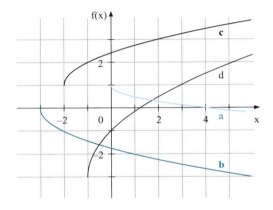

8.3 Logarithmusfunktionen

In Abschnitt 6 haben Sie bereits Logarithmen kennen gelernt, die ebenfalls in Funktionstermen enthalten sein können.

Definition Funktionen, deren Funktionsvariablen im Argument eines Logarithmus stehen, gehören zur Klasse der **Logarithmusfunktionen**.

Sie wissen bereits, dass man die Gleichung $y = a^x$ nach x auflösen kann, indem man die Gleichung logarithmiert: $x = \log_a y$. Der Logarithmus ist somit die Umkehroperation des Exponenzierens. Die **Logarithmusfunktion** $x \to \log_a x$ ist aus diesem Grund die **Umkehrfunktion der Exponentialfunktion** $x \to a^x$.

Da das Argument des Logarithmus positiv sein muss, ist die maximale Definitionsmenge von Logarithmusfunktionen vom Argument des Logarithmus abhängig:

Regel Die **maximale Definitionsmenge** einer Logarithmusfunktion enthält nur solche Zahlen, für die das **Argument des Logarithmus positiv** ist.

Beispiel Bestimmen Sie die maximale Definitionsmenge der Logarithmusfunktion $f: x \to \log_2 x$, zeichnen Sie ein Schaubild dieser Funktion und beschreiben Sie den Verlauf des Schaubilds.

Lösung:
Die Logarithmusfunktion $f: x \to \log_2 x$ ist nur für positive Werte von x definiert:
$D = \mathbb{R}^+$

Als Wertetabelle ergibt sich:

x	$\frac{1}{2}$	1	2	4	8
$\log_2 x$	-1	0	1	2	3

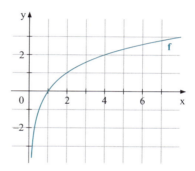

Das Schaubild schmiegt sich im 4. Feld an die y-Achse an, geht durch den Punkt $N(1|0)$ und ist monoton wachsend, wird dabei jedoch immer flacher. Die Wertemenge ist $W = \mathbb{R}$.

Wir betrachten im Folgenden **die speziellen Logarithmusfunktionen** der Form $f(x) = a \cdot \log_b (x - p) + q; \; x > p, \; b > 0, \; a \neq 0, \; b \neq 1$.

Regel Das Schaubild der Funktion f mit $f(x) = a \cdot \log_b (x - p) + q; \; x > p, \; b > 0, \; a \neq 0, \; b \neq 1$ entsteht aus der Logarithmusfunktion $w: x \to \log_b x; \; x > 0$ durch
- eine **Verschiebung um p nach rechts** ($p \geq 0$)
  (bzw. nach links bei $f(x) = a \cdot \log_b (x + p) + q; \; x > -p$ mit positivem p),
- eine **Streckung um den Faktor a in y-Richtung**,
- eine **Verschiebung in y-Richtung um den Wert q nach oben**
  (bzw. nach unten, wenn $q < 0$ ist).

Beispiele

1. Zeichnen Sie die Schaubilder der Funktion $f: x \to \log_2(x-1); x > 1$ und $g: x \to \log_2(x+2); x > -2$.

    Lösung:
    Um die Schaubilder von f bzw. g zu erhalten, verschiebt man das Schaubild der Funktion $L: x \to \log_2 x; x > 0$ um eine Einheit nach rechts bzw. um zwei Einheiten nach links.

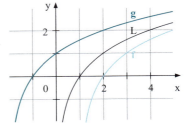

2. Zeichnen Sie die Schaubilder der Funktion $f: x \to \frac{1}{2}\log_2 x; x > 0$ und $g: x \to -2\log_2 x; x > 0$.

    Lösung:
    Um die Schaubilder von f bzw. g zu erhalten, streckt man das Schaubild der Funktion $L: x \to \log_2 x; x > 0$ um den Faktor $\frac{1}{2}$ bzw. um den Faktor -2 in Richtung der y-Achse (letzteres entspricht einer Spiegelung an der x-Achse und einer Streckung um den Faktor 2).

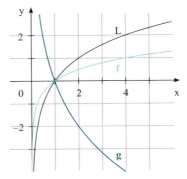

3. Zeichnen Sie die Schaubilder der Funktion $f: x \to \log_2 x + 2; x > 0$ und $g: x \to \log_2 x - 1; x > 0$.

    Lösung:
    Die Schaubilder von f bzw. g erhält man, indem man das Schaubild der Funktion $L: x \to \log_2 x; x > 0$ um 2 nach oben bzw. um 1 nach unten verschiebt.

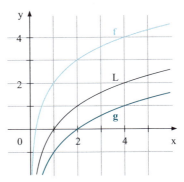

4. Zeichnen Sie das Schaubild der Funktion $g: x \to -2\log_2(x+3) + 2$; $x > -3$ und beschreiben Sie es.

    Lösung:
    Das Schaubild von g erhält man, indem man das Schaubild der Funktion $L: x \to \log_2 x; x > 0$
    a) um 3 Einheiten nach links verschiebt,
    b) mit dem Faktor 2 in Richtung der y-Achse streckt und an der x-Achse spiegelt und
    c) dann noch um 2 Einheiten nach oben verschiebt.

Das Schaubild von g schmiegt sich im 2. Feld an die Gerade x = −3 an, verläuft monoton fallend und dabei immer flacher werdend durch den Punkt (−1|0). Die Wertemenge ist W = ℝ.

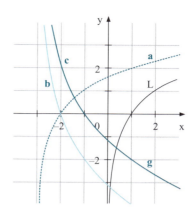

Aufgaben 160. Bestimmen Sie die maximale Definitionsmenge der Funktion:
  a) $f(x) = 3\log_2 x$
  b) $f(x) = -\log_2(x+4)$
  c) $f(x) = \log_2(2x+4) - 5$
  d) $f(x) = -\log_2(4-x)$

161. Beschreiben Sie, wie das Schaubild der Funktion f aus der Grundfunktion L mit $L(x) = \log_2 x;\ x > 0$ entsteht.
  a) $f(x) = 4\log_2 x$
  b) $f(x) = \log_2(x+2)$
  c) $f(x) = \log_2 x - 5$
  d) $f(x) = -4\log_2(x+3) - 2$

162. Zeichnen Sie das Schaubild der Funktion f.
  a) $f(x) = 2\log_2 x$
  b) $f(x) = -\log_2(x+3)$
  c) $f(x) = \log_2 x + 3$
  d) $f(x) = -\log_2(x+1) + 2$

163. Geben Sie einen möglichen Funktionsterm für die gezeichneten Funktionen an (die Basis des Logarithmus ist stets 2).

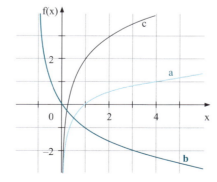

9 Spezielle Gleichungen und Ungleichungen

In Kapitel 4 haben Sie die grundsätzlichen Verfahren zum Lösen von Gleichungen kennen gelernt und eingeübt. In diesem Kapitel werden weitere, spezielle Gleichungstypen untersucht, die zusätzliche, bisher nicht verwendete Lösungsstrategien erfordern.

9.1 Betragsgleichungen und -ungleichungen

Definition

Man spricht von einer **Betragsgleichung**, wenn in einer Gleichung ein Term mit einem Betrag vorkommt, welcher eine Variable enthält.

Beispiel

Welche Gleichungen stellen Betragsgleichungen dar?
a) $|4x-5|=9$
b) $7x-8=|-5|$
c) $|4x-7|-|-4|=\sqrt{9}$

Lösung:
Die Gleichungen a und c stellen Betragsgleichungen dar, weil sie innerhalb des Betrags eine Variable besitzen, Gleichung b ist keine Betragsgleichung.

Regel

Für jede reelle Zahl a gilt:

$$|a| = \begin{cases} a & \text{falls } a \geq 0 \\ -a & \text{falls } a < 0 \end{cases}$$

Beim Lösen einer Betragsgleichung ist eine **Fallunterscheidung** erforderlich. Man betrachtet getrennt die Fälle, bei denen das **Argument des Betrags größer oder gleich null bzw. negativ** ist.
Ist das Argument größer oder gleich null, ersetzt man die Betragsstriche durch eine Klammer, andernfalls ersetzt man den Betrag durch das negative Argument des Betrags.

Spezielle Gleichungen und Ungleichungen

Beispiele

1. Bestimmen Sie die Lösung der Gleichung $|x-6|=4$.

   Lösung:
   1. Fall: $x-6 \geq 0$, d. h. $x \geq 6$
   $|x-6|=4 \Leftrightarrow (x-6)=4 \qquad | +6$
   $\qquad\qquad\qquad\qquad x=10$
   Da $10 \geq 6$ ist, gehört 10 zur Lösungsmenge: $L_1 = \{10\}$

   2. Fall: $x-6 < 0$, d. h. $x < 6$
   $|x-6|=4 \Leftrightarrow -(x-6)=4 \qquad$ (da das Argument $x-6$ negativ ist)
   $\qquad\quad\Leftrightarrow -x+6=4 \qquad | -6$
   $\qquad\quad\Leftrightarrow \qquad -x=-2 \qquad | \cdot(-1)$
   $\qquad\qquad\qquad\qquad x=2$
   Da $2<6$ ist, ist 2 ebenfalls eine Lösung: $L_2 = \{2\}$.
   Insgesamt ergibt sich $L = \{2; 10\}$.

2. Bestimmen Sie eine Lösung der Gleichung $2x+9 = 7-|x+1|$.

   Lösung:
   1. Fall: $x+1 \geq 0$, d. h. $x \geq -1$
   $\qquad 2x+9 = 7-|x+1|$
   $\Leftrightarrow 2x+9 = 7-(x+1) \qquad | T$
   $\Leftrightarrow 2x+9 = 7-x-1 \qquad | +x-9$
   $\Leftrightarrow \quad 3x = -3 \qquad\qquad | :3$
   $\qquad\quad x = -1$
   Da $-1 \geq -1$ ist, gehört -1 zur Lösungsmenge: $L_1 = \{-1\}$.

   2. Fall: $x+1 < 0$, d. h. $x < -1$
   $\qquad 2x+9 = 7-|x+1|$
   $\Leftrightarrow 2x+9 = 7+(x+1) \qquad$ (da das Argument $x+1$ negativ ist)
   $\Leftrightarrow 2x+9 = 8+x \qquad\qquad | -x-9$
   $\qquad\quad x = -1$
   Da $-1 < -1$ eine falsche Aussage ist, existiert für diesen Fall keine Lösung.
   Insgesamt ergibt sich $L = \{-1\}$.

3. Bestimmen Sie eine Lösung der Gleichung $4-|x+3|=8$.

   Lösung:
   1. Fall: $x+3 \geq 0$, d. h. $x \geq -3$
   $\qquad 4-|x+3|=8$
   $\Leftrightarrow 4-(x+3)=8 \qquad | T$
   $\Leftrightarrow 4-x-3=8 \qquad | -1$
   $\Leftrightarrow \qquad -x=7 \qquad | \cdot(-1)$
   $\qquad\qquad x=-7$
   $-7 \geq -3$ ist eine falsche Aussage, daher besitzt dieser Fall keine Lösung.

2. Fall: $x+3<0$, d. h. $x<-3$

$$4-|x+3|=8$$
$\Leftrightarrow \quad 4+(x+3)=8 \qquad$ (da das Argument $x+3$ negativ ist)
$\Leftrightarrow \quad x+7=8 \qquad |\ -7$
$\qquad x=1$

Da $1<-3$ ebenfalls eine falsche Aussage ist, existiert auch für diesen Fall keine Lösung. Insgesamt ergibt sich $L=\{\ \}$.

4. Bestimmen Sie eine Lösung der Betragsungleichung $2+4x>3-|4-x|$.

    Lösung:

    1. Fall: $4-x\geq 0$, d. h. $x\leq 4$

    $$2+4x>3-|4-x|$$
    $\Leftrightarrow \quad 2+4x>3-(4-x) \qquad |\ T$
    $\Leftrightarrow \quad 2+4x>3-4+x \qquad |\ -x-2$
    $\Leftrightarrow \quad 3x>-3 \qquad |\ :3$
    $\qquad x>-1$

    In diesem Fall wurden nur die Zahlen untersucht, die kleiner oder gleich vier sind. Unter diesen sind diejenigen, die $x>-1$ erfüllen, eine Lösung:
    $L_1=\{x\,|-1<x\leq 4\}$

    2. Fall: $4-x<0$, d. h. $x>4$

    $$2+4x>3-|4-x|$$
    $\Leftrightarrow \quad 2+4x>3+(4-x) \qquad |\ T$
    $\Leftrightarrow \quad 2+4x>3+4-x \qquad |\ +x-2$
    $\Leftrightarrow \quad 5x>5 \qquad |\ :5$
    $\qquad x>1$

    In diesem Fall wurden nur die Zahlen untersucht, die größer als vier sind. Unter diesen sind alle auch größer als eins. Daher gilt: $L_2=\{x\,|\,x>4\}$
    Insgesamt ergibt sich $L=\{x\,|-1<x\leq 4$ **oder** $x>4\}$.
    Dies ist gleichbedeutend mit $L=\{x\,|\,x>-1\}$.

Aufgaben

164. Berechnen Sie den Wert des Terms:

    a) $|-10|$ \qquad b) $|3-7|$
    c) $|9|-|-5|$ \qquad d) $|-5+|-3+2||$

165. Bestimmen Sie die Lösung der Betragsgleichung:

    a) $|x+3|=2$ \qquad b) $|2x+6|=0$
    c) $|x-4|=-2$ \qquad d) $|7-3x|=1$

e) $5 - |2x+4| = x + 7$ f) $|6-2x| + x = 4 - 2x$
g) $|4-3x| + 2x - 1 = 5 - x$ h) $|x+4| = x + 4$

166. Bestimmen Sie die Lösung der Betragsungleichung:
a) $|x+3| > 2$ b) $|2x+6| \geq x$
c) $|x-4| < 3x - 2$ d) $|1-3x| < 1 + x$

9.2 Quadratische Ungleichungen

In Abschnitt 4.3 wurde das Lösen quadratischer Gleichungen besprochen. Quadratische Ungleichungen der Form $p(x) \geq 0$, wobei $p(x)$ ein Polynom zweiten Grades ist, lassen sich unter Verwendung der Schaubilder quadratischer Funktionen (siehe Abschnitt 7.3) elegant mit folgender Vorgehensweise lösen:

Regel | Die Lösung einer quadratischen Ungleichung erhält man, indem man
- zunächst die **Lösung der zugehörigen quadratischen Gleichung** ermittelt;
- anschließend **anhand des Schaubilds** der entsprechenden quadratischen Funktion entscheidet, in welchem Bereich die Ungleichung erfüllt ist.

Beispiele

1. Lösen Sie die Ungleichung $x^2 - 2x - 35 \geq 0$.

   Lösung:
   Die quadratische Gleichung
   $x^2 - 2x - 35 = 0$ besitzt die Lösungen:
   $$x_{1;2} = 1 \pm \sqrt{1+35} = 1 \pm 6$$
   $\Leftrightarrow \quad x_1 = -5; \; x_2 = 7$

   Wie das Schaubild der quadratischen Funktion f mit $f(x) = x^2 - 2x - 35$ zeigt, besitzt die Parabel die Nullstellen -5 und 7 und ist nach oben geöffnet. Somit gilt für die Funktionswerte im Bereich $x \leq -5$ sowie im Bereich $x \geq 7$ (farbig gezeichnet):
   $f(x) = x^2 - 2x - 35 \geq 0$
   $L = \{x \mid x \leq -5 \text{ oder } x \geq 7\}$

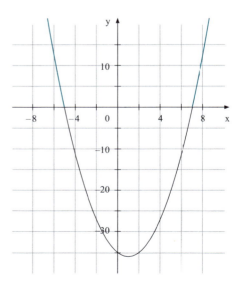

2. Bestimmen Sie die Lösungsmenge der Ungleichung
$(2x-1)^2 - (x+1)^2 \leq x^2 + 8$.

Lösung:

$$
\begin{aligned}
(2x-1)^2 - (x+1)^2 &\leq x^2 + 8 \quad &&|\,T \text{ ausmultiplizieren}\\
4x^2 - 4x + 1 - (x^2 + 2x + 1) &\leq x^2 + 8 \quad &&|\,T \text{ zusammenfassen}\\
3x^2 - 6x &\leq x^2 + 8 \quad &&|-x^2 - 8\\
2x^2 - 6x - 8 &\leq 0 \quad &&|:2\\
x^2 - 3x - 4 &\leq 0
\end{aligned}
$$

Nun wird die quadratische Gleichung
$x^2 - 3x - 4 = 0$ gelöst:

$x_{1;2} = \frac{3}{2} \pm \sqrt{\frac{9}{4} + 4} = \frac{3}{2} \pm \frac{5}{2}$

$\Leftrightarrow x_1 = -1;\ x_2 = 4$

Die zugehörige Parabel ist nach oben geöffnet.
Im Bereich $-1 \leq x \leq 4$ sind die Funktionswerte kleiner oder gleich null.
Daher ergibt sich $L = \{x\,|-1 \leq x \leq 4\}$.

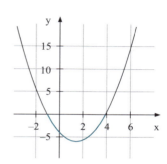

Aufgabe 167. Bestimmen Sie die Lösungsmenge:

a) $x^2 - 4 \geq 0$

b) $x^2 - 5x + 6 \geq 0$

c) $2x^2 + 7x - 1 < x^2 + 3x + 11$

d) $(x-3)^2 + (x-1)^2 \leq x^2 - x$

e) $(x+3) \cdot (x-1) \geq (x+2) \cdot 2x - 2$

f) $(x+4)^2 - 2 \cdot (x+1) < 3$

g) $(x+1)^2 + 2 \cdot (x+2)^2 \geq 2 \cdot (2 - x^2)$

h) $(2x+1)^2 - (x+4)^2 < (3x-2)^2 - 2 \cdot (x+1)^2 - 8$

9.3 Wurzelgleichungen

Definition

Man spricht von einer **Wurzelgleichung**, wenn in einer Gleichung ein Wurzelterm vorkommt, dessen Radikand eine Variable enthält.

Beispiel

Welche Gleichungen stellen die Wurzelgleichungen dar?
a) $\sqrt{4x-5} = 9$
b) $7x - 8 = \sqrt{3}$
c) $\sqrt{x} - 5 = \sqrt{8}$

Lösung:
Die Gleichungen a und c stellen Wurzelgleichungen dar, weil der Radikand eine Variable enthält, Gleichung b ist keine Wurzelgleichung.

Regel

Wurzelgleichungen werden gelöst, indem man
- zuerst die **Definitionsmenge** bestimmt, da aus negativen Zahlen keine Wurzel gezogen werden kann;
- **die Wurzel bzw. eine der Wurzeln auf eine Seite der Gleichung bringt** und danach die Gleichung **quadriert**;
- zum Schluss stets die **Probe** durchführt, da das Quadrieren keine Äquivalenzumformung darstellt.

Beispiel

Bestimmen Sie die Lösung der Gleichung $\sqrt{2x-9} + 2x = 11$.

Lösung:
Bestimmung der Definitionsmenge

$2x - 9 \geq 0 \Leftrightarrow x \geq \frac{9}{2} \quad D = \left\{ x \mid x \geq \frac{9}{2} \right\}$

Lösen der Gleichung

$$\sqrt{2x-9} + 2x = 11 \quad | -2x$$
$$\sqrt{2x-9} = -2x + 11 \quad | \text{Quadrieren}$$
$$2x - 9 = (-2x + 11)^2 \quad | T$$
$$2x - 9 = 4x^2 - 44x + 121 \quad | -4x^2 + 44x - 121$$
$$-4x^2 + 46x - 130 = 0 \quad | : (-4)$$
$$x^2 - \frac{23}{2}x + \frac{65}{2} = 0 \Rightarrow x_{1;2} = \frac{23}{4} \pm \sqrt{\frac{529}{16} - \frac{65}{2}} = \frac{23}{4} \pm \sqrt{\frac{9}{16}} = \frac{23}{4} \pm \frac{3}{4}$$
$$x_1 = \frac{13}{2}; \; x_2 = 5$$

Beide Ergebnisse sind in der Definitionsmenge enthalten.

Probe

Setzt man $x_1 = \frac{13}{2}$ in die Wurzelgleichung ein, erhält man
$\sqrt{13-9} + 13 = 11 \Leftrightarrow \sqrt{4} + 13 = 11 \Leftrightarrow 15 = 11$,
also eine falsche Aussage.

Setzt man $x_2 = 5$ ein, ergibt sich
$\sqrt{10-9} + 10 = 11 \Leftrightarrow \sqrt{1} + 10 = 11 \Leftrightarrow 11 = 11$
und damit eine wahre Aussage.

Insgesamt folgt: $L = \{5\}$

Aufgabe 168. Lösen Sie die Wurzelgleichung:

a) $\sqrt{x-1} = 5$ b) $2 + \sqrt{x-1} = 5$

c) $\sqrt{5-x} = x+1$ d) $\sqrt{2x-1} = 2-x$

e) $\sqrt{x^2-5} = x-3$ f) $\sqrt{x^2+1} = x$

9.4 Potenzgleichungen

Definition

Man spricht von einer **Potenzgleichung**, wenn beide Seiten der Gleichung Polynome mit der gleichen Variablen sind.

Beispiel

Welche Gleichungen stellen Potenzgleichungen dar?

a) $\sqrt{4x-5} = 9$

b) $7x - \sqrt{8} = x^3$

c) $3x + 7 = 5y^2 - 2$

Lösung:

Die Gleichung a stellt keine Potenzgleichung dar, weil die linke Seite kein Polynom ist.

Gleichung b hingegen ist eine Potenzgleichung; beide Seiten sind Polynome. Die Wurzel stellt hierbei keinen Hinderungsgrund dar, weil sie keine Variable enthält.

Gleichung c stellt keine Potenzgleichung dar, weil die Polynome auf beiden Seiten verschiedene Variablen enthalten.

Spezielle Gleichungen und Ungleichungen

Je nachdem, welchen Grad die Polynome in der Gleichung besitzen, wendet man zur Lösung verschiedene Verfahren an:

Regeln
- Potenzgleichungen mit Polynomen bis höchstens **ersten Grades** sind lineare Gleichungen – diese können durch **elementare Umformungen** gelöst werden.
- Potenzgleichungen mit Polynomen bis **zweiten Grades** sind quadratische Gleichungen (sofern sich der quadratische Term bei Äquivalenzumformungen nicht aufhebt) – diese können mithilfe der **p-q-Formel** gelöst werden.
- Potenzgleichungen, die ein Polynom mindestens **dritten Grades** enthalten, werden nicht mithilfe einer Formel gelöst. Stattdessen werden alle Summanden auf eine Seite gebracht. Danach wird durch **Probieren** eine Lösung x_1 gesucht und anschließend eine **Polynomdivision** durch $(x - x_1)$ durchgeführt.

Die genannten Verfahren werden in den folgenden Beispielen ausführlich beschrieben.

Beispiele

1. Bestimmen Sie die Lösung der Gleichung $6x + 9 = 11$.

    Lösung:
    Hier liegt eine **lineare Gleichung** vor; als Lösung ergibt sich:
    $6x = 2 \Leftrightarrow x = \frac{1}{3}$

2. Bestimmen Sie die Lösungsmenge der Gleichung $x^2 + 9 = 7x - 3$.

    Lösung:
    Die **quadratische Gleichung** wird mithilfe der **p-q-Formel** gelöst:
    $$x^2 + 9 = 7x - 3 \quad | -7x + 3$$
    $$x^2 - 7x + 12 = 0$$
    $$x_{1;2} = \frac{7}{2} \pm \sqrt{\frac{49}{4} - 12} = \frac{7}{2} \pm \sqrt{\frac{1}{4}} = \frac{7}{2} \pm \frac{1}{2}$$
    $$x_1 = 4; \; x_2 = 3;$$
    $$L = \{3; 4\}$$

3. Bestimmen Sie eine **Potenzgleichung dritten Grades**, die die Lösungen $x_1 = -3; \; x_2 = 2; \; x_3 = -4$ besitzt.

    Lösung:
    Aufgrund der Tatsache, dass ein **Produkt** genau dann **null** ist, wenn einer der **Faktoren null** ist, bildet man zunächst ein Produkt, von dem jeder Faktor eine der geforderten Lösungen besitzt:

    Der Term $x + 3$ ist an der Stelle $x_1 = -3$ gleich null,
    der Term $x - 2$ ist an der Stelle $x_2 = 2$ gleich null und
    der Term $x + 4$ ist an der Stelle $x_3 = -4$ gleich null.

Folglich ist das Produkt $(x+3) \cdot (x-2) \cdot (x+4)$ an den drei Stellen $x_1 = -3$, $x_2 = 2$ und $x_3 = -4$ gleich null, weil an diesen Stellen immer jeweils einer der drei Faktoren null ist. Die Gleichung $(x+3) \cdot (x-2) \cdot (x+4) = 0$ besitzt also die geforderten Lösungen $x_1 = -3$, $x_2 = 2$ und $x_3 = -4$. Multipliziert man das Produkt aus, ergibt sich die gesuchte Potenzgleichung:

$(x+3) \cdot (x-2) \cdot (x+4) = 0$ Ausmultiplizieren der ersten beiden Faktoren
$\Leftrightarrow \quad (x^2 + 3x - 2x - 6) \cdot (x+4) = 0$ Zusammenfassen
$\Leftrightarrow \quad (x^2 + x - 6) \cdot (x+4) = 0$ Ausmultiplizieren
$\Leftrightarrow \quad x^3 + x^2 - 6x + 4x^2 + 4x - 24 = 0$ Zusammenfassen
$\Leftrightarrow \quad x^3 + 5x^2 - 2x - 24 = 0$

Die gesuchte Potenzgleichung lautet: $x^3 + 5x^2 - 2x - 24 = 0$

Beachtenswert ist hierbei, dass das absolute Glied -24 durch Multiplikation der Faktoren $+3$, -2 und 4, also – abgesehen vom Vorzeichen – durch Multiplikation der drei Lösungen entsteht.

Die **Lösungen** sind hier also **Teiler des absoluten Glieds** -24.

4. Bestimmen Sie die Lösung der Gleichung $x^3 - 2x^2 + 7x - 2 = 5x - 1$.

   Lösung:
   Zunächst bringt man **alle Summanden auf die linke Seite**:
   $x^3 - 2x^2 + 7x - 2 = 5x - 1 \quad | -5x + 1$
   $x^3 - 2x^2 + 2x - 1 = 0$

   Nun versucht man, den in Beispiel 3 gefundenen Lösungsweg umzukehren und das **Polynom $x^3 - 2x^2 + 2x - 1$ als Produkt** zu schreiben. Hierfür benötigt man jedoch zunächst eine Lösung der Gleichung $x^3 - 2x^2 + 2x - 1 = 0$, die man durch systematisches Probieren finden kann.

   Finden einer Lösung durch Probieren
   Gute Kandidaten für eine solche Lösung sind – wie im dritten Beispiel erkannt – die Teiler des absoluten Glieds, also die Teiler von -1.
   Als ganzzahlige Lösungen testet man daher die Zahlen -1 und 1:
   -1 eingesetzt: $(-1)^3 - 2 \cdot (-1)^2 + 2 \cdot (-1) - 1 = 0 \Leftrightarrow -1 - 2 - 2 - 1 = 0$
   Dies ist eine falsche Aussage; -1 ist also keine Lösung.
   Setzt man $x = 1$, ergibt sich $1^3 - 2 \cdot 1^2 + 2 \cdot 1 - 1 = 0 \Leftrightarrow 1 - 2 + 2 - 1 = 0$
   und somit eine wahre Aussage; **$x = 1$ ist eine Lösung**.

   Daher ist der Term **$x - 1$ ein Faktor** des gesuchten Produkts:
   $x^3 - 2x^2 + 2x - 1 = (x-1) \cdot$ **Restpolynom**

   Das Restpolynom kann man nun erhalten, indem man $x^3 - 2x^2 + 2x - 1$ durch $(x-1)$ dividiert. Dies wird mittels Polynomdivision realisiert.

Durchführung der Polynomdivision

$$(x^3 - 2x^2 + 2x - 1) : (x - 1) = x^2 - x + 1$$
$$\underline{-(x^3 - x^2)}$$
$$-x^2 + 2x - 1$$
$$\underline{-(-x^2 + x)}$$
$$x - 1$$
$$\underline{-(x - 1)}$$
$$0$$

Also lässt sich das Ausgangspolynom schreiben als:
$x^3 - 2x^2 + 2x - 1 = (x - 1) \cdot (x^2 - x + 1)$

Als weitere Lösungen dieser Gleichung kommen nur noch die Nullstellen des Restpolynoms $(x^2 - x + 1)$ infrage. Deshalb wird dieses **Ergebnis der Polynomdivision** verwendet, um evtl. **weitere Lösungen** zu finden. Dies ist mithilfe der p-q-Formel möglich:

$x^2 - x + 1 = 0 \Leftrightarrow x_{1;2} = \frac{1}{2} \pm \sqrt{\frac{1}{4} - 1}$

Da der Radikand negativ ist, existieren keine weiteren Lösungen der Potenzgleichung. Die Lösungsmenge der Potenzgleichung lautet folglich: $L = \{1\}$

5. Bestimmen Sie eine Lösung der Gleichung $x^4 - x^3 - 7x^2 + x + 6 = 0$.

   Lösung:
   Zunächst wird eine **Lösung durch Probieren** gesucht. Infrage kommen die Teiler von 6, also $-6; -3; -2; -1; 1; 2; 3; 6$.
   $x = 1$: $1^4 - 1^3 - 7 \cdot 1^2 + 1 + 6 = 0 \Leftrightarrow 1 - 1 - 7 + 1 + 6 = 0$ ist wahr.
   Folglich ist $x_1 = 1$ eine Lösung.

   Polynomdivision

   $$(x^4 - x^3 - 7x^2 + x + 6) : (x - 1) = x^3 - 7x - 6$$
   $$\underline{-(x^4 - x^3)}$$
   $$-7x^2 + x + 6$$
   $$\underline{-(-7x^2 + 7x)}$$
   $$-6x + 6$$
   $$\underline{-(-6x + 6)}$$
   $$0$$

   Damit lässt sich das Polynom 4. Grades schreiben als:
   $x^4 - x^3 - 7x^2 + x + 6 = (x - 1) \cdot (x^3 - 7x - 6)$

Zur Lösung der Gleichung $x^3 - 7x - 6 = 0$ wird wieder eine **Lösung durch Probieren** gesucht:

$x = 1$: $\quad 1^3 - 7 \cdot 1 - 6 = 0 \Leftrightarrow 1 - 7 - 6 = 0$ ist eine falsche Aussage;
$x = -1$: $(-1)^3 - 7 \cdot (-1) - 6 = 0 \Leftrightarrow -1 + 7 - 6 = 0$ ist wahr.
Also: $x_2 = -1$ ist eine Lösung.

Polynomdivision

$$
\begin{array}{l}
(x^3 \qquad - 7x - 6) : (x+1) = x^2 - x - 6 \\
\underline{-(x^3 + x^2)} \\
\qquad -x^2 - 7x - 6 \\
\underline{-(\quad -x^2 - x \qquad)} \\
\qquad\qquad -6x - 6 \\
\underline{-(\qquad\quad -6x - 6\,)} \\
\qquad\qquad\qquad 0
\end{array}
$$

Das Ausgangspolynom lässt sich nun schreiben als:
$x^4 - x^3 - 7x^2 + x + 6 = (x-1) \cdot (x+1) \cdot (x^2 - x - 6)$

Weitere Lösungen durch **Anwenden der p-q-Formel** auf das Restpolynom:

$x^2 - x - 6 = 0 \Leftrightarrow x_{3;4} = \frac{1}{2} \pm \sqrt{\frac{1}{4} + 6} \Leftrightarrow x_{3;4} = \frac{1}{2} \pm \frac{5}{2} \Leftrightarrow x_3 = 3; \ x_4 = -2$

Somit ergibt sich die Lösungsmenge $L = \{-2; -1; 1; 3\}$.
Das Ausgangspolynom 4. Grades lässt sich daher mit vier linearen Faktoren schreiben:

$x^4 - x^3 - 7x^2 + x + 6 = \underbrace{(x-1)}_{\substack{\text{aus} \\ \text{1. Polynom-} \\ \text{division}}} \cdot \underbrace{(x+1)}_{\substack{\text{aus} \\ \text{2. Polynom-} \\ \text{division}}} \cdot \underbrace{(x-3) \cdot (x+2)}_{\substack{\text{aus der} \\ \text{p-q-Formel}}}$

Aufgaben **169.** Bestimmen Sie die Lösung der Potenzgleichung:

a) $x^3 - x^2 - 9x + 9 = 0$ \qquad b) $x^3 - 7x + 6 = 0$

c) $x^3 - 2x^2 + 3x - 6 = 0$ \qquad d) $x^3 - 3x - 2 = 0$

e) $x^4 - 2x^3 - 2x^2 - 2x - 3 = 0$ \qquad f) $x^4 + 3x^2 + 1 = 0$

g) $x^4 - 3x^3 - 3x^2 + 7x + 6 = 0$ \qquad h) $x^4 - 2x^3 - 3x^2 + 4x + 4 = 0$

170. Erstellen Sie zur Übung weitere Aufgaben nach folgendem Schema:
- Denken Sie sich einige ganzzahlige Lösungen, z. B. $x_1 = -1$; $x_2 = 1$; $x_3 = 4$.
- Bilden Sie hieraus die Gleichung $(x - x_1) \cdot (x - x_2) \cdot (x - x_3) = 0$, also z. B. $(x + 1) \cdot (x - 1) \cdot (x - 4) = 0$.
- Multiplizieren sie die Klammern aus. Im angegebenen Beispiel ergibt sich $x^3 - 4x^2 - x + 4 = 0$.
- Lösen Sie diese Gleichung; wenn sich nicht die ausgewählten Lösungen ergeben, haben Sie einen Rechenfehler gemacht.

9.5 Exponential- und Logarithmusgleichungen

In den Abschnitten 7.5 und 8.3 wurden Exponential- und Logarithmusfunktionen behandelt. Bei Gleichungen, die Potenzen bzw. Logarithmen enthalten, gibt es ebenfalls eine Lösungsstrategie, die in diesem Abschnitt vorgestellt wird.

Definition **Exponentialgleichungen** sind Gleichungen, welche die zu bestimmende Variable in einem Exponenten enthalten.

Beispiel Welche Gleichungen stellen Exponentialgleichungen dar?
a) $5^x = 9$
b) $7x - 8 = x^5$
c) $3x + 7 = 5^{2x} - 2$

Lösung:
Die Gleichungen a und c stellen Exponentialgleichungen dar, weil jeweils die unbekannte Variable x im Exponenten enthalten ist; Gleichung b hingegen ist keine Exponentialgleichung (sondern eine Potenzgleichung).

Regel **Exponentialgleichungen** werden gelöst, indem man auf beiden Seiten der Gleichung den **Logarithmus** zieht.

Beispiele 1. Bestimmen Sie die Lösung der Gleichung $10^{4x} = 10\,000$.
Lösung:
Da die Basis der Potenz 10 ist, wird der Logarithmus zur Basis 10 gezogen.
$10^{4x} = 10\,000 \quad | \; \lg$
$\lg(10^{4x}) = \lg 10\,000 \;\Leftrightarrow\; 4x = 4 \;\Leftrightarrow\; x = 1 \quad L = \{1\}$

2. Bestimmen Sie die Lösungsmenge der Gleichung $7 \cdot 4^x = 21$.

Lösung:

1. Möglichkeit

$$
\begin{aligned}
& 7 \cdot 4^x = 21 && | \lg \\
\Leftrightarrow\ & \lg(7 \cdot 4^x) = \lg 21 \\
\Leftrightarrow\ & \lg 7 + \lg(4^x) = \lg 21 \\
\Leftrightarrow\ & \lg 7 + x \cdot \lg 4 = \lg 21 && | -\lg 7 \\
\Leftrightarrow\ & x \cdot \lg 4 = \lg 21 - \lg 7 && | : \lg 4 \\
\Leftrightarrow\ & x = \frac{\lg 21 - \lg 7}{\lg 4} = \frac{\lg 3}{\lg 4} \quad L = \left\{ \frac{\lg 3}{\lg 4} \right\}
\end{aligned}
$$

Die Verwendung der Basis 10 für das Logarithmieren bietet den Vorteil, $\frac{\lg 3}{\lg 4}$ mithilfe des Taschenrechners näherungsweise angeben zu können.

2. Möglichkeit (empfohlen)

$$
\begin{aligned}
& 7 \cdot 4^x = 21 && | : 7 \\
\Leftrightarrow\ & 4^x = 3 && | \lg \\
\Leftrightarrow\ & \lg(4^x) = \lg 3 \\
\Leftrightarrow\ & x \cdot \lg 4 = \lg 3 && | : \lg 4 \\
\Leftrightarrow\ & x = \frac{\lg 3}{\lg 4} \quad L = \left\{ \frac{\lg 3}{\lg 4} \right\}
\end{aligned}
$$

Definition

Logarithmusgleichungen sind Gleichungen, bei denen die unbekannte Variable im Argument eines Logarithmus vorkommt.

Beispiel

Welche Gleichungen stellen Logarithmusgleichungen dar?

a) $\log_3 x = 9$

b) $7x - \log_2 8 = x^5$

c) $3x + 7 = \log_2(x+2) - 2$

Lösung:
Die Gleichungen a und c stellen Logarithmusgleichungen dar, weil jeweils die unbekannte Variable x im Argument eines Logarithmus enthalten ist; Gleichung b hingegen ist keine Logarithmusgleichung, weil der $\log_2$ keine Variable enthält.

Regel

Logarithmusgleichungen werden gelöst, indem man beide Seiten der Gleichung mit der Basis des Logarithmus **exponenziert**.

Beispiele

1. Bestimmen Sie die Lösung der Gleichung $\lg(4x) = 6$.

   Lösung:
   $$\lg(4x) = 6 \quad | \text{ Exponenzieren mit } 10$$
   $$10^{\lg(4x)} = 10^6 \quad | \text{ T } (10^{\lg z} = z)$$
   $$4x = 10^6$$
   $$x = 250\,000 \quad L = \{250\,000\}$$

2. Bestimmen Sie die Lösungsmenge der Gleichung $7 + \log_3(4x) = 2$.

   Lösung:
   $$7 + \log_3(4x) = 2 \quad | -7$$
   $$\log_3(4x) = -5 \quad | \text{Exponenzieren zur Basis } 3$$
   $$3^{\log_3(4x)} = 3^{-5} \quad | \text{T } (3^{\log_3 z} = z)$$
   $$4x = 3^{-5} = \tfrac{1}{243} \quad |:4$$
   $$x = \tfrac{1}{972} \quad L = \left\{\tfrac{1}{972}\right\}$$

Aufgaben

171. Bestimmen Sie die Lösungsmenge der Gleichung:

a) $2^x = 32$ \qquad b) $3^x = 81$

c) $5^x - 3 = 2$ \qquad d) $3 \cdot 2^{3x} - 6 = 18$

172. Bestimmen Sie die Lösungsmenge der Gleichung:

a) $\log_2 x = 4$ \qquad b) $\log_3 x = 5$

c) $\log_2(x+3) = 4$ \qquad d) $\log_5(2x+1) = 1$

e) $2 \cdot \log_2 x = 6$ \qquad f) $\log_2\left(\tfrac{x}{3}\right) - \log_2 8 = 1$

9.6 Trigonometrische Gleichungen

Definition

Trigonometrische Gleichungen sind Gleichungen, in denen die zu bestimmende Variable im Argument einer Sinus-, Cosinus- oder Tangensfunktion steht.

Spezielle Gleichungen und Ungleichungen ◆ 145

Bei der Lösung einer trigonometrischen Gleichung sind folgende Besonderheiten zu beachten:

Regel
- Wenn bei trigonometrischen Gleichungen die Unbekannte durch einen griechischen Buchstaben, z. B. α, dargestellt wird, wird im **Gradmaß** gerechnet, andernfalls wird das **Bogenmaß** verwendet.
- Bei der Lösung trigonometrischer Gleichungen ist die **Periodizität** zu beachten; dies hat bei entsprechender Wahl der Definitionsmenge unter Umständen unendlich viele Lösungen zur Folge.

In den nachfolgenden Beispielen wird detailliert beschrieben, wie sich trigonometrische Gleichungen effizient lösen lassen.

Beispiele
1. Bestimmen Sie im Intervall [0; 360°] die Lösungen der Gleichung $2 \cdot \sin \alpha - 1 = 0$.

   Lösung:
   Hier liegt eine Gleichung im **Gradmaß** vor.

   1. Schritt:
   Zunächst wird der **trigonometrische Term auf eine Seite der Gleichung** isoliert:
   $2 \cdot \sin \alpha - 1 = 0 \Leftrightarrow 2 \cdot \sin \alpha = 1 \Leftrightarrow \sin \alpha = \frac{1}{2}$

   2. Schritt:
   Nun wird das **Schaubild der passenden trigonometrischen Funktion** gezeichnet, in diesem Fall der Funktion f mit $f(\alpha) = \sin \alpha$; α im Gradmaß.

   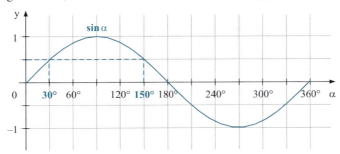

   3. Schritt:
   Anhand des Schaubilds werden die **zu der Gleichung passenden Winkel** bestimmt, also in diesem Fall diejenigen Winkel, für die der Sinus den Wert $\frac{1}{2}$ annimmt. Wie in Abschnitt 7.6 beschrieben, nimmt die Sinusfunktion für den Winkel $\boldsymbol{\alpha_1 = 30°}$ den Wert $\frac{1}{2}$ an.

Am Schaubild ist gut zu erkennen, dass dieser Wert $\frac{1}{2}$ auch bei dem Winkel von $\alpha_2 = 180° - 30° = \mathbf{150°}$ angenommen wird. Als Lösung der trigonometrischen Gleichung ergibt sich: $L = \{30°; 150°\}$

2. Bestimmen Sie die Lösung der Gleichung $4\cos x + 2 = 0$; $x \in \mathbb{R}$.

   Lösung:
   Hier wird im **Bogenmaß** gearbeitet.

   1. Schritt: Isolation des trigonometrischen Terms:
   $4\cos x + 2 = 0 \Leftrightarrow 4\cos x = -2 \Leftrightarrow \cos x = -\frac{1}{2}$

   2. Schritt: Zeichnen der zugehörigen trigonometrischen Funktion f mit $f(x) = \cos x$; x im Bogenmaß.

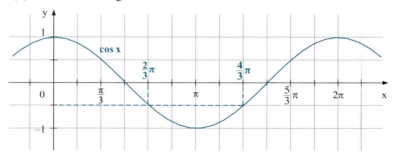

   3. Schritt: Bestimmen der Lösungen anhand des Schaubilds
   Im Bogenmaß ergibt sich für die Gleichung $\cos x = -\frac{1}{2}$ die **erste Lösung** $\mathbf{x_1 = \frac{2}{3}\pi}$. Als **zweite Lösung** innerhalb einer Periodenlänge entnimmt man aus dem Schaubild $\mathbf{x_2 = \frac{4}{3}\pi}$.

   4. Schritt: Übertragung der Lösungen auf die Definitionsmenge $D = \mathbb{R}$
   Unter Berücksichtigung der **Periodenlänge 2π** folgen aus der ersten Lösung unendlich viele weitere Lösungen
   $\mathbf{x_3 = \frac{2}{3}\pi + 2\pi}$; $\mathbf{x_4 = \frac{2}{3}\pi + 2 \cdot 2\pi}$; $\mathbf{x_5 = \frac{2}{3}\pi + 3 \cdot 2\pi}$ usw.,

   die sich alle durch **Addition eines ganzzahligen Vielfachen von 2π** ergeben und in der Form $\frac{2}{3}\pi + k \cdot 2\pi$; $k \in \mathbb{Z}$ notiert werden können.
   Ebenso erfolgen aus der zweiten Lösung
   $\mathbf{x_6 = \frac{4}{3}\pi + 2\pi}$; $\mathbf{x_7 = \frac{4}{3}\pi + 2 \cdot 2\pi}$; $\mathbf{x_8 = \frac{4}{3}\pi + 3 \cdot 2\pi}$ usw.,

   die sich analog als $\frac{4}{3}\pi + k \cdot 2\pi$; $k \in \mathbb{Z}$ schreiben lassen.
   Insgesamt erhält man somit als Lösungsmenge:
   $L = \left\{\frac{2}{3}\pi + k \cdot 2\pi; \ \frac{4}{3}\pi + k \cdot 2\pi \mid k \in \mathbb{Z}\right\}$

Aufgaben 173. Bestimmen Sie für $0° \leq \alpha \leq 360°$ die Lösungsmenge:

    a) $\sin \alpha = -1$ b) $\cos \alpha = 0$

    c) $\cos \alpha = \frac{1}{2}$ d) $\sin \alpha = 0$

174. Bestimmen Sie im Intervall $0 \leq x \leq 2\pi$ die Lösungsmenge:

    a) $\cos x = -1$ b) $\sin x = 1$

    c) $\cos x = 1$ d) $\sin x = \frac{1}{2}$

175. Geben Sie für $x \in \mathbb{R}$ alle Lösungen der Gleichung an:

    a) $\cos x = \frac{1}{2}\sqrt{2}$ b) $\sin x = -1$

9.7 Gleichungslösen mittels Substitution

Wenn eine Gleichung an mehreren Stellen gleichartige Teilterme enthält, dann bietet sich bei der Lösung dieser Gleichung das Verfahren der Substitution an. Hierdurch entsteht eine einfache Gleichung, die sich leichter lösen lässt.

Definition   Ersetzt man einen Teilterm durch einen anderen Term (oder eine Variable), dann nennt man diesen Vorgang **Substitution**.

Beispiel   Substituieren Sie in der Gleichung $x^6 + 9x^3 - 10 = 0$ den Teilterm x^3 durch u.

Lösung:
Setzt man $\mathbf{u = x^3}$ und verwendet man die Eigenschaft, dass $x^6 = (x^3)^2$ ist, dann kann man x^6 durch $(x^3)^2 = u^2$ ersetzen, sodass man für die Ausgangsgleichung erhält: $x^6 + 9x^3 - 10 = 0 \Leftrightarrow u^2 + 9u - 10 = 0$

Eine spezielle Gleichungsart, die man mithilfe der Substitution lösen kann, sind biquadratische Gleichungen:

Definition   Eine **biquadratische Gleichung** ist eine Gleichung der Form $ax^4 + bx^2 + c = 0$.

In einer biquadratischen Gleichung kommen nur die Exponenten 4 und 2 bei der freien Variablen vor. Solche biquadratischen Gleichungen lassen sich durch eine Substitution vereinfachen.

Spezielle Gleichungen und Ungleichungen

Beispiel

Substituieren Sie in der Gleichung $6x^4 + 9x^2 = 11$ den Term x^2 durch u.

Lösung:
Da sich die Gleichung $6x^4 + 9x^2 = 11$ auch in der Form $6(\mathbf{x^2})^2 + 9\mathbf{x^2} = 11$ schreiben lässt, ergibt die Substitution die quadratische Gleichung:
$6\mathbf{u}^2 + 9\mathbf{u} = 11$

Mithilfe einer Substitution lassen sich oft auch Gleichungen lösen, die ansonsten nicht oder nur sehr schwer lösbar wären:

Regel

Gleichungen dritten oder höheren Grades lassen sich in der Regel nicht mehr exakt lösen. Eine Ausnahme davon bilden Gleichungen, bei denen durch eine geeignete Substitution eine einfachere lösbare Gleichung entsteht.
Biquadratische Gleichungen sind immer durch Substitution lösbar.

Wie Gleichungen mithilfe einer Substitution gelöst werden können, wird anhand einiger Beispiele erläutert:

Beispiele

1. Bestimmen Sie eine Lösung der Gleichung $x^6 - 6x^3 + 8 = 0$.

    Lösung:
    1. Schritt: Bestimmung der geeigneten Substitution
    Die Potenz x^6 lässt sich als $(x^3)^2$ schreiben, sodass x^3 durch u substituiert werden kann: $\mathbf{u = x^3}$
    Damit ergibt sich als neue Gleichung:
    $x^6 - 6x^3 + 8 = 0 \Leftrightarrow (\mathbf{x^3})^2 - 6\mathbf{x^3} + 8 = 0 \Leftrightarrow \mathbf{u}^2 - 6\mathbf{u} + 8 = 0$

    2. Schritt: Lösen der entstandenen Gleichung
    $u^2 - 6u + 8 = 0 \Leftrightarrow u_{1;2} = 3 \pm \sqrt{9-8} = 3 \pm 1; \ u_1 = 2; \ u_2 = 4$

    3. Schritt: Rücksubstitution
    Rücksubstitution bedeutet, dass man die Lösung in die Substitutionsgleichung einsetzt und damit die Lösungsmenge der Ausgangsgleichung bestimmt:
    $u_1 = 2$ wird in die Substitutionsgleichung $\mathbf{u = x^3}$ eingesetzt:
    $\mathbf{u_1 = 2 = x_1^3} \Leftrightarrow x_1 = \sqrt[3]{2}$

    $u_2 = 4$ wird ebenso eingesetzt:
    $\mathbf{u_2 = 4 = x_2^3} \Leftrightarrow x_2 = \sqrt[3]{4}$

    Die Gleichung $x^6 - 6x^3 + 8 = 0$ besitzt die Lösungsmenge $L = \{\sqrt[3]{2}; \sqrt[3]{4}\}$.

2. Bestimmen Sie die Lösung der Gleichung $x^4 - 13x^2 + 36 = 0$.

   Lösung:
   $x^4 - 13x^2 + 36 = 0 \Leftrightarrow (x^2)^2 - 13x^2 + 36 = 0$

   Substitution: Man ersetzt in dieser Gleichung x^2 durch z, $\mathbf{z = x^2}$, und löst diese Gleichung.

   $z^2 - 13z + 36 = 0 \Leftrightarrow z_{1;2} = \frac{13}{2} \pm \sqrt{\frac{169}{4} - 36} = \frac{13}{2} \pm \frac{5}{2} \quad z_1 = 9;\ z_2 = 4$

   Rücksubstitution: Die Variable z wird wieder durch x^2 ersetzt.
   $z = 9 \Leftrightarrow x^2 = 9 \Leftrightarrow x_1 = -3;\ x_2 = 3$
   $z = 4 \Leftrightarrow x^2 = 4 \Leftrightarrow x_3 = -2;\ x_4 = 2$
   $L = \{-3; -2; 2; 3\}$

3. Bestimmen Sie die Lösung der Gleichung $4^{6x} - 5 \cdot 4^{3x} + 4 = 0$.

   Lösung:
   $4^{6x} - 5 \cdot 4^{3x} + 4 = 0 \Leftrightarrow (4^{3x})^2 - 5 \cdot 4^{3x} + 4 = 0$

   Substitution: $\mathbf{z = 4^{3x}}$

   $z^2 - 5z + 4 = 0 \Leftrightarrow z_{1;2} = \frac{5}{2} \pm \sqrt{\frac{25}{4} - 4} = \frac{5}{2} \pm \frac{3}{2} \quad z_1 = 4;\ z_2 = 1.$

   Rücksubstitution:
   $z = 4 \Leftrightarrow 4^{3x} = 4 \Leftrightarrow 3x = 1 \Leftrightarrow x_1 = \frac{1}{3}$
   $z = 1 \Leftrightarrow 4^{3x} = 1 \Leftrightarrow 3x = 0 \Leftrightarrow x_2 = 0$
   $L = \{0; \frac{1}{3}\}$

4. Bestimmen Sie im Intervall $[0; 2\pi]$ die Lösung der Gleichung $2(\sin x)^2 - 3\sin x + 1 = 0$.

   Lösung:
   Substitution: $\mathbf{z = \sin x}$

   $2(\sin x)^2 - 3\sin x + 1 = 0 \Leftrightarrow 2z^2 - 3z + 1 = 0 \quad |:2$
   $\Leftrightarrow z^2 - \frac{3}{2}z + \frac{1}{2} = 0$
   $\Leftrightarrow z_{1;2} = \frac{3}{4} \pm \sqrt{\frac{9}{16} - \frac{1}{2}} = \frac{3}{4} \pm \frac{1}{4}$
   $z_1 = \frac{1}{2};\ z_2 = 1$

   Rücksubstitution:
   $z = \frac{1}{2} \Leftrightarrow \sin x = \frac{1}{2} \Leftrightarrow x_1 = \frac{\pi}{6};\ x_2 = \frac{5}{6}\pi$
   $z = 1 \Leftrightarrow \sin x = 1 \Leftrightarrow x_3 = \frac{\pi}{2}$
   $L = \{\frac{\pi}{6}; \frac{\pi}{2}; \frac{5}{6}\pi\}$

Aufgaben

176. Substituieren Sie die Terme so, dass einfachere Terme entstehen:
- a) $x^4 - 4x^2 + 7$
- b) $x^6 - 4x^2 + 3$
- c) $x^{12} - 4x^9 + 3x^3$
- d) $x - 5\sqrt{x} + 3$ $(u = \sqrt{x})$
- e) $\sin^2 x - 5\sin x + 2$
- f) $2^{2x} - 5 \cdot 2^x + 3$
- g) $4^x - 2^x + 3$ $(u = 2^x)$
- h) $27^x - 4 \cdot 9^x + 3^x - 1$
- i) $16^x + 4^{x+1} + 3$

177. Lösen Sie die Gleichung durch eine geeignete Substitution:
- a) $x^4 - 4x^2 - 12 = 0$
- b) $x^6 - 9x^3 + 8 = 0$
- c) $2x^8 - 34x^4 + 32 = 0$

178. Lösen Sie die Gleichungen:
- a) $x - \sqrt{x} - 6 = 0$ $(u = \sqrt{x})$
- b) $2^{2x} + 7 \cdot 2^x + 12 = 0$ $(u = 2^x)$
- c) $9^x - 3^x - 72 = 0$
- d) $4^x - 3 \cdot 2^{x+1} - 16 = 0$
- e) $\sin^2 x - \sin x = 0$ $(0 \le x \le 2\pi)$

10 Aufgabenmix

In diesem Kapitel werden in bunter Mischung Aufgaben zur Wiederholung und Kontrolle angeboten.
Diese Aufgaben umfassen alle besprochenen Aspekte der Algebra und dienen Ihnen zur Überprüfung, ob Sie die entsprechenden Inhalte wirklich beherrschen. Die Aufgaben sind in Form von **Aufgabenblocks** gruppiert, wobei die **Aufgabenschwierigkeit** innerhalb jeden Blocks zunimmt. Für die Bearbeitung eines einzelnen Aufgabenblocks sollten Sie sich ca. **30 bis 45 Minuten** Zeit nehmen und erst danach die Lösung des gesamten Blocks überprüfen. Wenn Sie bei der einen oder anderen Aufgabe Defizite entdecken, dann arbeiten Sie die entsprechenden Kapitel dieses Buches nochmals durch.

Aufgabenblock 1

179. Berechnen Sie den Term $27 - [-33 + 2 \cdot (7 - 3 \cdot 4)] \cdot 5$.

180. Vereinfachen Sie $(4x^4 - 3x^3 - 5x^2) : x^2$.

181. Lösen Sie die Gleichung $\frac{1}{x+3} - \frac{2}{2x-6} = \frac{5}{3x^2 - 27}$.

182. Bestimmen Sie sämtliche Lösungen der Gleichung
$x^4 - 7x^3 + 5x^2 + 31x - 30 = 0$.

183. Bestimmen Sie die Lösungsmenge des Gleichungssystems in Abhängigkeit vom Parameter a:
$3x - 2y + z = -2$
$x + 2y = 1$
$5x + 2y + z = a$

184. Geben Sie die Periodenlänge von f mit $f(x) = 3 \cdot \sin(2x) + 1$ an.
Beschreiben Sie, wie das Schaubild von f aus der Sinuskurve $y = \sin x$ entsteht und skizzieren Sie das Schaubild von f.

Aufgabenblock 2

185. Vereinfachen Sie $\sqrt{27} \cdot \sqrt{3} - \sqrt{40} \cdot \sqrt{10}$.

186. Lösen Sie die Gleichung $7x - 2 \cdot (-3 + 2x) = 9 \cdot (x - 7)$.

187. Zeichnen Sie die Geraden g: $y = 2x - 5$ und h: $y = -\frac{1}{2}x - 2$.

188. Bestimmen Sie die Lösungsmenge der Ungleichung
$5x - 3 \leq 2 \cdot (x - 2) - 4 \cdot (3 - 2x)$.

189. Bestimmen Sie Lösungsmenge der Gleichung $\sqrt{2x+5} = 5 - 4x$.

190. Bestimmen Sie die Umkehrfunktion von f mit $f(x) = x^2 - 4x;\ x \geq 2$.

Aufgabenblock 3

191. Vereinfachen Sie $\dfrac{27 - 2 \cdot [(3 - 2 \cdot 5) \cdot (-1)] \cdot (-1) - (5 - 3^2)}{17 - [28 - 4 \cdot (18 - 4 \cdot 5)] : (-4)}$.

192. Lösen Sie das Gleichungssystem:
$4x - 2y + z = 5$
$2x + 3y - 2z = 2$
$5x - 4y - 3z = 22$

193. Bestimmen Sie die Nullstellen der Funktion f mit $f(x) = -2x^2 + 14x + 36$.

194. Lösen Sie die Gleichung $7x - 3a = 2ax$ in Abhängigkeit vom Parameter a.

195. Bestimmen Sie die Lösungsmenge der Gleichung $\dfrac{3x - 11}{2x + 1} = \dfrac{x - 3}{3x - 3}$.

196. Lösen Sie die Gleichung $2^{2x} - 8 \cdot 2^x = 0$.

Aufgabenblock 4

197. Vereinfachen Sie $\left(\dfrac{3^5 \cdot 2^3}{8^2 \cdot 9^2}\right)^3 \cdot \left(\dfrac{4^5 \cdot 7^6}{49^3 \cdot 2^7}\right)^2$.

198. Vereinfachen Sie $(3x-5y) \cdot (3x+5y) - (2x+4y)^2 - (3y-2x)^2$.

199. Lösen Sie die Gleichung $3 \cdot 2^n - 20 = 4$ nach n auf.

200. Bestimmen Sie die maximale Definitionsmenge und vereinfachen Sie den Term $\dfrac{3+x}{15x-25} + \dfrac{2x-1}{6x-10} - \dfrac{3}{12x-20}$.

201. Bestimmen Sie die maximale Definitionsmenge des Terms $\dfrac{\sqrt{2x-8}}{x-8} + \log_2(12-x)$.

202. Bestimmen Sie die Lösungsmenge $x^6 - 9x^3 + 8 = 0$.

203. Bestimmen Sie im Intervall $[0; 2\pi]$ alle Lösungen der Gleichung $2 \cdot \cos x = 1$.

Aufgabenblock 5

204. Vereinfachen Sie $\sqrt[3]{27} - \sqrt[4]{256} + \sqrt{25}$.

205. Ergänzen Sie den Term quadratisch: $x^2 - 40x$

206. Lösen Sie die Gleichung $2u^2 - 42u + 180 = 0$.

207. Bestimmen Sie die Lösungsmenge $\dfrac{x+1}{x-2} < \dfrac{x-1}{x+2}$.

208. Beschreiben Sie, wie die Funktion f mit $f(x) = (x-4)^2 + 1$ aus dem Schaubild der Parabel $y = x^2$ entsteht und geben Sie den Scheitel des Schaubilds von f an.

209. Bestimmen Sie die Funktionsgleichungen:

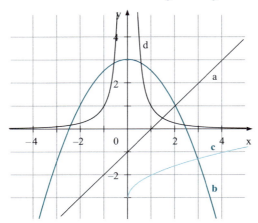

210. Bestimmen Sie die Lösungsmenge des Gleichungssystems (a ist Parameter):
$$x + y - z = 1$$
$$x - y + z = 3$$
$$x - ay + z = 1$$

Aufgabenblock 6

211. Vereinfachen Sie $\left(24^{\frac{1}{2}} - 96^{\frac{1}{2}}\right) \cdot \sqrt{3}$.

212. Klammern Sie möglichst viel aus: $\sqrt{x^3 y^5 z^2} - \sqrt{2x^5 y^3 z^4} + 3\sqrt{x^5 y^5 z^6}$

213. Führen Sie die Polynomdivision mit Rest aus: $(2x^3 - 7x^2 + 4) : (x - 2)$

214. Vereinfachen Sie $\dfrac{x+1}{2x-y} - \dfrac{y+1}{2x+y} - \dfrac{2x^2 - xy + y^2}{4x^2 - y^2}$.

215. Bestimmen Sie die Gleichung der Parabel zweiter Ordnung, die ihren Scheitel in S(3|2) hat und durch den Punkt P(2|−2) geht.

216. Lösen Sie die Ungleichung $\sqrt{x-3} < 5$.

217. Bestimmen Sie die Lösungsmenge $x^4 - 11x^2 + 18 = 0$.

Aufgabenblock 7

218. Berechnen Sie $|4-18|-|2-3\cdot 5|$.

219. Bestimmen Sie die Gleichung der Parallelen zur ersten Winkelhalbierenden durch den Punkt A(4|7).

220. Vereinfachen Sie $\left(\frac{2x^3b^4}{5y^2b}\right)^n : \left(\frac{x^2b^3}{10y^3b^2}\right)^n$.

221. Führen Sie die Polynomdivision aus: $(x^4 - 7x^3 + 13x^2 - 6x + 9) : (x-3)$

222. Bestimmen Sie den Scheitel der Parabel mit der Gleichung $y = 2x^2 - 6x + 2$.

223. Bestimmen Sie die Lösungsmenge: $\log_3 x + 3 = 5$

224. Wie groß ist die Periodenlänge der Funktion f mit $f(x) = -3\sin(\frac{x}{3} - 4)$?

Aufgabenblock 8

225. Zeichnen Sie das Schaubild der Hyperbel mit der Gleichung $y = \frac{8}{x^3}$.

226. Vereinfachen Sie $\frac{3x}{2x^2 - 8} + \frac{8}{2+x} - \frac{3}{6-3x}$.

227. Bestimmen Sie die Gleichung der Gerade durch die Punkte A(3|1) und B(−1|−7).

228. Bestimmen Sie die Lösungsmenge: $\frac{x^2 - 4x}{2x+3} - \frac{x^2 - 2}{3 - 2x} = \frac{5x+6}{9 - 4x^2}$

229. Bestimmen Sie die Lösungsmenge: $\sqrt{x-3} - 2x = 3 - 3x$

230. Bestimmen Sie die Lösungsmenge in Abhängigkeit des Parameters a:
$x^2 - 10x + a = 0$

231. Bestimmen Sie die Lösungsmenge der Ungleichung $(x-2)\cdot(x+3) < 0$.

Aufgabenblock 9

232. Berechnen Sie $\log_3 27 - 2 \cdot \log_5 125 + \log_2 32$.

233. Vereinfachen Sie $\sqrt{6x^3y} \cdot \sqrt{24xy^5}$.

234. Bestimmen Sie die Schnittpunkte der Schaubilder von f und g mit
$f(x) = x^2 - 7x + 3$ und $g(x) = -2x - 3$.

235. Bestimmen Sie die Lösungsmenge: $6x^4 - 18x^3 + 6x^2 + 18x - 12 = 0$

236. Bestimmen Sie die Lösungsmenge: $\frac{3}{x+1} - 2 > 0$

237. Bestimmen Sie die Lösungsmenge: $2x + 14\sqrt{x} = 16$

238. Bestimmen Sie die Lösungsmenge (a ist Parameter): $\frac{x+a}{x-a} = 1$

Aufgabenblock 10

239. Faktorisieren Sie $12x^2y^3 - 48xy^4 + 48y^5$.

240. Vereinfachen Sie $\frac{3x - y - [5y - 4 \cdot (x - 2y)] \cdot (-2)}{5 \cdot (5y - x)}$.

241. Bestimmen Sie die Lösungsmenge: $3^{2x} - 27^{x+2} = 0$

242. Bestimmen Sie die maximale Definitionsmenge und lösen Sie die Gleichung
$\sqrt{x^2 - 4x} = x + 2$.

243. Bestimmen Sie die Lösungsmenge der Betragsungleichung $|x + 3| \leq 8$.

244. Bestimmen Sie die Lösungsmenge des Gleichungssystems:
$4x - 3y + 7z = 1$
$3x + 5y - 4z = 3$
$11x - y + 10z = 5$

245. Bestimmen Sie die Lösungsmenge der Gleichung $3ax - 7 = a + 1$ mit a als Parameter.

Lösungen

1.

„gehört zu"	$\mathbb{N}^*$	$\mathbb{N}$	$\mathbb{Z}$	$\mathbb{Q}$	$\mathbb{R}$
7	ja	ja	ja	ja	ja
$-0{,}2$	nein	nein	nein	ja	ja
$\frac{3}{4}$	nein	nein	nein	ja	ja
$-\frac{8}{2} = -4$	nein	nein	ja	ja	ja
$\sqrt{16} = 4$	ja	ja	ja	ja	ja
$-9{,}\overline{5} = -9\frac{5}{9}$	nein	nein	nein	ja	ja
$\sqrt{7}$	nein	nein	nein	nein	ja
4π	nein	nein	nein	nein	ja
0	nein	ja	ja	ja	ja
$10\frac{1}{3}$	nein	nein	nein	ja	ja
7,111	nein	nein	nein	ja	ja
-8	nein	nein	ja	ja	ja
$\sqrt{5\pi}$	nein	nein	nein	nein	ja
$200\,\% = 2$	ja	ja	ja	ja	ja
$\sqrt{-3}$	nein	nein	nein	nein	nein

2. Hier sind jeweils viele Antworten denkbar:
   a) z. B. -3; -7; -22; -200; -999
   b) z. B. $1{,}2$; $-3{,}8$; $\frac{7}{3}$; $2\frac{1}{2}$; $-\frac{1}{8}$
   c) z. B. π; $\sqrt{2}$; $\sqrt{33}$; 9π; $4+\pi$

3. a) Mögliche Anwendung des Kommutativgesetzes:
   $27 - 13 + 45 - 17$ Kommutativgesetz
   $= 27 + 45 - 13 - 17$ Assoziativgesetz
   $= (27 + 45) + (-13 - 17) = 72 + (-30) = 72 - 30 = 42$

b) $3 \cdot (-9) + (-4) \cdot 3 = -27 + (-12) = -27 - 12 = -39$

c) $-(3 - 5 \cdot 2) - (7 + 4) = -(3 - 10) - 11 = -(-7) - 11 = 7 - 11 = -4$

d) $8 + \frac{4}{5} \cdot \left(-3 - \frac{3}{4}\right) = 8 + \frac{4}{5} \cdot \left(-\frac{12}{4} - \frac{3}{4}\right) = 8 + \frac{4}{5} \cdot \left(-\frac{15}{4}\right) = 8 - \frac{4 \cdot 15}{5 \cdot 4} = 8 - 3 = 5$

e) $(3 - 5 : 7) - 6 : (-3) = \left(3 - \frac{5}{7}\right) + \frac{6}{3} = 2\frac{2}{7} + 2 = 4\frac{2}{7}$

f) $27 : (-3) : (-5) : (-9) = -9 : (-5) : (-9) = \frac{9}{5} : (-9) = -\frac{1}{5}$

4. a) $2 + (-3 + 4 \cdot 3) \cdot 2 = 2 + (-3 + 12) \cdot 2 = 2 + 9 \cdot 2 = 2 + 18 = 20$

b) $3 \cdot (4 - (-5)) + 2 \cdot 3 = 3 \cdot (4 + 5) + 2 \cdot 3 = 3 \cdot 9 + 6 = 27 + 6 = 33$

c) $3 \cdot 2 - (4 - 9) \cdot 8 + 2 \cdot 5 = 6 - (-5) \cdot 8 + 10 = 6 + 40 + 10 = 56$

d) $8 - 7 \cdot (3 + 3^2) + 5 \cdot 8 = 8 - 7 \cdot (3 + 9) + 40 = 8 - 7 \cdot 12 + 40 = 8 - 84 + 40 = -36$

5. a) $\sqrt{25} = 5$, weil $5^2 = 25$

b) $\sqrt{0,25} = 0,5$, weil $0,5^2 = 0,25$

c) $\sqrt{4\,900} = 70$, weil $70^2 = 4\,900$

d) $\sqrt{36 \cdot 49} = \sqrt{6 \cdot 6 \cdot 7 \cdot 7} = \sqrt{42 \cdot 42} = 42$

e) $\sqrt{z^8} = z^4$, weil $(z^4)^2 = z^8$ Ein Betrag ist nicht erforderlich, da $z^4 \geq 0$.

f) $\sqrt{u^2 v^4} = |uv^2|$, weil $|uv^2|^2 = u^2 v^4$ Ein Betrag ist erforderlich, weil u auch negativ sein könnte.

6. a) $|-7,09| = 7,09$

b) $|-2| - |-8| = 2 - 8 = -6$

c) $|\sqrt{9}| = \sqrt{9} = 3$

d) $|a^4| = a^4$ (a^4 ist immer größer oder gleich 0)

7. a) $3 - 5 \cdot (-2 + 9) - (5 - (-4) \cdot 3) = 3 - 5 \cdot 7 - (5 + 12) = 3 - 35 - 17 = -49$

b) $[7 - 5 \cdot (3 - 2 \cdot 5) - 9] \cdot 6 - 3 \cdot 2 = [7 - 5 \cdot (-7) - 9] \cdot 6 - 6 = [7 + 35 - 9] \cdot 6 - 6$
$= 33 \cdot 6 - 6 = 198 - 6 = 192$

c) $(27 + 8 \cdot (-2 - 1)) \cdot (-4) = (27 + \mathbf{8 \cdot (-3)}) \cdot (-4)$
   $= \mathbf{(27 - 24)} \cdot (-4) = 3 \cdot (-4) = -12$

d) $(-2)^3 + (-1)^4 - 7 \cdot (-3 + 5)^2 = -8 + 1 - 7 \cdot \mathbf{2^2} = -7 - \mathbf{7 \cdot 4} = -7 - 28 = -35$

e) $13 - [5 - 3 \cdot (-2)] \cdot (-4 + 2 \cdot 3) = 13 - [\mathbf{5 + 6}] \cdot (-4 + 6) = 13 - \mathbf{11 \cdot 2}$
   $= 13 - 22 = -9$

f) $8 + 7 \cdot (-5 + 4 \cdot [6 - 2 \cdot (-5 + 7)]) = 8 + 7 \cdot (-5 + 4 \cdot [\mathbf{6 - 2 \cdot 2}])$
   $= 8 + 7 \cdot (\mathbf{-5 + 4 \cdot 2}) = 8 + 7 \cdot 3 = 8 + 21 = 29$

g) $\frac{2}{3} \cdot \left(-3 + 4 \cdot \frac{\mathbf{1}}{\mathbf{2}}\right) - \left(-\frac{\mathbf{1}}{\mathbf{2}} - \frac{\mathbf{1}}{\mathbf{3}}\right) \cdot (-5) = \frac{2}{3} \cdot (\mathbf{-3 + 2}) - \left(-\frac{\mathbf{3}}{\mathbf{6}} - \frac{\mathbf{2}}{\mathbf{6}}\right) \cdot (-5)$
   $= \frac{2}{3} \cdot (\mathbf{-1}) - \left(-\frac{\mathbf{5}}{\mathbf{6}}\right) \cdot (\mathbf{-5}) = -\frac{2}{3} - \frac{25}{6} = -\frac{4}{6} - \frac{25}{6} = -\frac{29}{6} = -4\frac{5}{6}$

h) $\frac{3 \cdot 7 - 19}{2 \cdot (-3 + 2 \cdot 5)} - 7 \cdot \left(\frac{3}{4} - (\mathbf{-3}) \cdot \frac{\mathbf{1}}{\mathbf{2}}\right) = \frac{21 - 19}{2 \cdot 7} - 7 \cdot \left(\frac{3}{4} + \frac{3}{2}\right)$
   $= \frac{2}{2 \cdot 7} - 7 \cdot \frac{\mathbf{9}}{\mathbf{4}} = \frac{1}{7} - \frac{63}{4} = \frac{4}{28} - \frac{441}{28} = -\frac{437}{28} = -15\frac{17}{28}$

8. a) $\frac{4 - (-5)}{3 + 2 \cdot (-2)} - \frac{3}{4} \cdot \frac{-5 - (-3) \cdot 3}{-2 + (-5) \cdot (-1)} = \frac{9}{-1} - \frac{3}{4} \cdot \frac{4}{3} = -9 - 1 = -10$

b) $40 - [25 - (-8 + 2) \cdot (3 - 7 \cdot 2) + 4] \cdot (6 \cdot 2 - 4 \cdot (-3))$
   $= 40 - [25 + 6 \cdot (3 - 14) + 4] \cdot (12 + 12) = 40 - [25 - 66 + 4] \cdot 24$
   $= 40 - (-37) \cdot 24 = 40 + 888 = 928$

c) $\frac{14 - [8 - 5 \cdot (-6 + 9) - 6 \cdot 5] \cdot (-4 + 3 \cdot (-2))}{6 - 3 \cdot (5 - 2 \cdot 4) - (4 \cdot (-5) + 13) \cdot (-3)}$
   $= \frac{14 - [8 - 5 \cdot 3 - 30] \cdot (-4 - 6)}{6 - 3 \cdot (-3) - (-20 + 13) \cdot (-3)} = \frac{14 - [-37] \cdot (-10)}{6 + 9 - (-7) \cdot (-3)} = \frac{14 - 370}{6 + 9 - 21}$
   $= \frac{-356}{-6} = 59\frac{1}{3}$

d) $\frac{4}{5} - \left[\frac{2}{3} - \left(\frac{2}{5} + \frac{1}{10}\right) \cdot \left(3 - \frac{3}{4} \cdot 2\right) + \frac{5}{6}\right] - \left(\frac{1}{3} \cdot \frac{3}{5} - 4 \cdot \left(-\frac{3}{20}\right)\right)$
   $= \frac{4}{5} - \left[\frac{2}{3} - \frac{1}{2} \cdot \frac{3}{2} + \frac{5}{6}\right] - \left(\frac{1}{5} + \frac{3}{5}\right) = \frac{4}{5} - \left[\frac{2}{3} - \frac{3}{4} + \frac{5}{6}\right] - \frac{4}{5}$ $\quad\left(\frac{4}{5} \text{ hebt sich auf}\right)$
   $= -\left[\frac{8}{12} - \frac{9}{12} + \frac{10}{12}\right] = -\frac{9}{12} = -\frac{3}{4}$

9. abc; $3z^8$; Auto; $6a - 3 + b$ sind Terme

$3z8$; $\frac{6}{u7}$; $7 - + 3a$ sind keine Terme

10. Die Terme a und b sind Polynome. Der Grad des Polynoms ist 3 bzw. 6. Term c ist kein Polynom, weil die Variable x im Nenner steht, und Term d ist wegen des Auftretens zweier verschiedener Variablen kein Polynom.

11. a) $2ab - c = \mathbf{2 \cdot 5 \cdot (-1) - (-2)} = -10 + 2 = -8$

b) $3 \cdot (a - b) - ab = 3 \cdot \mathbf{(5 - (-1))} - 5 \cdot (-1) = 3 \cdot 6 + 5 = 23$

c) $(a + b) \cdot a - bc = \mathbf{(5 + (-1))} \cdot 5 - \mathbf{(-1) \cdot (-2)} = 4 \cdot 5 - 2 = 20 - 2 = 18$

d) $abc - 3a(b - c) - 2bc = \mathbf{5 \cdot (-1) \cdot (-2) - 3 \cdot 5 \cdot (-1 - (-2)) - 2 \cdot (-1) \cdot (-2)}$
$= 10 - \mathbf{15 \cdot 1} - \mathbf{2 \cdot 2} = 10 - 15 - 4 = -9$

e) $[a - 3b \cdot (2a + 5c) - 3b] \cdot b^2 = [5 - \mathbf{3 \cdot (-1) \cdot (2 \cdot 5 + 5 \cdot (-2))} - 3 \cdot (-1)] \cdot (-1)^2$
$= [5 + 3 \cdot \mathbf{(10 - 10)} + 3] \cdot 1 = [5 + 0 + 3] \cdot 1 = 8 \cdot 1 = 8$

f) $(2a + 4c)^2 \cdot (3b - 2c) \cdot (-abc)$
$= \mathbf{(2 \cdot 5 + 4 \cdot (-2))}^2 \cdot \mathbf{(3 \cdot (-1) - 2 \cdot (-2))} \cdot \mathbf{(-5 \cdot (-1) \cdot (-2))}$
$= \mathbf{(10 - 8)}^2 \cdot \mathbf{(-3 + 4)} \cdot (-10) = 4 \cdot 1 \cdot (-10) = -40$

12.

T(−1; x)	x = −2	x = −1	x = 0	x = 1	x = 2
a) $-x^2$	−4	−1	0	−1	−4
b) $\frac{-2}{x^3}$	$\frac{-2}{-8} = \frac{1}{4}$	$\frac{-2}{-1} = 2$	nicht definiert	$\frac{-2}{1} = -2$	$\frac{-2}{8} = -\frac{1}{4}$
c) $x^3 + 2x - 1$	−13	−4	−1	2	11
d) $\frac{x+1}{2x-1}$	$\frac{-1}{-5} = \frac{1}{5}$	0	$\frac{1}{-1} = -1$	$\frac{2}{1} = 2$	$\frac{3}{3} = 1$
e) $-x^2 + 1 - \frac{2}{x}$	$-4+1+1 = -2$	$-1+1+2 = 2$	nicht definiert	$-1+1-2 = -2$	$-4+1-1 = -4$
f) $x^4 + 2x^2 + 1$	25	4	1	4	25
g) $3 - 2xy$	$3 + 4y$	$3 + 2y$	3	$3 - 2y$	$3 - 4y$
h) $\sqrt{2x} - 3$	nicht definiert	nicht definiert	−3	$\sqrt{2} - 3$	−1

13. Ein quadratischer Term der Form a² nimmt dann seinen kleinsten Wert an, wenn das Argument a null ist. Damit ergibt sich:

a) $(x-5)^2$ ist für $x=5$ minimal, da nur für $x=5$ der Klammerterm 0 ist.

b) $4 \cdot (x+3)^4$ ist für $x=-3$ minimal, weil nur dann der Klammerterm 0 ist; der gesamte Term nimmt dort den Wert $4 \cdot 0 = 0$ an.

c) $x^2 + 4$ nimmt für $x=0$ den kleinsten Wert 4 an, weil nur dort $x^2 = 0$ ist.

d) $(x^4 - 16)^2$ nimmt für $x=2$ und $x=-2$ jeweils den kleinsten Wert 0 an; nur für diese x-Werte ist der Klammerterm 0 und somit das Quadrat dieses Klammerterms minimal.

e) $\sqrt{x^4 + 1}$ nimmt für $x=0$ den kleinsten Wert 1 an, weil dort x^4 den kleinstmöglichen Wert 0 annimmt und damit der Radikand 1 und somit die Wurzel ebenfalls 1 sind.

f) $\frac{(x-3)^2}{(x+6)^4}$ nimmt für $x=3$ den kleinsten Wert 0 an, da nur für $x=3$ der Zähler null wird und der Bruch wegen der geraden Exponenten nie negativ werden kann.

14. a) $2a - 5b - 4a + 2b = \mathbf{2a - 4a - 5b + 2b} = -2a - 3b$ Kommutativgesetz

b) $6x - 3y + 8x - 2y + 4x = \mathbf{6x + 8x + 4x - 3y - 2y} = 18x - 5y$ Kommutativgesetz

c) $-3a - 2z + 3y - 3ay + 4a + 2z$ Kommutativgesetz
$= \mathbf{-3a + 4a - 2z + 2z} + 3y - 3ay = a + 3y - 3ay$

d) $4ab + 3ac - 5ab + 4bc - 3ac - ab$ Kommutativgesetz
$= \mathbf{4ab - 5ab - ab + 3ac - 3ac} + 4bc = -2ab + 4bc$

e) $0,3r + 1,2s^2 - 0,5r - \mathbf{1,8s \cdot 2s}$ Vorfahrtsregel
$= 0,3r + \mathbf{1,2s^2 - 0,5r} - 3,6s^2$ Kommutativgesetz
$= 0,3r - 0,5r + 1,2s^2 - 3,6s^2 = -0,2r - 2,4s^2$

f) $1,2ab - 3,8bc + 0,2ac - 0,8ab - 2ac = 0,4ab - 1,8ac - 3,8bc$

g) $7f^2y - 3yz^3 - 2fy + 4f^2y + 3yf = 11f^2y + fy - 3yz^3$ fy = yf

h) $4x^4 - 2x^2 + x - 3x^4 + 3x^2 - 4x = x^4 + x^2 - 3x$

i) $7x \cdot y^2 + 3x^2 \cdot y + 5xy^2 - 2xyx = 12xy^2 + x^2y$ xyx = x²y

j) $\mathbf{-3xy^2 \cdot 6x^2y} - 9x^3y^3 + \mathbf{x^2y^3 \cdot x} = -18x^3y^3 - 9x^3y^3 + x^3y^3 = -26x^3y^3$

k) $6rs - 3r^2s^2 + \mathbf{5rs \cdot 2rs} - 7sr = 6rs - 3r^2s^2 + 10r^2s^2 - 7rs = -rs + 7r^2s^2$

l) $-3abc^2 + \mathbf{3abc} - 4a^2bc - \mathbf{a \cdot bc} = -3abc^2 + 2abc - 4a^2bc$

m) $3ax^3 - 4x^2 \cdot 2a + 5a^2x - 2a \cdot 3x^3 + 3ax \cdot 3x - 7x^3 \cdot 2a$
$= 3ax^3 - 8ax^2 + 5a^2x - 6ax^3 + 9ax^2 - 14ax^3$
$= -17ax^3 + ax^2 + 5a^2x$

15. a) $7x \cdot (3y \cdot 2x) = 7x \cdot 3y \cdot 2x = 42x^2y$ Assoziativ- und Kommutativgesetz

b) $4x \cdot (-2xy) = -4x \cdot 2xy = -8x^2y$

c) $(-5xy) \cdot (2xy^2) \cdot 2y = -5xy \cdot 2xy^2 \cdot 2y = -20x^2y^4$

d) $(-6xy) \cdot (-2y) \cdot (3xz) \cdot (-5x) = -6xy \cdot 2y \cdot 3xz \cdot 5x = -180x^3y^2z$

e) $-(3x \cdot y) \cdot (-4) \cdot 2xy^2 \cdot (-xy) = -3xy \cdot 4 \cdot 2xy^2 \cdot xy = -24x^3y^4$

f) $-(-x \cdot 2y)^2 \cdot (-xy) \cdot (-x \cdot 3y)^2 = 4x^2y^2 \cdot xy \cdot 9x^2y^2 = 36x^5y^5$

16. a) $4x^3 - 6x^2 = 2x^2 \cdot (2x - 3)$

b) $16x^2y^3 - 24x^3y^2 = 8x^2y^2 \cdot (2y - 3x)$

c) $12a^2b^3c - 18b \cdot 2a^2b^2c^2 = 12a^2b^3c \cdot (1 - 3c)$

d) $3x^5 - 12x^3y + 9x^2y^3 + 6x^4y = 3x^2 \cdot (x^3 - 4xy + 3y^3 + 2x^2y)$

e) $7x^2y - 5xy^2 + 2xy^3 - 6x^2y^2 = xy \cdot (7x - 5y + 2y^2 - 6xy)$

f) $35x\sqrt{y} - 7y\sqrt{x} + 21\sqrt{xy} = 7 \cdot \left(5x\sqrt{y} - y\sqrt{x} + 3\sqrt{xy}\right)$
oder alternativ:
$35x\sqrt{y} - 7y\sqrt{x} + 21\sqrt{xy} = 7\sqrt{xy} \cdot \left(5\sqrt{x} - \sqrt{y} + 3\right)$

g) $25a^3b^4c^2 - 15b^3a^2c + 35c^4b^3a^2 = 5a^2b^3c \cdot (5abc - 3 + 7c^3)$

17. a) $8x \cdot (3z - 5y) + (2x - 4z) \cdot 2y = 24xz - 40xy + 4xy - 8yz$
$= 24xz - 36xy - 8yz = 4 \cdot (6xz - 9xy - 2yz)$

b) $6xy^2 \cdot (3x - y) - (-3xy)^2 = 18x^2y^2 - 6xy^3 - 9x^2y^2$
$= 9x^2y^2 - 6xy^3 = 3xy^2 \cdot (3x - 2y)$

c) $(5xy^3) \cdot (-3x^2z) + 10x^2z \cdot y^2 = -15x^3y^3z + 10x^2y^2z = 5x^2y^2z \cdot (-3xy + 2)$

Lösungen: Zahlmengen, Variablen, Terme 163

d) $-5r \cdot (3s-2r) - r^2 \cdot (4-2s) + 4r \cdot 2r = -15rs + 10r^2 - 4r^2 + 2r^2s + 8r^2$
$= -15rs + 14r^2 + 2r^2s = r \cdot (-15s + 14r + 2rs)$

e) $(3xy - 4x) \cdot (-2x^2) - 3x^2 \cdot (4x + 2y) = -6x^3y + 8x^3 - 12x^3 - 6x^2y$
$= -6x^3y - 4x^3 - 6x^2y = -2x^2(3xy + 2x + 3y)$

f) $x^2 \cdot (3x^3 - 2x) - 7x \cdot (2x^4 - 4x^3) - (-4x^2) \cdot (2x + 5x^3)$
$= 3x^5 - 2x^3 - 14x^5 + 28x^4 + 8x^3 + 20x^5 = 9x^5 + 28x^4 + 6x^3$

g) $3xy \cdot (4x + 2y) - 2x^2 \cdot (5 - 2y) - 3y^2 \cdot (2x - 1) + (2x + 4y) \cdot (-3xy)$
$= 12x^2y + 6xy^2 - 10x^2 + 4x^2y - 6xy^2 + 3y^2 - 6x^2y - 12xy^2$
$= 10x^2y - 12xy^2 - 10x^2 + 3y^2$

18. a) $[7x - \mathbf{2 \cdot (3x+2)}] \cdot 3x - 15x^2 = [\mathbf{7x - 6x - 4}] \cdot 3x - 15x^2$
$= [\mathbf{x-4}] \cdot \mathbf{3x} - 15x^2 = \mathbf{3x^2} - 12x - \mathbf{15x^2} = -12x^2 - 12x = -12x(x+1)$

b) $12ab - 3b \cdot [2a - \mathbf{5 \cdot (3b - 2a)} + 11b] = 12ab - 3b \cdot [2a - \mathbf{15b + 10a} + 11b]$
$= 12ab - \mathbf{3b} \cdot [\mathbf{12a - 4b}] = 12ab - 36ab + 12b^2 = -24ab + 12b^2 = 12b \cdot (b - 2a)$

c) $4x^3 - 2x \cdot [5x + \mathbf{2 \cdot (3x^2 - 4x)} - 5x^2] = 4x^3 - 2x \cdot [\mathbf{5x + 6x^2 - 8x - 5x^2}]$
$= 4x^3 - \mathbf{2x} \cdot [\mathbf{-3x + x^2}] = \mathbf{4x^3} + 6x^2 - \mathbf{2x^3} = 2x^3 + 6x^2 = 2x^2(x+3)$

d) $-3x^4y - (-7xy) \cdot (-2x^3 + 4) + (-3xy) \cdot (2x^3 - 8) + (7x^4y - 8xy) \cdot (-1)$
$= -3x^4y - 14x^4y + 28xy - 6x^4y + 24xy - 7x^4y + 8xy = -30x^4y + 60xy$
$= 30xy \cdot (-x^3 + 2)$

19. a) $\frac{3}{4}x - \frac{4}{5}y^2 - 0{,}5x + 1{,}2y^2 = \frac{1}{4}x + \frac{2}{5}y^2$ Kommutativgesetz

b) $\frac{3}{4}x^2 - \frac{2}{5}y^2 + \frac{2x}{3} \cdot 4x + 1{,}2y^2 = \frac{3}{4}x^2 - \frac{2}{5}y^2 + \frac{8}{3}x^2 + \frac{6}{5}y^2$
$= \frac{9}{12}x^2 - \frac{2}{5}y^2 + \frac{32}{12}x^2 + \frac{6}{5}y^2 = \frac{41}{12}x^2 + \frac{4}{5}y^2$

c) $\left(-\frac{1}{2}x^2 - y^2\right) \cdot \frac{2}{3}xy + \frac{2}{6}x^3 \cdot (-2y + 4) = -\frac{1}{3}x^3y - \frac{2}{3}xy^3 - \frac{4}{6}x^3y + \frac{8}{6}x^3$
$= -x^3y - \frac{2}{3}xy^3 + \frac{4}{3}x^3$

d) $\left(-\frac{3}{4}x^2 - \frac{1}{2}xy\right) \cdot \left(-\frac{2}{3}y\right) - x^2y + \frac{1}{3}xy^2$
$= \frac{1}{2}x^2y + \frac{1}{3}xy^2 - x^2y + \frac{1}{3}xy^2 = -\frac{1}{2}x^2y + \frac{2}{3}xy^2$

e) $\frac{1}{4}x^2 \cdot (-2xy - 4y^2) - \frac{2}{3}xy \cdot \left(\frac{3}{4}x^2 - \frac{3}{5}xy\right)$
$= -\frac{1}{2}x^3y - x^2y^2 - \frac{1}{2}x^3y + \frac{2}{5}x^2y^2 = -x^3y - \frac{3}{5}x^2y^2$

20. a) $24x^3y - 30x^2y^2 = -6x^2 \cdot (-4xy + 5y^2)$

b) $120x^2y^2 - 60x^3 + 6x^2 - 54x^5y^2 = -6x^2 \cdot (-20y^2 + 10x - 1 + 9x^3y^2)$

21. a) $4a - 6ab = 2a \cdot (2 - 3b)$

b) $4 \cdot 2xy - 3a \cdot 2xy = 2xy \cdot (4 - 3a)$

c) $3x^2yz + 6s^2yz - 9t^2yz = 3yz \cdot (x^2 + 2s^2 - 3t^2)$

d) $4a - 8ab + 4b = 4 \cdot (a - 2ab + b)$

e) $a\sqrt{xy} - b\sqrt{xy} = \sqrt{xy} \cdot (a - b)$

f) $rs\sqrt{a+b} - st^2\sqrt{a+b} = \sqrt{a+b} \cdot (rs - st^2) = s \cdot \sqrt{a+b} \cdot (r - t^2)$

g) $4xy\sqrt{a^2 + b^2} + 5x^2\sqrt{a^2 + b^2} = x \cdot \sqrt{a^2 + b^2} \cdot (4y + 5x)$

h) $\sqrt{x^2 - y^2} - 6a\sqrt{x^2 - y^2} = \sqrt{x^2 - y^2} \cdot (1 - 6a)$

i) $11 \cdot (x^2 - z) + \mathbf{6a \cdot (-x^2 + z)}$ \quad Multiplikation von zwei Faktoren mit –1
$= 11 \cdot (x^2 - z) - 6a \cdot (x^2 - z) = (11 - 6a) \cdot (x^2 - z)$

j) $(r^2 - 5s) \cdot 3a - 4b \cdot \mathbf{(5s - r^2)}$ \quad Vertauschen der beiden rechten Summanden
$= (r^2 - 5s) \cdot 3a - \mathbf{4b \cdot (-r^2 + 5s)}$ \quad Multiplikation von zwei Faktoren mit –1
$= (r^2 - 5s) \cdot 3a + 4b \cdot (r^2 - 5s)$ \quad Ausklammern des gemeinsamen Faktors $r^2 - 5s$
$= (r^2 - 5s) \cdot (3a + 4b)$

k) $4x^2 \cdot (3a - 6b) + 7y^2 \cdot (2b - a)$ \quad Faktor 3 aus erster Klammer herausziehen
$= 12x^2 \cdot (a - 2b) \mathbf{+ 7y^2 \cdot (2b - a)}$ \quad Multiplikation von zwei Faktoren mit –1
$= 12x^2 \cdot (a - 2b) - 7y^2 \cdot (a - 2b)$ \quad Ausklammern des gemeinsamen Faktors $a - 2b$
$= (12x^2 - 7y^2) \cdot (a - 2b)$

l) $(14r + 21s) \cdot 5a - 3b \cdot (12r + 18s)$ \quad Faktor 7 bzw. 6 aus den Klammern herausziehen
$= (2r + 3s) \cdot 7 \cdot 5a - 3b \cdot 6 \cdot (2r + 3s)$ \quad Kommutativgesetz anwenden; zusammenfassen
$= 35a \cdot (2r + 3s) - 18b \cdot (2r + 3s)$ \quad Ausklammern des gemeinsamen Faktors $2r + 3s$
$= (35a - 18b) \cdot (2r + 3s)$

22. a) $(a+2)\cdot(b+5) = ab+5a+2b+10$

b) $(x+5)\cdot(6+y) = 6x+xy+30+5y = xy+6x+5y+30$

c) $(4+x)\cdot(3-x) = 12-4x+3x-x^2 = -x^2-x+12$

d) $(a+c)\cdot(d-x) = ad-ax+cd-cx$

e) $(3a+5)\cdot(2b-3) = 6ab-9a+10b-15$

f) $(4ab-8c)\cdot(a^2-3bc) = 4a^3b-12ab^2c-8a^2c+24bc^2$

g) $(4x-2x^2)\cdot(3x^3-2x^2) = 12x^4-8x^3-6x^5+4x^4 = -6x^5+16x^4-8x^3$

h) $(r+r^2-r^3)\cdot(2r-3r^2) = 2r^2-3r^3+2r^3-3r^4-2r^4+3r^5$
$= 3r^5-5r^4-r^3+2r^2$

i) $(a+b+a^2)\cdot(a-b+ab) = a^2-ab+a^2b+ab-b^2+ab^2+a^3-a^2b+a^3b$
$= a^3+a^3b+a^2+ab^2-b^2$

j) $(2x+4x^2)\cdot(4x-2x^2+1) = 8x^2-4x^3+2x+16x^3-8x^4+4x^2$
$= -8x^4+12x^3+12x^2+2x$

k) $(a-a^2+a^3-a^4)\cdot(a^2+a+1)$
$= a^3+a^2+a-a^4-a^3-a^2+a^5+a^4+a^3-a^6-a^5-a^4$
$= -a^6-a^4+a^3+a$

l) **$(x+1)\cdot(x+2)$**$\cdot(x+3) = (x^2+2x+x+2)\cdot(x+3) = (x^2+3x+2)\cdot(x+3)$
$= x^3+3x^2+3x^2+9x+2x+6 = x^3+6x^2+11x+6$

23. a) $(a+1)\cdot(a-b)+(b-1)\cdot(a+b) = a^2-ab+a-b+ab+b^2-a-b$
$= a^2-2b+b^2$

b) $(x-1)\cdot(y+1)-(y-1)\cdot(x+2)$
$= xy+x-y-1-(xy+2y-x-2)$ Minusklammern auflösen
$= xy+x-y-1-xy-2y+x+2$ zusammenfassen
$= 2x-3y+1$

c) $(2x+3)\cdot(4x+1)-(3x+1)\cdot(2x-1)$
$= 8x^2+2x+12x+3-(6x^2-3x+2x-1)$ Minusklammern auflösen
$= 8x^2+2x+12x+3-6x^2+3x-2x+1$ zusammenfassen
$= 2x^2+15x+4$

d) $(2x+3y) \cdot (4-2x) - (x+4) \cdot (2y-3x)$
   $= 8x - 4x^2 + 12y - 6xy - (2xy - 3x^2 + 8y - 12x)$ Minusklammern auflösen
   $= 8x - 4x^2 + 12y - 6xy - 2xy + 3x^2 - 8y + 12x$ zusammenfassen
   $= -x^2 + 20x - 8xy + 4y$

e) $(x-y) \cdot (x+x^2) - (x+y) \cdot (x^2-x)$
   $= x^2 + x^3 - xy - x^2y - (x^3 - x^2 + x^2y - xy)$ Minusklammern auflösen
   $= x^2 + x^3 - xy - x^2y - x^3 + x^2 - x^2y + xy$ zusammenfassen
   $= 2x^2 - 2x^2y$

f) $3 \cdot (3x - xy) \cdot (2y - 3x) + 2 \cdot (y+x) \cdot (2xy - x) - 4 \cdot (3x - 2y) \cdot (5xy - 2x)$
   $= 3 \cdot (6xy - 9x^2 - 2xy^2 + 3x^2y) + 2 \cdot (2xy^2 - xy + 2x^2y - x^2)$
   $\quad - 4 \cdot (15x^2y - 6x^2 - 10xy^2 + 4xy)$ ausmultiplizieren
   $= 18xy - 27x^2 - 6xy^2 + 9x^2y + 4xy^2 - 2xy + 4x^2y - 2x^2$
   $\quad - 60x^2y + 24x^2 + 40xy^2 - 16xy$ zusammenfassen
   $= -5x^2 - 47x^2y + 38xy^2$

24. a) $(r+s)^2 = r^2 + 2rs + s^2$

b) $(4s+6z)^2 = (4s)^2 + 2 \cdot 4s \cdot 6z + (6z)^2 = 16s^2 + 48sz + 36z^2$

c) $(x^2 + 2y^3)^2 = (x^2)^2 + 2 \cdot x^2 \cdot 2y^3 + (2y^3)^2 = x^4 + 4x^2y^3 + 4y^6$

d) $(6rs^2 + 2pq^2)^2 = (6rs^2)^2 + 2 \cdot 6rs^2 \cdot 2pq^2 + (2pq^2)^2$
   $= 36r^2s^4 + 24pq^2rs^2 + 4p^2q^4$

e) $(s-t)^2 = s^2 - 2st + t^2$

f) $(4y-2z)^2 = (4y)^2 - 2 \cdot 4y \cdot 2z + (2z)^2 = 16y^2 - 16yz + 4z^2$

g) $(5xy^2 - 6r^2)^2 = (5xy^2)^2 - 2 \cdot 5xy^2 \cdot 6r^2 + (6r^2)^2$
   $= 25x^2y^4 - 60r^2xy^2 + 36r^4$

h) $(7 - 9uv^2)^2 = 7^2 - 2 \cdot 7 \cdot 9uv^2 + (9uv^2)^2 = 49 - 126uv^2 + 81u^2v^4$

25. a) $(x-y) \cdot (x+y) = x^2 - y^2$

b) $(4t - 5u) \cdot (4t + 5u) = (4t)^2 - (5u)^2 = 16t^2 - 25u^2$

c) $(2rs - 5t^2) \cdot (2rs + 5t^2) = (2rs)^2 - (5t^2)^2 = 4r^2s^2 - 25t^4$

d) $(2s^2+5t)\cdot(5t-2s^2) = (5t+2s^2)\cdot(5t-2s^2) = 25t^2-4s^4$ Kommutativgesetz

e) $(4ab+c)\cdot(c-4ab) = (c+4ab)\cdot(c-4ab) = c^2-16a^2b^2$ Kommutativgesetz

f) $(7-x^2)\cdot(x^2+7) = (7-x^2)\cdot(7+x^2) = 49-x^4$ Kommutativgesetz

26. a) $(7x^2-5y)^2 = (7x^2)^2 - 2\cdot 7x^2 \cdot 5y + (5y)^2$ 2. binomische Formel
$= 49x^4 - 70x^2y + 25y^2$

b) $(3x^3-5ab^2)^2 = (3x^3)^2 - 2\cdot 3x^3 \cdot 5ab^2 + (5ab^2)^2$ 2. binomische Formel
$= 9x^6 - 30ab^2x^3 + 25a^2b^4$

c) $(7xy-3a^2)\cdot(7xy+3a^2) = 49x^2y^2 - 9a^4$ 3. binomische Formel

d) $(4a^2b+5ab)\cdot(4a^2b+5ab) = (4a^2b+5ab)^2$ 1. binomische Formel
$= 16a^4b^2 + 40a^3b^2 + 25a^2b^2$

e) $(3rs^2+2r^3s^4)^2 = 9r^2s^4 + 12r^4s^6 + 4r^6s^8$ 1. binomische Formel

f) $(5xz^2-2x^2)\cdot(5xz^2+2x^2) = 25x^2z^4 - 4x^4$ 3. binomische Formel

g) $(8a-3b)\cdot(3b+8a)$ Kommutativgesetz in zweiter Klammer
$= (8a-3b)\cdot(8a+3b)$ 3. binomische Formel
$= 64a^2 - 9b^2$

h) $(2a^2x+3ax^3)\cdot(3ax^3-2a^2x)$ Kommutativgesetz in erster Klammer
$= (3ax^3+2a^2x)\cdot(3ax^3-2a^2x)$ 3. binomische Formel
$= 9a^2x^6 - 4a^4x^2$

i) $(4x-6y)\cdot(10x+15y)$ Faktoren 2 bzw. 5 ausklammern
$= 2\cdot(2x-3y)\cdot 5\cdot(2x-3y) = 10\cdot(2x-3y)^2$ 2. binomische Formel
$= 10\cdot(4x^2 - 12xy + 9y^2)$
$= 40x^2 - 120xy + 90y^2$

j) $(10a-15b)\cdot(2a-3b)$ Faktor 5 ausklammern
$= 5\cdot(2a-3b)\cdot(2a-3b) = 5\cdot(2a-3b)^2$ 2. binomische Formel
$= 5\cdot(4a^2 - 12ab + 9b^2) = 20a^2 - 60ab + 45b^2$

27. a) $(3x+\sqrt{7})\cdot(3x-\sqrt{7}) = (3x)^2 - \sqrt{7}^2 = 9x^2 - 7$ 3. binomische Formel

b) $(3x-\sqrt{5})^2 = (3x)^2 - 2\cdot 3x\cdot\sqrt{5} + \sqrt{5}^2 = 9x^2 - 6x\sqrt{5} + 5$

c) $(\sqrt{a}+\sqrt{b})^2 = a+2\sqrt{ab}+b$

d) $(\sqrt{a}-2)\cdot(-2+\sqrt{a}) = (\sqrt{a}-2)\cdot(\sqrt{a}-2) = a-4\sqrt{a}+4$

28. a) $(4x-y)^2+(x+2y)^2 = 16x^2-8xy+y^2+x^2+4xy+4y^2$
$= 17x^2-4xy+5y^2$

b) $(x+3y)^2-(x-3y)^2 = x^2+6xy+9y^2-(x^2-6xy+9y^2)$
$= x^2+6xy+9y^2-x^2+6xy-9y^2 = 12xy$

c) $(2x-3x^2)^2-(x+4x^2)\cdot(x-4x^2) = 4x^2-12x^3+9x^4-(x^2-16x^4)$
$= 4x^2-12x^3+9x^4-x^2+16x^4 = 3x^2-12x^3+25x^4$

d) $(a-b)^2-(2b-3a)^2+(a+2b)^2$
$= a^2-2ab+b^2-(4b^2-12ab+9a^2)+a^2+4ab+4b^2$
$= a^2-2ab+b^2-4b^2+12ab-9a^2+a^2+4ab+4b^2 = -7a^2+14ab+b^2$

e) $(a+1)^2-(a-2)^2+(a-3)^2-(a+4)^2$
$= a^2+2a+1-(a^2-4a+4)+a^2-6a+9-(a^2+8a+16)$
$= a^2+2a+1-a^2+4a-4+a^2-6a+9-a^2-8a-16 = -8a-10$

f) $(2a-3b)^2-(3a-2b)^2-(3a-5b)\cdot(3a+5b)$
$= 4a^2-12ab+9b^2-(9a^2-12ab+4b^2)-(9a^2-25b^2)$
$= 4a^2-12ab+9b^2-9a^2+12ab-4b^2-9a^2+25b^2 = -14a^2+30b^2$

g) $(4x-y)^2\cdot(x+2y) = (16x^2-8xy+y^2)\cdot(x+2y)$
$= 16x^3+32x^2y-8x^2y-16xy^2+xy^2+2y^3 = 16x^3+24x^2y-15xy^2+2y^3$

h) $(2x+y)^2\cdot(3x-y)^2 = (4x^2+4xy+y^2)\cdot(9x^2-6xy+y^2)$
$= 36x^4-24x^3y+4x^2y^2+36x^3y-24x^2y^2+4xy^3+9x^2y^2-6xy^3+y^4$
$= 36x^4+12x^3y-11x^2y^2-2xy^3+y^4$

i) $(a+1)^2\cdot(a-1)^2-(a^2+2)\cdot(a^2-2)$
$= (a^2+2a+1)\cdot(a^2-2a+1)-(a^4-4)$
$= a^4-2a^3+a^2+2a^3-4a^2+2a+a^2-2a+1-a^4+4 = -2a^2+5$

j) $(x^3y^4-x^2y)^2\cdot(x-y)^2 = (x^6y^8-2x^5y^5+x^4y^2)\cdot(x^2-2xy+y^2)$
$= x^8y^8-2x^7y^9+x^6y^{10}-2x^7y^5+4x^6y^6-2x^5y^7+x^6y^2-2x^5y^3+x^4y^4$
$= x^8y^8-2x^7y^9-2x^7y^5+x^6y^{10}+4x^6y^6+x^6y^2-2x^5y^7-2x^5y^3+x^4y^4$

29. a) Vergleich mit $(a+b)^2 = a^2 + 2ab + b^2$ liefert $b^2 = 4y^2 \Leftrightarrow b = 2y$ und damit:
$(x+\mathbf{2y})^2 = \mathbf{x^2} + \mathbf{4xy} + 4y^2$

b) Vergleich mit $(r+s)^2 = r^2 + 2rs + s^2$ liefert $r^2 = 9a^2 \Leftrightarrow r = 3a$ sowie $s^2 = 16b^2y^2 \Leftrightarrow s = 4by$ und damit:
$(\mathbf{3a+4by})^2 = 9a^2 + \mathbf{24aby} + 16b^2y^2$

c) Vergleich mit $(a+b)^2 = a^2 + 2ab + b^2$ liefert $2ab = 42xy^2 \Leftrightarrow ab = 21xy^2$ sowie $b = 7x$. Setzt man dieses b in $ab = 21xy^2$ ein, dann ergibt sich $a \cdot 7x = 21xy^2 \Leftrightarrow a = 3y^2$ und damit:
$(\mathbf{3y^2 + 7x})^2 = \mathbf{9y^4} + 42xy^2 + \mathbf{49x^2}$

d) Vergleich mit $(r-s)^2 = r^2 - 2rs + s^2$ liefert $r^2 = 36a^2 \Leftrightarrow r = 6a$ sowie $2rs = 72ab \Leftrightarrow rs = 36ab$. Setzt man $r = 6a$ in die zweite Bedingung ein, dann ergibt sich $6a \cdot s = 36ab \Leftrightarrow s = 6b$ und damit:
$(\mathbf{6a-6b})^2 = 36a^2 - 72ab + \mathbf{36b^2}$

e) Vergleich mit der 3. binomischen Formel ergibt:
$(\mathbf{z^2 + 3rs^2}) \cdot (\mathbf{z^2 - 3rs^2}) = z^4 - 9r^2s^4$

f) Die 2. binomische Formel $(a-b)^2 = a^2 - 2ab + b^2$ erlaubt den Vergleich $a^2 = 9z^2 \Leftrightarrow a = 3z$. Hieraus folgt: $(\mathbf{3z - 4z^2})^2 = 9z^2 - \mathbf{24z^3} + \mathbf{16z^4}$

g) Mithilfe der 2. binomischen Formel $(r-s)^2 = r^2 - 2rs + s^2$ ergibt sich zunächst $r = 3bz$ sowie $2rs = 18abz^2$. Setzt man $r = 3bz$ in die zweite Gleichung ein, erhält man $2 \cdot 3bz \cdot s = 18abz^2$ und hieraus $s = 3az$. Insgesamt erhält man: $(3bz - \mathbf{3az})^2 = \mathbf{9b^2z^2} - 18abz^2 + \mathbf{9a^2z^2}$

h) Die 3. binomische Formel führt zu $(\mathbf{4r+4x}) \cdot (\mathbf{4r-4x}) = 16r^2 - \mathbf{16x^2}$.

30. a) $(a+2)^3 = (a+2)^2 \cdot (a+2)$ Potenz als Produkt schreiben, ausmultiplizieren
$= (a^2 + 4a + 4) \cdot (a+2)$ ausmultiplizieren
$= a^3 + 2a^2 + 4a^2 + 8a + 4a + 8 = a^3 + 6a^2 + 12a + 8$

b) $(x-4y)^3 = (x-4y)^2 \cdot (x-4y) = (x^2 - 8xy + 16y^2) \cdot (x-4y)$
$= x^3 - 4x^2y - 8x^2y + 32xy^2 + 16xy^2 - 64y^3 = x^3 - 12x^2y + 48xy^2 - 64y^3$

c) $(2x-3y)^3 = (2x-3y)^2 \cdot (2x-3y) = (4x^2 - 12xy + 9y^2) \cdot (2x-3y)$
$= 8x^3 - 12x^2y - 24x^2y + 36xy^2 + 18xy^2 - 27y^3$
$= 8x^3 - 36x^2y + 54xy^2 - 27y^3$

d) $(2x-1)^4 = (2x-1)^2 \cdot (2x-1)^2 = (4x^2 - 4x + 1) \cdot (4x^2 - 4x + 1)$
$= 16x^4 - 16x^3 + 4x^2 - 16x^3 + 16x^2 - 4x + 4x^2 - 4x + 1$
$= 16x^4 - 32x^3 + 24x^2 - 8x + 1$

e) $(a-5)^4 = (a-5)^2 \cdot (a-5)^2 = (a^2 - 10a + 25) \cdot (a^2 - 10a + 25)$
$= a^4 - 10a^3 + 25a^2 - 10a^3 + 100a^2 - 250a + 25a^2 - 250a + 625$
$= a^4 - 20a^3 + 150a^2 - 500a + 625$

f) $(x+1)^5 = (x+1)^2 \cdot (x+1)^2 \cdot (x+1) = (x^2 + 2x + 1) \cdot (x^2 + 2x + 1) \cdot (x+1)$
$= (x^4 + 2x^3 + x^2 + 2x^3 + 4x^2 + 2x + x^2 + 2x + 1) \cdot (x+1)$
$= (x^4 + 4x^3 + 6x^2 + 4x + 1) \cdot (x+1)$
$= x^5 + x^4 + 4x^4 + 4x^3 + 6x^3 + 6x^2 + 4x^2 + 4x + x + 1$
$= x^5 + 5x^4 + 10x^3 + 10x^2 + 5x + 1$

31. a) $18ab - 24bc^2 = 6b \cdot (3a - 4c^2)$

b) $39r^2xy - 26rx^2y^3 + 52rx^3y = 13rxy \cdot (3r - 2xy^2 + 4x^2)$

c) $24a^3b^4 - 36a^4b^3 + 18a^4b^4 = 6a^3b^3 \cdot (4b - 6a + 3ab)$

d) $16a\sqrt{b} + 24b\sqrt{a} = 8 \cdot (2a\sqrt{b} + 3b\sqrt{a})$
Unter Ausnutzung von Wurzelregeln lässt sich der Term auch schreiben
als: $16a\sqrt{b} + 24b\sqrt{a} = 8\sqrt{ab} \cdot (2\sqrt{a} + 3\sqrt{b})$ (weil z. B. $\sqrt{ab} \cdot \sqrt{a} = a \cdot \sqrt{b}$)

32. a) $x^2 - y^2 = (x+y) \cdot (x-y)$ 3. binomische Formel

b) $r^2 - 6rs + 9s^2 = (r - 3s)^2$ 2. binomische Formel

c) $4a^2 + 20abc + 25b^2c^2 = (2a + 5bc)^2$ 1. binomische Formel

d) $x^4 - 10x^2 + 25 = (x^2 - 5)^2$ 2. binomische Formel

e) $r^6 - 12r^4 + 36r^2 = (r^3 - 6r)^2$ 2. binomische Formel

f) $16a^2b^4 - 25a^4c^2 = (4ab^2 + 5a^2c) \cdot (4ab^2 - 5a^2c)$ 3. binomische Formel

33. a) Auf $r^2 - rs + 4s^2$ lässt sich keine binomische Formel anwenden (der mittlere Summand müsste $-4rs$ sein).

b) $36x^6 - 16x^4 = (6x^3 + 4x^2) \cdot (6x^3 - 4x^2)$ 3. binomische Formel
oder alternativ:
$36x^6 - 16x^4 = 4x^4 \cdot (9x^2 - 4) = 4x^4 \cdot (3x - 2) \cdot (3x + 2)$

c) $a^3 - 2a^2b + ab^2 = a \cdot (a^2 - 2ab + b^2) = a \cdot (a-b)^2$ 2. binomische Formel

d) $5r^2s - 30rst + 45st^2 = 5s \cdot (r^2 - 6rt + 9t^2) = 5s \cdot (r-3t)^2$

e) $8a^4b^2 - 48a^3b + 72a^2 = 8a^2 \cdot (a^2b^2 - 6ab + 9) = 8a^2 \cdot (ab-3)^2$

f) $28r^2s^4 - 63t^2 = 7 \cdot (4r^2s^4 - 9t^2) = 7 \cdot (2rs^2 + 3t) \cdot (2rs^2 - 3t)$

34. a) Nach dem Satz von Vieta sind zwei Zahlen zu finden, deren **Summe 3** und deren **Produkt 2** ist. Dies gilt für die Zahlen 1 und 2 ($1+2=3$ und $1 \cdot 2 = 2$), sodass der Term folgendermaßen faktorisiert werden kann: $x^2 + 3x + 2 = (x+1) \cdot (x+2)$

b) Zwei Zahlen mit dem **Produkt 18** müssen als **Summe 9** ergeben. Dies gilt für die Zahlen 6 und 3: $x^2 + 9x + 18 = (x+3) \cdot (x+6)$

c) **Summe 10, Produkt 9** wird mit den Zahlen 1 und 9 möglich: $y^2 + 10y + 9 = (y+1) \cdot (y+9)$

d) Eine Zahl muss negativ sein, die andere positiv. Das **Produkt −28** und die **Summe −3** wird erreicht von den Zahlen −7 und 4: $u^2 - 3u - 28 = (u-7) \cdot (u+4)$

e) **Summe −1** und **Produkt −20** mit den Zahlen −5 und 4, sodass sich als faktorisierter Term $u^4 - u^2 - 20 = (u^2 - 5) \cdot (u^2 + 4)$ ergibt.

f) Wegen des positiven Produkts 48 und der negativen Summe sind zwei negative Zahlen zu finden, die das **Produkt 48** und die **Summe −14** ergeben. Dies gilt für −6 und −8, und es folgt: $z^2 - 14z + 48 = (z-6) \cdot (z-8)$

g) $3a^2 - 3a - 36 = 3 \cdot (a^2 - a - 12)$ Nach dem Ausklammern des Faktors 3 findet man die Zahlen −4 und 3, die das **Produkt −12** und die **Summe −1** ergeben. Es folgt: $3a^2 - 3a - 36 = 3 \cdot (a-4) \cdot (a+3)$

h) $6p^2q - 18pq - 60q = 6q \cdot (p^2 - 3p - 10)$ Die **Summe −3** und das **Produkt −10** ist mit den Zahlen −5 und 2 möglich. Also: $6p^2q - 18pq - 60q = 6q \cdot (p^2 - 3p - 10) = 6q \cdot (p-5) \cdot (p+2)$

35. a) $\mathbf{4 + 16x + 9a + 36ax} = 4 \cdot (1 + 4x) + 9a \cdot (1 + 4x) = (4 + 9a) \cdot (1 + 4x)$

b) $\mathbf{12rs - 9st + 16r^2 - 12rt} = 3s \cdot (4r - 3t) + 4r \cdot (4r - 3t) = (3s + 4r) \cdot (4r - 3t)$

c) $\mathbf{1 + x + x^2 + x^3} = 1 \cdot (1 + x) + x^2 \cdot (1 + x) = (1 + x^2) \cdot (1 + x)$

d) $14a^2b - 35ab^2 - 6ab^2 + 15b^3 = 7ab \cdot (2a - 5b) - 3b^2 \cdot (2a - 5b)$
$= (7ab - 3b^2) \cdot (2a - 5b) = b \cdot (7a - 3b) \cdot (2a - 5b)$

e) $30a + 40b + 20c + 6ab + 8b^2 + 4bc$
$= 10 \cdot (3a + 4b + 2c) + 2b \cdot (3a + 4b + 2c) = (10 + 2b) \cdot (3a + 4b + 2c)$
$= 2 \cdot (5 + b) \cdot (3a + 4b + 2c)$

36. a) Satz von Vieta: $a^2 - 5a - 24 = (a - 8) \cdot (a + 3)$

b) 1. binomische Formel: $x^2 + 20x + 100 = (x + 10)^2$

c) 3. binomische Formel: $25r^2z^4 - 36z^6 = (5rz^2 + 6z^3) \cdot (5rz^2 - 6z^3)$

d) Nach Ausklammern wird die 3. binomische Formel angewandt:
$2a^4 - 98 = 2 \cdot (a^4 - 49) = 2 \cdot (a^2 + 7) \cdot (a^2 - 7)$

e) 1. binomische Formel: $a^2 + 8ab^2 + 16b^4 = (a + 4b^2)^2$

f) Nach Ausklammern des Faktors 3 wird der Satz des Vieta angewandt:
$3x^2 - 9xy - 54y^2 = 3 \cdot (x^2 - 3xy - 18y^2) = 3 \cdot (x - 6y) \cdot (x + 3y)$

g) Nach Ausklammern und Anwenden des Kommutativgesetzes erkennt man die 1. binomische Formel:
$30xy + 3x^2 + 75y^2 = 3 \cdot (10xy + x^2 + 25y^2)$
$= 3 \cdot (x^2 + 10xy + 25y^2) = 3 \cdot (x + 5y)^2$

h) Ausklammern von 8z und Anwenden des Satzes von Vieta:
$8p^2z - 16pz - 120z = 8z \cdot (p^2 - 2p - 15) = 8z \cdot (p - 5) \cdot (p + 3)$

i) Ausklammern und Satz des Vieta:
$3x^2 + 9xy + 6y^2 = 3 \cdot (x^2 + 3xy + 2y^2) = 3 \cdot (x + 2y) \cdot (x + y)$

j) Ausklammern und 2. binomische Formel:
$7r^3 - 28r^2s^2 + 28rs^4 = 7r \cdot (r^2 - 4rs^2 + 4s^4) = 7r \cdot (r - 2s^2)^2$

k) Ausklammern und Satz des Vieta:
$2p^2 - 28p + 96 = 2 \cdot (p^2 - 14p + 48) = 2 \cdot (p - 6) \cdot (p - 8)$

l) Ausklammern und 3. binomische Formel (zweimal angewandt):
$x^6 - 81x^2y^4 = x^2 \cdot (x^4 - 81y^4) = x^2 \cdot (x^2 + 9y^2) \cdot (x^2 - 9y^2)$
$= x^2 \cdot (x^2 + 9y^2) \cdot (x + 3y) \cdot (x - 3y)$

37. a) Das Minuszeichen erfordert die Anwendung der 2. binomischen Formel. Wegen des Terms x^2 lautet der quadratische Term $(x-p)^2$, wobei $2px = 6x$ sein muss. Hieraus ergibt sich $p = 3$; $p^2 = 9$ wird addiert, sofort wieder subtrahiert und die 2. binomische Formel angewandt:

$x^2 - 6x = x^2 - 2 \cdot 3x = x^2 - 2 \cdot 3x + (9-9)$
$= (x^2 - 2 \cdot 3x + 9) - 9 = (x-3)^2 - 9$

b) $a^2 + 10a = a^2 + 2 \cdot 5a = a^2 + 2 \cdot 5a + 25 - 25$ 1. binomische Formel
$= (a+5)^2 - 25$

c) $r^2 + r = r^2 + 2 \cdot \frac{1}{2}r = r^2 + 2 \cdot \frac{1}{2}r + \frac{1}{4} - \frac{1}{4} = \left(r + \frac{1}{2}\right)^2 - \frac{1}{4}$ 1. binomische Formel

d) $x^4 - 4x^2 = x^4 - 2 \cdot 2x^2 = x^4 - 2 \cdot 2x^2 + 4 - 4$ 2. binomische Formel
$= (x^2 - 2)^2 - 4$

e) $4a^2 - 4a = 4 \cdot (a^2 - a) = 4 \cdot \left(a^2 - 2 \cdot \frac{1}{2}a + \frac{1}{4} - \frac{1}{4}\right)$ Faktor 4 ausklammern; 2. binomische Formel

$= 4 \cdot \left(\left(a - \frac{1}{2}\right)^2 - \frac{1}{4}\right) = 4 \cdot \left(a - \frac{1}{2}\right)^2 - 1$ große Klammer ausmultiplizieren

f) $9x^4 - 18x^2 = 9 \cdot (x^4 - 2x^2) = 9 \cdot (x^4 - 2x^2 + 1 - 1)$ 2. binomische Formel
$= 9 \cdot ((x^2 - 1)^2 - 1) = 9 \cdot (x^2 - 1)^2 - 9$

38. Alle vier Terme sind Bruchterme; es kommt jeweils eine **Variable im Nenner** vor (auch $x^{-1} = \frac{1}{x}$ zählt als Bruch).

39. a) $\frac{a^2 - 5}{a^2 - 9}$ $G = \{1; 2; 3; 4; 5\}$;
3 darf nicht eingesetzt werden. $D_{max} = \{1; 2; 4; 5\}$

b) $4x - \frac{6x}{x^2 \cdot (x-2)}$ $G = \{0; 1; 2; 3\}$;
0 und 2 sind verboten. $D_{max} = \{1; 3\}$

c) $\frac{4x}{x^3 - 9x^2 + 26x - 24}$ $G = \{1; 2; 3; 4\}$;
nur die Zahl 1 ist erlaubt. $D_{max} = \{1\}$

d) $\frac{x-5}{(x-2) \cdot (x-3) \cdot (x-4) \cdot (x-5)}$ $G = \{1; 2; 3; 4; 5; 6\}$;
nur die Zahlen 1 und 6 sind erlaubt. $D_{max} = \{1; 6\}$

40. a) $\frac{4-3x}{2x+5}$ $\qquad$ $2x+5=0 \Leftrightarrow x=-\frac{5}{2}$ $\qquad$ $D_{max} = \mathbb{R} \setminus \left\{-\frac{5}{2}\right\}$

b) $2a - \frac{1}{2a+3}$ $\qquad$ $2a+3=0 \Leftrightarrow a=-\frac{3}{2}$ $\qquad$ $D_{max} = \mathbb{R} \setminus \left\{-\frac{3}{2}\right\}$

c) $\frac{7x}{5x-4}$ $\qquad$ $5x-4=0 \Leftrightarrow x=\frac{4}{5}$ $\qquad$ $D_{max} = \mathbb{R} \setminus \left\{\frac{4}{5}\right\}$

d) $\frac{3}{x^2+2x+1} = \frac{3}{(x+1)^2}$ $\qquad$ $x+1=0 \Leftrightarrow x=-1$ $\qquad$ $D_{max} = \mathbb{R} \setminus \{-1\}$

e) $\frac{a^2-4}{a^2-9} = \frac{(a+2)\cdot(a-2)}{(a+3)\cdot(a-3)}$ $\qquad$ $(a+3)\cdot(a-3)=0 \Leftrightarrow a=\pm 3$ $\qquad$ $D_{max} = \mathbb{R} \setminus \{-3; 3\}$

f) $\frac{4x-5}{x^2-6x+9} = \frac{4x-5}{(x-3)^2}$ $\qquad$ $x-3=0 \Leftrightarrow x=3$ $\qquad$ $D_{max} = \mathbb{R} \setminus \{3\}$

41. Die Nenner werden der Reihe nach 0 gesetzt:

a) $\frac{2x+1}{x-3} - \frac{4}{4x+3}$ $\qquad$ $x-3=0 \Leftrightarrow x=3$ $\qquad$ $D_{max} = \mathbb{R} \setminus \left\{3; -\frac{3}{4}\right\}$
$\qquad\qquad\qquad\qquad\qquad\quad$ $4x+3=0 \Leftrightarrow x=-\frac{3}{4}$

b) $\frac{4a-3}{2a+4} - \frac{2a+4}{4a-3}$ $\qquad$ $2a+4=0 \Leftrightarrow a=-2$ $\qquad$ $D_{max} = \mathbb{R} \setminus \left\{-2; \frac{3}{4}\right\}$
$\qquad\qquad\qquad\qquad\qquad\quad$ $4a-3=0 \Leftrightarrow a=\frac{3}{4}$

c) $\frac{1}{x+1} - \frac{5}{2x+1} - \frac{6}{3x+1}$ $\qquad$ $x+1=0 \Leftrightarrow x=-1$ $\qquad$ $D_{max} = \mathbb{R} \setminus \left\{-1; -\frac{1}{2}; -\frac{1}{3}\right\}$
$\qquad\qquad\qquad\qquad\qquad\quad$ $2x+1=0 \Leftrightarrow x=-\frac{1}{2}$
$\qquad\qquad\qquad\qquad\qquad\quad$ $3x+1=0 \Leftrightarrow x=-\frac{1}{3}$

d) $\frac{7z-1}{2z+5} - \frac{4z+1}{3z-4}$ $\qquad$ $2z+5=0 \Leftrightarrow z=-\frac{5}{2}$ $\qquad$ $D_{max} = \mathbb{R} \setminus \left\{-\frac{5}{2}; \frac{4}{3}\right\}$
$\qquad\qquad\qquad\qquad\qquad\quad$ $3z-4=0 \Leftrightarrow z=\frac{4}{3}$

42. Die Nenner werden faktorisiert und die einzelnen Faktoren der Reihe nach 0 gesetzt:

a) $\frac{3-x}{x^2-x} = \frac{3-x}{x\cdot(x-1)}$
$\quad$ $x\cdot(x-1)=0 \Leftrightarrow x=0$ oder $x=1$ $\qquad$ $D_{max} = \mathbb{R} \setminus \{0; 1\}$

b) $\frac{4a^2-2a}{a^3-a} = \frac{4a^2-2a}{a\cdot(a^2-1)} = \frac{4a^2-2a}{a\cdot(a+1)\cdot(a-1)}$
$\quad$ $a\cdot(a+1)\cdot(a-1)=0$
$\quad$ $\Leftrightarrow a=0$ oder $a=-1$ oder $a=1$ $\qquad$ $D_{max} = \mathbb{R} \setminus \{-1; 0; 1\}$

c) $\dfrac{2}{x^2-4}+\dfrac{3}{x-2}=\dfrac{2}{(x+2)\cdot(x-2)}+\dfrac{3}{x-2}$ $\qquad D_{max}=\mathbb{R}\setminus\{-2;2\}$

d) $\dfrac{4x+5}{9-x^2}+\dfrac{3}{x^2+3x}=\dfrac{4x+5}{(3+x)\cdot(3-x)}+\dfrac{3}{x\cdot(x+3)}$ $\qquad D_{max}=\mathbb{R}\setminus\{-3;0;3\}$

e) $\dfrac{1}{z^2-5z}-\dfrac{3z+4}{z^2+2z}=\dfrac{1}{z\cdot(z-5)}-\dfrac{3z+4}{z\cdot(z+2)}$ $\qquad D_{max}=\mathbb{R}\setminus\{-2;0;5\}$

f) $4x-\dfrac{3}{x^2-1}+\dfrac{x}{x^2-4}$

$=4x-\dfrac{3}{(x+1)\cdot(x-1)}+\dfrac{x}{(x+2)\cdot(x-2)}$ $\qquad D_{max}=\mathbb{R}\setminus\{-2;-1;1;2\}$

g) $\dfrac{x\cdot(x^2-4)}{(x^2-4)\cdot 3x}=\dfrac{x\cdot(x^2-4)}{(x+2)\cdot(x-2)\cdot 3x}$ $\qquad D_{max}=\mathbb{R}\setminus\{-2;0;2\}$

h) Bei der Bestimmung der maximalen Definitionsmenge darf der Term nicht durch y^2-4 und $3y+1$ gekürzt werden, da man sonst nicht alle unerlaubten Belegungen finden würde.

$\dfrac{y^2-4}{y\cdot(y^2-4)}\cdot\dfrac{3y+1}{3y+1}=\dfrac{y^2-4}{y\cdot(y+2)\cdot(y-2)}\cdot\dfrac{3y+1}{3y+1}$ $\qquad D_{max}=\mathbb{R}\setminus\{-2;-\tfrac{1}{3};0;2\}$

43. a) $\dfrac{7x-1}{x+4}:\dfrac{2x-6}{7x-1}$ $\qquad D_{max}=\mathbb{R}\setminus\{-4;\tfrac{1}{7};3\}$

Auch der Zähler $2x-6$ darf nicht null sein, weil durch ihn dividiert wird.

b) $\dfrac{3a+1}{a^2-5a}:\dfrac{2a-1}{a^2-9}=\dfrac{3a+1}{a\cdot(a-5)}:\dfrac{2a-1}{(a+3)\cdot(a-3)}$ $\qquad D_{max}=\mathbb{R}\setminus\{-3;0;\tfrac{1}{2};3;5\}$

44. a) Hauptnenner $HN=2x$: $\dfrac{3}{2x}-5=\dfrac{3}{2x}-\dfrac{5\cdot 2x}{2x}=\dfrac{3-5\cdot 2x}{2x}=\dfrac{3-10x}{2x}$

b) $HN=4x$: $\dfrac{3}{4x}-\dfrac{1}{2x}=\dfrac{3}{4x}-\dfrac{2}{4x}=\dfrac{1}{4x}$

c) $HN=15x$:
$3-\dfrac{1}{5x}+4-\dfrac{2}{3x}=\dfrac{3\cdot 15x}{15x}-\dfrac{1\cdot 3}{15x}+\dfrac{4\cdot 15x}{15x}-\dfrac{2\cdot 5}{15x}=\dfrac{45x-3+60x-10}{15x}=\dfrac{105x-13}{15x}$

Auch möglich und richtig wäre:
$3-\dfrac{1}{5x}+4-\dfrac{2}{3x}=3+4-\dfrac{1}{5x}-\dfrac{2}{3x}=7-\dfrac{1\cdot 3}{15x}-\dfrac{2\cdot 5}{15x}=7-\dfrac{13}{15x}$
$=\dfrac{7\cdot 15x}{15x}-\dfrac{13}{15x}=\dfrac{105x-13}{15x}$

Lösungen: Bruchterme

d) HN = $x \cdot (x+3)$:

$$\frac{3}{x} - \frac{5}{x+3} = \frac{3 \cdot (x+3)}{x \cdot (x+3)} - \frac{5 \cdot x}{x \cdot (x+3)} = \frac{3 \cdot (x+3) - 5x}{x \cdot (x+3)} = \frac{3x + 9 - 5x}{x \cdot (x+3)} = \frac{9 - 2x}{x \cdot (x+3)}$$

e) HN = $(x-1) \cdot (x+1) = x^2 - 1$:

$$\frac{2}{x+1} - \frac{3}{x-1} = \frac{2 \cdot (x-1)}{(x-1) \cdot (x+1)} - \frac{3 \cdot (x+1)}{(x-1) \cdot (x+1)} = \frac{2 \cdot (x-1) - 3 \cdot (x+1)}{(x-1) \cdot (x+1)}$$

$$= \frac{2x - 2 - 3x - 3}{(x-1) \cdot (x+1)} = \frac{-x - 5}{(x-1) \cdot (x+1)} \quad \left(= -\frac{x+5}{x^2 - 1}\right)$$

f) HN = $(x+2) \cdot (2x-1)$:

$$\frac{5}{x+2} + \frac{6x}{2x-1} = \frac{5 \cdot (2x-1)}{(x+2) \cdot (2x-1)} + \frac{6x \cdot (x+2)}{(x+2) \cdot (2x-1)}$$

$$= \frac{5 \cdot (2x-1) + 6x \cdot (x+2)}{(x+2) \cdot (2x-1)} = \frac{10x - 5 + 6x^2 + 12x}{(x+2) \cdot (2x-1)} = \frac{6x^2 + 22x - 5}{(x+2) \cdot (2x-1)}$$

45. a) Bestimmung des Hauptnenners:

$x + 1 = (x+1)$
$2x + 2 = (x+1) \cdot 2$
$\overline{\text{HN} = (x+1) \cdot 2 = 2x + 2}$

Maximale Definitionsmenge: $D_{max} = \mathbb{R} \setminus \{-1\}$

$$\frac{2x}{x+1} - \frac{3x}{2x+2} = \frac{2 \cdot 2x}{2x+2} - \frac{3x}{2x+2} = \frac{4x - 3x}{2x+2} = \frac{x}{2x+2}$$

b) Hauptnenner: $3a - 9 = (a-3) \cdot 3$
$\phantom{\text{Hauptnenner: }} 2a - 6 = (a-3) \cdot 2$
$\phantom{\text{Hauptnenner: }} \overline{\text{HN} = (a-3) \cdot 3 \cdot 2 = 6 \cdot (a-3) = 6a - 18}$

Maximale Definitionsmenge: $D_{max} = \mathbb{R} \setminus \{3\}$

$$\frac{2a+5}{3a-9} + \frac{3a+1}{2a-6} = \frac{(2a+5) \cdot 2}{6a - 18} + \frac{(3a+1) \cdot 3}{6a - 18} = \frac{4a + 10 + 9a + 3}{6a - 18} = \frac{13a + 13}{6a - 18}$$

Ebenfalls mögliches und richtiges Ergebnis: $\frac{13}{6} \cdot \frac{a+1}{a-3}$

c) Hauptnenner: $a^2 - 9 = (a-3) \cdot (a+3)$
$\phantom{\text{Hauptnenner: }} a - 3 = (a-3)$
$\phantom{\text{Hauptnenner: }} \overline{\text{HN} = (a-3) \cdot (a+3) = a^2 - 9}$

Maximale Definitionsmenge: $D_{max} = \mathbb{R} \setminus \{-3; 3\}$

$$\frac{2a+5}{a^2 - 9} + \frac{3a+1}{a-3} = \frac{2a+5}{a^2 - 9} + \frac{(3a+1) \cdot (a+3)}{a^2 - 9} = \frac{2a + 5 + 3a^2 + a + 9a + 3}{a^2 - 9} = \frac{3a^2 + 12a + 8}{a^2 - 9}$$

d) Hauptnenner: $y^2 - 25 = (y-5) \cdot (y+5)$
$\phantom{\text{Hauptnenner: }} y - 5 = (y-5)$
$\phantom{\text{Hauptnenner: }} y + 5 = \phantom{(y-5) \cdot {}} (y+5)$
$\phantom{\text{Hauptnenner: }} \overline{\text{HN} } = (y-5) \cdot (y+5) = y^2 - 25$

Maximale Definitionsmenge: $D_{max} = \mathbb{R} \setminus \{-5; 5\}$

$\dfrac{2y+5}{y^2-25} + \dfrac{3y}{y-5} - \dfrac{4}{y+5} = \dfrac{2y+5}{y^2-25} + \dfrac{3y \cdot (y+5)}{y^2-25} - \dfrac{4 \cdot (y-5)}{y^2-25}$

$= \dfrac{2y+5+3y \cdot (y+5)-4 \cdot (y-5)}{y^2-25} = \dfrac{2y+5+3y^2+15y-4y+20}{y^2-25}$

$= \dfrac{3y^2+13y+25}{y^2-25}$

e) Hauptnenner: $5x^2 - 10x = 5 \cdot x \cdot (x-2)$
$\phantom{\text{Hauptnenner: }} 3x - 6 = \phantom{5 \cdot x \cdot {}} (x-2) \cdot 3$
$\phantom{\text{Hauptnenner: }} 15x = 5 \cdot x \cdot 3$
$\phantom{\text{Hauptnenner: }} \overline{\text{HN} } = 5 \cdot x \cdot (x-2) \cdot 3 = 15x \cdot (x-2) = 15x^2 - 30x$

Maximale Definitionsmenge: $D_{max} = \mathbb{R} \setminus \{0; 2\}$

$\dfrac{4x+1}{5x^2-10x} + \dfrac{2}{3x-6} + \dfrac{7x}{15x} = \dfrac{(4x+1) \cdot 3}{15x \cdot (x-2)} + \dfrac{2 \cdot 5x}{15x \cdot (x-2)} + \dfrac{7x \cdot (x-2)}{15x \cdot (x-2)}$

$= \dfrac{(4x+1) \cdot 3 + 2 \cdot 5x + 7x \cdot (x-2)}{15x \cdot (x-2)} = \dfrac{12x+3+10x+7x^2-14x}{15x \cdot (x-2)}$

$= \dfrac{7x^2+8x+3}{15x \cdot (x-2)}$

f) Hauptnenner: $x^2 - 4x + 4 = (x-2) \cdot (x-2)$ 2. binomische Formel
$\phantom{\text{Hauptnenner: }} x - 2 = (x-2)$
$\phantom{\text{Hauptnenner: }} \overline{\text{HN} } = (x-2) \cdot (x-2) = (x-2)^2$

Maximale Definitionsmenge: $D_{max} = \mathbb{R} \setminus \{2\}$

$\dfrac{8x^2-5}{x^2-4x+4} - \dfrac{3x+1}{x-2} = \dfrac{8x^2-5}{(x-2)^2} - \dfrac{(3x+1) \cdot (x-2)}{(x-2)^2}$

$= \dfrac{8x^2-5-(3x+1) \cdot (x-2)}{(x-2)^2} = \dfrac{8x^2-5-3x^2-x+6x+2}{(x-2)^2} = \dfrac{5x^2+5x-3}{(x-2)^2}$

g) Hauptnenner: $4x^2 - 6x = 2 \cdot x \cdot (2x-3)$
$\phantom{\text{Hauptnenner: }} 6x - 9 = \phantom{2 \cdot x \cdot {}} (2x-3) \cdot 3$
$\phantom{\text{Hauptnenner: }} 4x^2 + 6x = 2 \cdot x \cdot (2x+3)$
$\phantom{\text{Hauptnenner: }} \overline{\text{HN} } = 2 \cdot x \cdot (2x-3) \cdot 3 \cdot (2x+3)$
$\phantom{\text{Hauptnenner: HN}} = 6x \cdot (2x-3) \cdot (2x+3)$

Maximale Definitionsmenge: $D_{max} = \mathbb{R} \setminus \left\{-\frac{3}{2}; 0; \frac{3}{2}\right\}$

$\dfrac{2x+1}{4x^2-6x} + \dfrac{8}{6x-9} + \dfrac{5x-1}{4x^2+6x}$

$= \dfrac{(2x+1) \cdot 3 \cdot (2x+3)}{6x \cdot (2x-3) \cdot (2x+3)} + \dfrac{8 \cdot 2x \cdot (2x+3)}{6x \cdot (2x-3) \cdot (2x+3)} + \dfrac{(5x-1) \cdot (2x-3) \cdot 3}{6x \cdot (2x-3) \cdot (2x+3)}$

$= \dfrac{(2x+1) \cdot 3 \cdot (2x+3) + 8 \cdot 2x \cdot (2x+3) + (5x-1) \cdot (2x-3) \cdot 3}{6x \cdot (2x-3) \cdot (2x+3)}$

$= \dfrac{(6x+3) \cdot (2x+3) + 16x \cdot (2x+3) + (10x^2 - 17x + 3) \cdot 3}{6x \cdot (2x-3) \cdot (2x+3)}$

$= \dfrac{12x^2 + 6x + 18x + 9 + 32x^2 + 48x + 30x^2 - 51x + 9}{6x \cdot (2x-3) \cdot (2x+3)}$

$= \dfrac{74x^2 + 21x + 18}{6x \cdot (2x-3) \cdot (2x+3)}$

h) Hauptnenner: $x^4 - 1 = (x^2+1) \cdot (x+1) \cdot (x-1)$ 3. binomische Formel (zweimal)

$\begin{aligned} x^2 + 1 &= (x^2+1) \\ x+1 &= \phantom{(x^2+1) \cdot{}} (x+1) \\ x-1 &= \phantom{(x^2+1) \cdot (x+1) \cdot{}} (x-1) \\ \hline HN &= (x^2+1) \cdot (x+1) \cdot (x-1) = x^4 - 1 \end{aligned}$

Maximale Definitionsmenge: $D_{max} = \mathbb{R} \setminus \{-1; 1\}$

$\dfrac{8x^4}{x^4-1} + \dfrac{2x^2}{x^2+1} - \dfrac{4x}{x+1} - \dfrac{5x}{x-1}$

$= \dfrac{8x^4}{x^4-1} + \dfrac{2x^2 \cdot (x^2-1)}{x^4-1} - \dfrac{4x \cdot (x^2+1) \cdot (x-1)}{x^4-1} - \dfrac{5x \cdot (x^2+1) \cdot (x+1)}{x^4-1}$

$= \dfrac{8x^4 + 2x^2 \cdot (x^2-1) - 4x \cdot (x^2+1) \cdot (x-1) - 5x \cdot (x^2+1) \cdot (x+1)}{x^4-1}$

$= \dfrac{8x^4 + 2x^4 - 2x^2 - (4x^3 + 4x) \cdot (x-1) - (5x^3 + 5x) \cdot (x+1)}{x^4-1}$

$= \dfrac{8x^4 + 2x^4 - 2x^2 - 4x^4 - 4x^2 + 4x^3 + 4x - 5x^4 - 5x^2 - 5x^3 - 5x}{x^4-1}$

$= \dfrac{-x^4 - x^3 - 11x^2 - x}{x^4-1}$

46. a) $\dfrac{x}{y} + \dfrac{5}{x-6}$ $G = \{(x; y) \mid x, y \in \mathbb{R}\}$ $D_{max} = \{(x; y) \mid y \neq 0; x \neq 6\}$

b) $\dfrac{2x-1}{y+3} + \dfrac{y+1}{3x-6}$ $G = \{(x; y) \mid x, y \in \mathbb{R}\}$ $D_{max} = \{(x; y) \mid y \neq -3; x \neq 2\}$

c) $\dfrac{2x+y}{y+3x} + \dfrac{1}{3x-y}$ $G = \{(x; y) \mid x, y \in \mathbb{R}\}$ $D_{max} = \{(x; y) \mid y \neq -3x; y \neq 3x\}$

Lösungen: Bruchterme   179

d) $\dfrac{3a}{2a+3b} + \dfrac{b-1}{3a-b}$ $G = \{(a;b)\,|\,a, b \in \mathbb{R}\}$

$D_{max} = \left\{(a;b)\,\Big|\,a \neq -\dfrac{3}{2}b;\, a \neq \dfrac{b}{3}\right\}$

e) $\dfrac{2x-z}{y+z} + \dfrac{y+z}{3x} - \dfrac{5}{z+3}$ $G = \{(x;y;z)\,|\,x, y, z \in \mathbb{R}\}$

$D_{max} = \{(x;y;z)\,|\,y \neq -z;\, x \neq 0;\, z \neq -3\}$

f) $\dfrac{3}{xy} + \dfrac{4}{x}$ $G = \{(x;y)\,|\,x, y \in \mathbb{R}\}$

$D_{max} = \{(x;y)\,|\,y \neq 0;\, x \neq 0\}$

g) $\dfrac{2x}{xy} + \dfrac{y}{xy-6}$ $G = \{(x;y)\,|\,x, y \in \mathbb{R}\}$

$D_{max} = \left\{(x;y)\,\Big|\,y \neq 0;\, x \neq 0;\, x \neq \dfrac{6}{y}\right\}$

h) $\dfrac{4}{xyz} - \dfrac{4z}{3x-4y} \cdot \dfrac{2y}{x+z}$ $G = \{(x;y;z)\,|\,x, y, z \in \mathbb{R}\}$

$D_{max} = \left\{(x;y;z)\,\Big|\,x \neq 0;\, y \neq 0;\, z \neq 0;\, x \neq \dfrac{4}{3}y;\, x \neq -z\right\}$

47. a) Hauptnenner: $HN = 12xy$ $D_{max} = \{(x;y)\,|\,y \neq 0;\, x \neq 0\}$

$\dfrac{3x+1}{4x} - \dfrac{4+y}{3y} = \dfrac{(3x+1)\cdot 3y}{12xy} - \dfrac{(4+y)\cdot 4x}{12xy} = \dfrac{(3x+1)\cdot 3y - (4+y)\cdot 4x}{12xy}$

$= \dfrac{9xy + 3y - 16x - 4xy}{12xy} = \dfrac{5xy - 16x + 3y}{12xy}$

b) Hauptnenner:

$2x + 6y = 2\cdot(x+3y)$
$5x + 15y = (x+3y)\cdot 5$
$\overline{HN = 2\cdot(x+3y)\cdot 5 = 10\cdot(x+3y)}$ $D_{max} = \{(x;y)\,|\,x \neq -3y\}$

$\dfrac{4}{2x+6y} - \dfrac{3}{5x+15y} = \dfrac{4\cdot 5}{10\cdot(x+3y)} - \dfrac{3\cdot 2}{10\cdot(x+3y)} = \dfrac{20-6}{10\cdot(x+3y)} = \dfrac{14}{10\cdot(x+3y)} = \dfrac{7}{5\cdot(x+3y)}$

c) Man verwendet die Umformungsmöglichkeit

$9y - 6x = -6x + 9y = -3\cdot(2x - 3y)$

und erhält für den Hauptnenner:

$4x - 6y = 2\cdot(2x-3y)$
$9y - 6x = -(2x-3y)\cdot 3$
$\overline{HN = 2\cdot(2x-3y)\cdot 3 = 6\cdot(2x-3y)}$ $D_{max} = \left\{(x;y)\,\Big|\,x \neq \dfrac{3}{2}y\right\}$

$$\frac{x-4}{4x-6y} + \frac{2x+1}{9y-6x} = \frac{(x-4)\cdot 3}{6\cdot(2x-3y)} - \frac{(2x+1)\cdot 2}{6\cdot(2x-3y)} \quad \text{Minuszeichen wegen HN}$$

$$= \frac{(x-4)\cdot 3 - (2x+1)\cdot 2}{6\cdot(2x-3y)} = \frac{3x-12-4x-2}{6\cdot(2x-3y)} = \frac{-x-14}{6\cdot(2x-3y)}$$

d) Die Umformung des dritten Nenners $16y-12x = -12x+16y$
 $= -4\cdot(3x-4y)$ hilft bei der Bestimmung des Hauptnenners:

$$\begin{aligned}
6x-8y &= 2 \quad \cdot(3x-4y) \\
9x-12y &= \quad\quad (3x-4y)\cdot 3 \\
16y-12x &= -\ 2\cdot 2\cdot(3x-4y) \\
\hline
\text{HN} &= 2\cdot 2\cdot(3x-4y)\cdot 3 = 12\cdot(3x-4y) \quad D_{max} = \{(x;y)\,|\,x\neq \tfrac{4}{3}y\}
\end{aligned}$$

$$\frac{8x-3}{6x-8y} + \frac{2y-5}{9x-12y} + \frac{y-3x}{16y-12x}$$

$$= \frac{(8x-3)\cdot 6}{12\cdot(3x-4y)} + \frac{(2y-5)\cdot 4}{12\cdot(3x-4y)} - \frac{(y-3x)\cdot 3}{12\cdot(3x-4y)} \quad \text{Minuszeichen wegen HN}$$

$$= \frac{(8x-3)\cdot 6 + (2y-5)\cdot 4 - (y-3x)\cdot 3}{12\cdot(3x-4y)} = \frac{48x-18+8y-20-3y+9x}{12\cdot(3x-4y)}$$

$$= \frac{57x+5y-38}{12\cdot(3x-4y)}$$

e) Hauptnenner: $HN = 28xy \quad D_{max} = \{(x;y)\,|\,x\neq 0;\, y\neq 0\}$

$$\frac{7x^2y - 21xy^2}{14xy} - \frac{1}{4}(x-2y) = \frac{(7x^2y - 21xy^2)\cdot 2}{28xy} - \frac{(x-2y)\cdot 7xy}{28xy}$$

$$= \frac{(7x^2y - 21xy^2)\cdot 2 - (x-2y)\cdot 7xy}{28xy} = \frac{14x^2y - 42xy^2 - 7x^2y + 14xy^2}{28xy}$$

$$= \frac{7x^2y - 28xy^2}{28xy} = \frac{7xy\cdot(x-4y)}{7xy\cdot 4} = \frac{x-4y}{4} = \frac{1}{4}x - y$$

oder alternativ (und schneller):

$$\frac{7x^2y - 21xy^2}{14xy} - \frac{1}{4}(x-2y) \quad \text{Bruch auseinander ziehen, ausmultiplizieren}$$

$$= \frac{7x^2y}{14xy} - \frac{21xy^2}{14xy} - \frac{1}{4}x + \frac{1}{2}y \quad \text{kürzen}$$

$$= \frac{1}{2}x - \frac{3}{2}y - \frac{1}{4}x + \frac{1}{2}y = \frac{1}{4}x - y$$

f) Hauptnenner:

$$\begin{aligned}
x^2 - 6xy &= x\cdot(x-6y) \\
2x - 12y &= \quad (x-6y)\cdot 2 \\
4xy - 24y^2 &= \quad (x-6y)\cdot 2\cdot y \\
\hline
\text{HN} &= x\cdot(x-6y)\cdot 2\cdot 2\cdot y = 4xy\cdot(x-6y)
\end{aligned}$$

$D_{max} = \{(x;y)\,|\,x\neq 0;\, y\neq 0;\, x\neq 6y\}$

$$\frac{4}{x^2-6xy}+\frac{5}{2x-12y}-\frac{4}{4xy-24y^2}=\frac{4\cdot 4y}{4xy\cdot(x-6y)}+\frac{5\cdot 2xy}{4xy\cdot(x-6y)}-\frac{4\cdot x}{4xy\cdot(x-6y)}$$
$$=\frac{16y+10xy-4x}{4xy\cdot(x-6y)}=\frac{8y+5xy-2x}{2xy\cdot(x-6y)}$$

g) Man wendet die 3. binomische Formel auf den ersten Nenner an und findet als Hauptnenner:

$$4x^2-9y^2 = (2x-3y)\cdot(2x+3y)$$
$$2x+3y = (2x+3y)$$
$$3y-2x = -(2x-3y)$$
$$\overline{HN \quad = (2x-3y)\cdot(2x+3y)}$$

$$D_{max}=\left\{(x;y)\;\middle|\; x\neq \tfrac{3}{2}y;\; x\neq -\tfrac{3}{2}y\right\}$$

$$\frac{4x-3y}{4x^2-9y^2}-\frac{5}{2x+3y}-\frac{2}{3y-2x}$$
$$=\frac{4x-3y}{4x^2-9y^2}-\frac{5\cdot(2x-3y)}{4x^2-9y^2}+\frac{2\cdot(2x+3y)}{4x^2-9y^2}\qquad \text{Vorzeichenwechsel wegen HN}$$
$$=\frac{4x-3y-5\cdot(2x-3y)+2\cdot(2x+3y)}{4x^2-9y^2}=\frac{4x-3y-10x+15y+4x+6y}{4x^2-9y^2}=\frac{-2x+18y}{4x^2-9y^2}$$

h) Hauptnenner (Ausklammern von 5 beim ersten Nenner und anschließendes Anwenden der 3. binomischen Formel):

$$5x^2-20y^2 = 5\cdot(x-2y)\cdot(x+2y)$$
$$3xy+6y^2 = \phantom{5\cdot(x-2y)\cdot{}}(x+2y)\cdot 3\cdot y$$
$$4x^2-8xy = \phantom{5\cdot{}}(x-2y)\cdot 2\cdot 2\cdot x$$
$$\overline{HN \quad = 5\cdot(x-2y)\cdot(x+2y)\cdot 2\cdot 2\cdot 3\cdot y\cdot x = 60xy\cdot(x^2-4y^2)}$$

$$D_{max}=\{(x;y)\mid x\neq 0;\; y\neq 0;\; x\neq 2y;\; x\neq -2y\}$$

$$\frac{8xy}{5x^2-20y^2}-\frac{y+1}{3xy+6y^2}+\frac{x-1}{4x^2-8xy}$$
$$=\frac{8xy\cdot 12xy}{60xy\cdot(x^2-4y^2)}-\frac{(y+1)\cdot 20x\cdot(x-2y)}{60xy\cdot(x^2-4y^2)}+\frac{(x-1)\cdot 15y\cdot(x+2y)}{60xy\cdot(x^2-4y^2)}$$
$$=\frac{8xy\cdot 12xy-(y+1)\cdot 20x\cdot(x-2y)+(x-1)\cdot 15y\cdot(x+2y)}{60xy\cdot(x^2-4y^2)}$$
$$=\frac{96x^2y^2-(20xy+20x)\cdot(x-2y)+(15xy-15y)\cdot(x+2y)}{60xy\cdot(x^2-4y^2)}$$
$$=\frac{96x^2y^2-20x^2y-20x^2+40xy^2+40xy+15x^2y-15xy+30xy^2-30y^2}{60xy\cdot(x^2-4y^2)}$$
$$=\frac{96x^2y^2-5x^2y-20x^2+70xy^2+25xy-30y^2}{60xy\cdot(x^2-4y^2)}$$

48. a) $(4x^2 + 23x + 15) : (x + 5) = 4x + 3$
$\underline{-(4x^2 + 20x)}$
$3x + 15$
$\underline{-(3x + 15)}$
0

b) $(2x^3 + 5x^2 + 9) : (x + 3) = 2x^2 - x + 3$
$\underline{-(2x^3 + 6x^2)}$
$-x^2 + 9$
$\underline{-(-x^2 - 3x)}$
$3x + 9$
$\underline{-(3x + 9)}$
0

c) $(x^4 - x^3 - 4x^2 + 5x - 2) : (x - 2) = x^3 + x^2 - 2x + 1$
$\underline{-(x^4 - 2x^3)}$
$x^3 - 4x^2 + 5x - 2$
$\underline{-(x^3 - 2x^2)}$
$-2x^2 + 5x - 2$
$\underline{-(-2x^2 + 4x)}$
$x - 2$
$\underline{-(x - 2)}$
0

d) $(x^4 + 2x^3 - 2x^2 - 4x) : (x + 2) = x^3 - 2x$
$\underline{-(x^4 + 2x^3)}$
$-2x^2 - 4x$
$\underline{-(-2x^2 - 4x)}$
0

e) $(x^4 \qquad\qquad -1) : (x-1) = x^3 + x^2 + x + 1$
$\underline{-(x^4 - x^3)}$
$\qquad x^3 \qquad\qquad -1$
$\underline{-(\qquad x^3 - x^2)}$
$\qquad\qquad x^2 \quad -1$
$\underline{-(\qquad\qquad x^2 - x)}$
$\qquad\qquad\qquad x - 1$
$\underline{-(\qquad\qquad\qquad x - 1)}$
$\qquad\qquad\qquad\qquad 0$

f) $(x^4 + x^3 + 2x^2 - 3x - 5) : (x+1) = x^3 + 2x - 5$
$\underline{-(x^4 + x^3)}$
$\qquad\qquad 2x^2 - 3x - 5$
$\underline{-(\qquad 2x^2 + 2x)}$
$\qquad\qquad\qquad -5x - 5$
$\underline{-(\qquad\qquad -5x - 5)}$
$\qquad\qquad\qquad\qquad 0$

g) $(x^4 + 2x^3 - 4x^2 + 2x - 5) : (x^2 + 1) = x^2 + 2x - 5$
$\underline{-(x^4 \qquad\quad + x^2)}$
$\qquad 2x^3 - 5x^2 + 2x - 5$
$\underline{-(\quad 2x^3 \qquad\quad + 2x)}$
$\qquad\qquad -5x^2 \qquad - 5$
$\underline{-(\qquad\quad -5x^2 \qquad -5)}$
$\qquad\qquad\qquad\qquad 0$

h) $(3x^5 + 5x^4 - 4x^3 - 4x^2 - 15x - 10) : (3x + 2) = x^4 + x^3 - 2x^2 - 5$
$\underline{-(3x^5 + 2x^4)}$
$\qquad\quad 3x^4 - 4x^3 - 4x^2 - 15x - 10$
$\underline{-(\qquad 3x^4 + 2x^3)}$
$\qquad\qquad\quad -6x^3 - 4x^2 - 15x - 10$
$\underline{-(\qquad\qquad -6x^3 - 4x^2)}$
$\qquad\qquad\qquad\qquad -15x - 10$
$\underline{-(\qquad\qquad\qquad\qquad -15x - 10)}$
$\qquad\qquad\qquad\qquad\qquad 0$

i) $(x^6 + 5x^4 + x^2 - 15) : (x^2 + 3) = x^4 + 2x^2 - 5$
$\underline{-(x^6 + 3x^4)}$
$\qquad 2x^4 + x^2 - 15$
$\underline{-(\qquad 2x^4 + 6x^2)}$
$\qquad\qquad -5x^2 - 15$
$\underline{-(\qquad\quad -5x^2 - 15)}$
$\qquad\qquad\qquad 0$

j) $(x^9 - 5x^6 + 5x^3 - 25) : (x^3 - 5) = x^6 + 5$
$\underline{-(x^9 - 5x^6)}$
$\qquad\qquad 5x^3 - 25$
$\underline{-(\qquad 5x^3 - 25)}$
$\qquad\qquad\qquad 0$

49. Die Polynomdivisionen in dieser Aufgabe sind hier nicht mehr dargestellt; bei Problemen bearbeiten Sie bitte nochmals die ausführlich gelösten Aufgaben.

a) $\dfrac{10x^2 + 17x + 3}{2x + 3} = (10x^2 + 17x + 3) : (2x + 3) = 5x + 1$

b) $\dfrac{10x^2 + 17x + 3}{5x + 1} = (10x^2 + 17x + 3) : (5x + 1) = 2x + 3$

c) $\dfrac{2x^3 + 3x^2 - 12x + 5}{2x - 1} = (2x^3 + 3x^2 - 12x + 5) : (2x - 1) = x^2 + 2x - 5$

d) $\dfrac{x^3 + 4x^2 + 3x - 2}{x + 2} = (x^3 + 4x^2 + 3x - 2) : (x + 2) = x^2 + 2x - 1$

e) $\dfrac{3x^4 - 2x^3 - 6x^2 + 7x - 2}{3x - 2}$
$= (3x^4 - 2x^3 - 6x^2 + 7x - 2) : (3x - 2) = x^3 - 2x + 1$

f) $\dfrac{2x^5 + x^4 - 4x^2 - 4x - 1}{2x + 1} = (2x^5 + x^4 - 4x^2 - 4x - 1) : (2x + 1) = x^4 - 2x - 1$

g) $\dfrac{x^4 - 2x^3 - 2x - 1}{x^2 + 1} = (x^4 - 2x^3 - 2x - 1) : (x^2 + 1) = x^2 - 2x - 1$

50. a) Polynomdivision ergibt $(x^3 - 8x^2 + 18x - 9) : (x - 3) = x^2 - 5x + 3$,
also ist $x^3 - 8x^2 + 18x - 9 = (x - 3) \cdot (x^2 - 5x + 3)$.

b) Polynomdivision ergibt $(x^5 - 3x^4 - 5x^2 + 16x - 3) : (x - 3) = x^4 - 5x + 1$,
also ist $x^5 - 3x^4 - 5x^2 + 16x - 3 = (x - 3) \cdot (x^4 - 5x + 1)$.

51. a)
$$\begin{array}{l}
(x^3 - x^2 + 3x - 1) : (x + 2) = x^2 - 3x + 9 - \dfrac{19}{x + 2} \\
\underline{-(x^3 + 2x^2)} \\
\qquad -3x^2 + 3x - 1 \\
\underline{-(-3x^2 - 6x)} \\
\qquad\qquad 9x - 1 \\
\underline{-(\qquad 9x + 18)} \\
\qquad\qquad\qquad -19
\end{array}$$

b)
$$\begin{array}{l}
(x^4 \qquad\qquad - 3x) : (x - 1) = x^3 + x^2 + x - 2 - \dfrac{2}{x - 1} \\
\underline{-(x^4 - x^3)} \\
\qquad x^3 \qquad - 3x \\
\underline{-(\ x^3 - x^2)} \\
\qquad\qquad x^2 - 3x \\
\underline{-(\qquad x^2 - x)} \\
\qquad\qquad\qquad -2x \\
\underline{-(\qquad\quad -2x + 2)} \\
\qquad\qquad\qquad\qquad -2
\end{array}$$

c)
$$\begin{array}{l}
(x^4 - 2x^3 + 4x^2 + 8x - 5) : (x - 2) = x^3 + 4x + 16 + \dfrac{27}{x - 2} \\
\underline{-(x^4 - 2x^3)} \\
\qquad\qquad 4x^2 + 8x - 5 \\
\underline{-(\qquad 4x^2 - 8x)} \\
\qquad\qquad\qquad 16x - 5 \\
\underline{-(\qquad\qquad 16x - 32)} \\
\qquad\qquad\qquad\qquad 27
\end{array}$$

53. a) $4 \cdot (3 + 2) - 7 \cdot 3 = 0 \ \Leftrightarrow\ 20 - 21 = 0 \quad$ ist eine **falsche** Aussage.

b) $4 \cdot (3 + 2) - 7 \cdot 3 = -1 \ \Leftrightarrow\ 20 - 21 = -1 \quad$ ist eine wahre Aussage.

c) $\frac{3}{5} - 4 \cdot \frac{3}{10} = 1 - \frac{7}{5}$ $\Leftrightarrow$ $-\frac{3}{5} = -\frac{2}{5}$ ist eine **falsche** Aussage.

d) $1 + 2 + 3 + 4 = 2 \cdot 5$ $\Leftrightarrow$ $10 = 10$ ist eine wahre Aussage.

54. a) $4x - 3 = x + 1; \ x = 1$ $\Leftrightarrow$ $4 \cdot 1 - 3 = 1 + 1$ **falsche** Aussage

b) $7x - 5 = 3x + 7; \ x = 3$ $\Leftrightarrow$ $7 \cdot 3 - 5 = 3 \cdot 3 + 7$ wahre Aussage

c) $\frac{3}{x-3} = \frac{5}{x-5}; \ x = 0$ $\Leftrightarrow$ $\frac{3}{-3} = \frac{5}{-5}$ wahre Aussage

d) $\frac{5}{x+3} = \frac{2}{x-1}; \ x = 1$

Der Term auf der rechten Seite ist für $x = 1$ nicht definiert, $1 \notin D$.
Es ist **keine Aussage über den Wahrheitsgehalt möglich**.

e) $x^2 - 4x + 1 = 4 - 2x; \ x = 3$ $\Leftrightarrow$ $9 - 12 + 1 = 4 - 6$ wahre Aussage

f) $(x-1)^2 = x^2 - 2x + 1; \ x = -1$ $\Leftrightarrow$ $(-2)^2 = 1 + 2 + 1$ wahre Aussage

55.

Term	$x = 1$	$x = 2$	$x = 3$	$x = 4$	$x = 5$
a) $4x - 9 = 2x - 1$	f	f	f	w	f
b) $(x-2)^2 = x^2 - 4x + 4$	w	w	w	w	w
c) $\sqrt{x-3} = x^2 - 15$	f	f	f	w	f
d) $x^2 + 2x = (x+1)^2 - 1$	w	w	w	w	w
e) $(x-2) \cdot (x-3) = 0$	f	w	w	f	f
f) $x^2 - 4x + 3 = 0$	w	f	w	f	f

56. a) $7x - \frac{2}{x} = 9$ \qquad $D_{max} = \mathbb{R} \setminus \{0\}$

b) $\frac{5}{x+3} = \frac{4}{x-1}$ \qquad $D_{max} = \mathbb{R} \setminus \{-3; 1\}$

c) $x^2 + \sqrt{x} = 18$ \qquad $D_{max} = \{x \mid x \geq 0\}$

d) $\frac{1}{x^2} + \frac{3}{x+1} = \frac{8}{x+3}$ \qquad $D_{max} = \mathbb{R} \setminus \{-3; -1; 0\}$

e) $\frac{3}{x^2 - 8x} + \frac{2}{16 - x^2} = 9$ \qquad Mittels $x^2 - 8x = x \cdot (x-8)$ und
$16 - x^2 = (4-x) \cdot (4+x)$ ergibt sich:
$D_{max} = \mathbb{R} \setminus \{-4; 0; 4; 8\}$

f) $\frac{1}{x^2-6x+9} + \frac{3x}{6x-18} = \frac{1}{5-x}$ Die Faktorisierungen $x^2-6x+9 = (x-3)^2$ und $6x-18 = 6\cdot(x-3)$ führen zu:
$D_{max} = \mathbb{R}\setminus\{3;5\}$

57. a) $a^2 = 28$ $\qquad$ $D = \mathbb{R}^+$

b) $k^3 = 100$ $\qquad$ $D = \mathbb{R}^+$

c) $3n + 2n = 45$ $\qquad$ $D = \mathbb{N}$

d) Seitenlänge des Ausgangsquadrats: $\qquad$ a
Seitenlänge des neuen Quadrats: $\qquad$ a+4
Fläche des Ausgangsquadrats: $\qquad$ a^2
Fläche des neuen Quadrats: $\qquad$ $(a+4)^2$
Gleichung: $\qquad$ $a^2 + 40 = (a+4)^2$
$\qquad$ $D = \mathbb{R}^+$

58. a) Subtraktion von 3 auf beiden Seiten stellt immer eine Äquivalenzumformung dar. Es entsteht die Gleichung $x^2 - 5x = \frac{3}{x+1} - 3$. Die Gleichung wird hierdurch nicht einfacher lösbar.

b) Die Subtraktion von x^2 auf beiden Seiten ist ebenfalls eine Äquivalenzumformung; entstehende Gleichung: $-5x + 3 = \frac{3}{x+1} - x^2$.
Auch diese Umformung eignet sich nicht zur Lösungsbestimmung.

c) Die Multiplikation mit $(x+1)$ auf beiden Seiten ist eine Äquivalenzumformung, da $x+1$ nicht null ist, wenn man eine positive Zahl einsetzt. Es entsteht die Gleichung $(x^2 - 5x + 3)\cdot(x+1) = 3$. Diese Äquivalenzumformung wäre somit **geeignet**, durch weitere Äquivalenzumformungen (z. B. Ausmultiplizieren der Klammer und Subtraktion von 3) die Lösung zu bestimmen.

d) Die Division durch x auf beiden Seiten stellt in diesem Fall eine Äquivalenzumformung dar, da $x > 0$ vorausgesetzt ist. Es entsteht:
$x - 5 + \frac{3}{x} = \frac{3}{x^2 + x}$
Diese Äquivalenzumformung bringt jedoch hinsichtlich der Lösungsbestimmung keinen Vorteil.

e) Die Division durch $(x^2 - 5x)$ auf beiden Seiten ist keine Äquivalenzumformung, da für den Fall $x = 5$ durch null dividiert werden würde.

59. a) $x^2 - 6 = 3;\ D = \mathbb{R}$ — Addition von 6 ist eine Äquivalenzumformung, entstehende Gleichung: $x^2 = 9$

b) $3x - 12 = 4x;\ D = \mathbb{R}$ — Subtraktion von 3x ist eine Äquivalenzumformung, entstehende Gleichung: $-12 = x$

c) $x^2 - 6x = 3x;\ D = \mathbb{R}$ — Division durch x ist keine Äquivalenzumformung, da $x = 0$ nicht ausgeschlossen ist.

d) $x^2 - 5x = 3x;\ D = \mathbb{R}^+$ — Division durch x ist eine Äquivalenzumformung, da $x > 0$ vorausgesetzt ist; entstehende Gleichung: $x - 5 = 3$

e) $\frac{x-5}{x+2} = 6;\ x \neq -2$ — Multiplikation mit $x + 2$ ist eine Äquivalenzumformung, denn x darf nach Voraussetzung nicht -2 sein; entstehende Gleichung: $x - 5 = 6 \cdot (x + 2)$

f) $4 + \frac{2}{x} = 2 - \frac{1}{x};\ x \neq 0$ — Multiplikation mit x ist eine Äquivalenzumformung; entstehende Gleichung: $4x + 2 = 2x - 1$

60. a) $6x - 8 = 2x + 12$ $\quad | -2x \quad \Leftrightarrow \quad 4x - 8 = 12$
$\phantom{\text{a)}}$ $6x - 8 = 2x + 12$ $\quad | +8 \quad \Leftrightarrow \quad 6x = 2x + 20$
$\phantom{\text{a)}}$ $6x - 8 = 2x + 12$ $\quad | :2 \quad \Leftrightarrow \quad 3x - 4 = x + 6$

b) $4(x-1)^2 = 2x^2 + 2$ $\quad | :2 \quad \Leftrightarrow \quad 2(x-1)^2 = x^2 + 1$
$\phantom{\text{b)}}$ $4(x-1)^2 = 2x^2 + 2$ $\quad | \text{T ausmultiplizieren} \quad \Leftrightarrow \quad 4x^2 - 8x + 4 = 2x^2 + 2$
$\phantom{\text{b)}}$ $4(x-1)^2 = 2x^2 + 2$ $\quad | -2 \quad \Leftrightarrow \quad 4(x-1)^2 - 2 = 2x^2$

c) $\frac{3}{x} + 1 = \frac{1}{x} + 3$ $\quad | -\frac{1}{x} \quad \Leftrightarrow \quad \frac{2}{x} + 1 = 3$
$\phantom{\text{c)}}$ $\frac{3}{x} + 1 = \frac{1}{x} + 3$ $\quad | -1 \quad \Leftrightarrow \quad \frac{3}{x} = \frac{1}{x} + 2$
$\phantom{\text{c)}}$ $\frac{3}{x} + 1 = \frac{1}{x} + 3$ $\quad | \cdot x,\ \text{da}\ x \neq 0 \quad \Leftrightarrow \quad 3 + x = 1 + 3x$

d) $\frac{2x}{x+3} = \frac{8}{3x+9} + 6$ $\quad | :2 \quad \Leftrightarrow \quad \frac{x}{x+3} = \frac{4}{3x+9} + 3$
$\phantom{\text{d)}}$ $\frac{2x}{x+3} = \frac{8}{3x+9} + 6$ $\quad | \cdot (x+3) \neq 0 \quad \Leftrightarrow \quad 2x = \frac{8}{3} + 6 \cdot (x+3)$
$\phantom{\text{d)}}$ $\frac{2x}{x+3} = \frac{8}{3x+9} + 6$ $\quad | \cdot (3x+9) \neq 0 \quad \Leftrightarrow \quad 6x = 8 + 6 \cdot (3x+9)$

Die letzten beiden Äquivalenzumformungen sind korrekt, weil der Term $3x + 9$ als $3 \cdot (x+3)$ geschrieben werden kann.

61. a) x = 2: 4 − 14 + 10 = 0   wahre Aussage
x = 5: 25 − 35 + 10 = 0   wahre Aussage
Die Probe war erfolgreich; die Zahlen 2 und 5 gehören zur Lösungsmenge.

b) x = 4: 3 + 16 = 19   wahre Aussage
Die Probe war erfolgreich, die Zahl 4 gehört zur Lösungsmenge.
Aber: Auch die Zahl −4 erfüllt die Gleichung. Diese in der Lösungsmenge nicht aufgeführte Zahl kann durch die Probe alleine nicht gefunden werden.

c) x = 2: 5 − 4 = 9   falsche Aussage
Die Lösungsmenge ist falsch.

62. Die Gleichungen a und d sind lineare Gleichungen, die Gleichungen b und c dagegen nicht, da eine Seite der Gleichung einen Wurzelterm bzw. einen Bruchterm enthält. Gleichung e ist ebenfalls keine lineare Gleichung, weil sie zwei verschiedene Variablen enthält.

63. a) $7x - 9 = 5 + 3x$ $\quad | -3x + 9$
$\quad\quad 4x = 14$ $\quad | :4$
$\quad\quad x = \frac{7}{2}$ $\quad L = \left\{\frac{7}{2}\right\}$

b) $8x - 3 = 4 \cdot (3x + 1)$ $\quad | T$ ausmultiplizieren
$\quad 8x - 3 = 12x + 4$ $\quad | -12x + 3$
$\quad\quad -4x = 7$ $\quad | :(-4)$
$\quad\quad x = -\frac{7}{4}$ $\quad L = \left\{-\frac{7}{4}\right\}$

c) $8b - 3 = 4 \cdot (2b + 1)$ $\quad | T$ ausmultiplizieren
$\quad 8b - 3 = 8b + 4$ $\quad | -8b$
$\quad\quad -3 = 4$ $\quad L = \{\ \}$

d) $4 \cdot (3a - 15) = 3 \cdot (4a - 20)$ $\quad | T$ ausmultiplizieren
$\quad 12a - 60 = 12a - 60$ $\quad | -12a$
$\quad\quad -60 = -60$ $\quad L = D_{max} = \mathbb{R}$

64. a) $x^2 - 2x - 24 = 0$ $\quad x_{1;2} = 1 \pm \sqrt{1 + 24} = 1 \pm 5$ $\quad L = \{-4; 6\}$

b) $x^2 - 5x - 36 = 0$ $\quad x_{1;2} = \frac{5}{2} \pm \sqrt{\frac{25}{4} + 36} = \frac{5}{2} \pm \frac{13}{2}$ $\quad L = \{-4; 9\}$

c) $u^2 + 11u + 30 = 0$ $\quad u_{1;2} = -\frac{11}{2} \pm \sqrt{\frac{121}{4} - 30} = -\frac{11}{2} \pm \frac{1}{2}$ $\quad L = \{-6; -5\}$

d) $x^2 - 13x + 40 = 0$ $\quad x_{1;2} = \frac{13}{2} \pm \sqrt{\frac{169}{4} - 40} = \frac{13}{2} \pm \frac{3}{2}$ $\quad L = \{5; 8\}$

e) $x^2 - 5x + 9 = 0$ $\quad x_{1;2} = \frac{5}{2} \pm \sqrt{\frac{25}{4} - 9} = \frac{5}{2} \pm \sqrt{-\frac{11}{4}}$ $\quad L = \{\}$

f) $z^2 - 12z + 36 = 0$ $\quad z_{1;2} = 6 \pm \sqrt{36 - 36} = 6$ $\quad L = \{6\}$

g) $2a^2 - 28a + 98 = 0 \quad |:2$
$\quad a^2 - 14a + 49 = 0$ $\quad a_{1;2} = 7 \pm \sqrt{49 - 49} = 7$ $\quad L = \{7\}$

h) $3x^2 + 6x - 72 = 0 \quad |:3$
$\quad x^2 + 2x - 24 = 0$ $\quad x_{1;2} = -1 \pm \sqrt{1 + 24} = -1 \pm 5$ $\quad L = \{-6; 4\}$

i) $-5x^2 + 30x + 80 = 0 \quad |:(-5)$
$\quad x^2 - 6x - 16 = 0$ $\quad x_{1;2} = 3 \pm \sqrt{9 + 16} = 3 \pm 5$ $\quad L = \{-2; 8\}$

j) $-3x^2 - 12x - 12 = 0 \quad |:(-3)$
$\quad x^2 + 4x + 4 = 0$ $\quad x_{1;2} = -2 \pm \sqrt{4 - 4} = -2$ $\quad L = \{-2\}$

k) $4x^2 + 20x + 24 = 0 \quad |:4$
$\quad x^2 + 5x + 6 = 0$ $\quad x_{1;2} = -\frac{5}{2} \pm \sqrt{\frac{25}{4} - 6} = -\frac{5}{2} \pm \frac{1}{2}$ $\quad L = \{-3; -2\}$

l) $9x^2 - 9x - 9 = 0 \quad |:9$
$\quad x^2 - x - 1 = 0$ $\quad x_{1;2} = \frac{1}{2} \pm \sqrt{\frac{1}{4} + 1} = \frac{1}{2} \pm \frac{1}{2}\sqrt{5}$ $\quad L = \left\{\frac{1}{2} \pm \frac{1}{2}\sqrt{5}\right\}$

m) $z^2 - 8z = 0$ $\quad z_{1;2} = 4 \pm \sqrt{16 - 0} = 4 \pm 4$ $\quad L = \{0; 8\}$
Alternative Lösungsmöglichkeit: $z \cdot (z - 8) = 0$

n) $x^2 - 25 = 0$ $\quad x_{1;2} = \pm\sqrt{25} = \pm 5$ $\quad L = \{-5; 5\}$

o) $8x^2 - 24x = 0 \Leftrightarrow x^2 - 3x = 0 \quad x_1 = 0; \; x_2 = 3 \quad L = \{0; 3\}$

p) $5y^2 - 20 = 0 \Leftrightarrow y^2 - 4 = 0 \quad y_1 = -2; \; y_2 = 2 \quad L = \{-2; 2\}$

65. a) $x^2 - 6x = -9 \Leftrightarrow x^2 - 6x + 9 = 0$ $\hspace{3cm}$ $L = \{3\}$

b) $x^2 + 18 = 9x \Leftrightarrow x^2 - 9x + 18 = 0$ $\hspace{3cm}$ $L = \{3; 6\}$

c) $r^2 = 7r - 12 \Leftrightarrow r^2 - 7r + 12 = 0$ $\hspace{3cm}$ $L = \{3; 4\}$

d) $4x^2 = 12x + 40 \Leftrightarrow x^2 - 3x - 10 = 0$ $\hspace{3cm}$ $L = \{-2; 5\}$

e) $2x^2 - 5x = 3x + 10 \Leftrightarrow 2x^2 - 8x - 10 = 0$
$\Leftrightarrow x^2 - 4x - 5 = 0$ $\hspace{5cm}$ $L = \{-1; 5\}$

f) $7x^2 - 9x + 3 = 5x^2 - 7x + 43 \Leftrightarrow 2x^2 - 2x - 40 = 0$
$\Leftrightarrow x^2 - x - 20 = 0$ $\hspace{5cm}$ $L = \{-4; 5\}$

g) $3x^2 + 7x + 17 = x^2 - x - 13 \Leftrightarrow 2x^2 + 8x + 30 = 0$
$\Leftrightarrow x^2 + 4x + 15 = 0$ $\hspace{5cm}$ $L = \{\}$

h) $5 - 12x = 3x^2 + 6x - 76 \Leftrightarrow -3x^2 - 18x + 81 = 0$
$\Leftrightarrow x^2 + 6x - 27 = 0$ $\hspace{5cm}$ $L = \{-9; 3\}$

i) $(a-3)^2 - 5a = -1 \Leftrightarrow a^2 - 6a + 9 - 5a = -1$
$\Leftrightarrow a^2 - 11a + 10 = 0$ $\hspace{5cm}$ $L = \{1; 10\}$

j) $(2x-7)^2 = (x-1)^2 - x \Leftrightarrow 4x^2 - 28x + 49 = x^2 - 2x + 1 - x$
$\Leftrightarrow 3x^2 - 25x + 48 = 0 \Leftrightarrow x^2 - \frac{25}{3}x + 16 = 0$ $\hspace{1cm}$ $L = \left\{\frac{16}{3}; 3\right\}$

k) $\hspace{3cm} (x-5)^2 - (2x-1)^2 = 24 - 6x - 3x^2$
$\Leftrightarrow \hspace{0.5cm} x^2 - 10x + 25 - (4x^2 - 4x + 1) = 24 - 6x - 3x^2$
$\Leftrightarrow \hspace{0.5cm} x^2 - 10x + 25 - 4x^2 + 4x - 1 = 24 - 6x - 3x^2$
$\Leftrightarrow \hspace{5cm} 0 = 0$ $\hspace{3cm}$ $L = \mathbb{R}$

l) $\hspace{3cm} (x-2)^2 - (3-x)^2 - 2x = 0$
$\Leftrightarrow \hspace{0.5cm} x^2 - 4x + 4 - (9 - 6x + x^2) - 2x = 0$
$\Leftrightarrow \hspace{0.5cm} x^2 - 4x + 4 - 9 + 6x - x^2 - 2x = 0 \Leftrightarrow -5 = 0$ $\hspace{0.5cm}$ $L = \{\}$

m) $4 \cdot (5+2x)^2 - 5 \cdot (2x+3)^2 = (3x-2)^2 - 2 \cdot (4x+3)^2$
$\Leftrightarrow 4 \cdot (25 + 20x + 4x^2) - 5 \cdot (4x^2 + 12x + 9)$
$\hspace{0.5cm} = 9x^2 - 12x + 4 - 2 \cdot (16x^2 + 24x + 9)$
$\Leftrightarrow -4x^2 + 20x + 55 = -23x^2 - 60x - 14$
$\Leftrightarrow 19x^2 + 80x + 69 = 0$ $\hspace{3cm}$ $L = \left\{-3; -\frac{23}{19}\right\}$

66. a) $\frac{2}{x+4} = \frac{1}{2}$ $\quad | \cdot HN = 2 \cdot (x+4) \qquad D_{max} = \mathbb{R} \setminus \{-4\}$

$4 = x + 4 \Leftrightarrow x = 0 \qquad\qquad\qquad L = \{0\}$

b) $\frac{1}{x} - \frac{1}{3} = \frac{1}{5}$ $\quad | \cdot HN = 15x \qquad\qquad D_{max} = \mathbb{R} \setminus \{0\}$

$15 - 5x = 3x \Leftrightarrow -8x = -15 \Leftrightarrow x = \frac{15}{8} \quad L = \left\{\frac{15}{8}\right\}$

c) Bestimmung des Hauptnenners:
$3t - 3 = 3 \cdot (t-1)$
$2t - 2 = \phantom{3 \cdot{}} (t-1) \cdot 2$
$\underline{6 \phantom{t-{}} = 3 \cdot 2}$
$HN = 3 \cdot (t-1) \cdot 2$

$\frac{4}{3t-3} + \frac{5}{2t-2} = \frac{1}{6}$ $\quad | \cdot HN = 6 \cdot (t-1) \qquad D_{max} = \mathbb{R} \setminus \{1\}$

$8 + 15 = t - 1 \Leftrightarrow t = 24 \qquad\qquad L = \{24\}$

d) Bestimmung des Hauptnenners:
$z \cdot (z-2) = z \cdot (z-2)$
$z \phantom{\cdot (z-2){}} = z$
$\underline{4z - 8 = \phantom{z \cdot{}} (z-2) \cdot 2 \cdot 2}$
$HN = z \cdot (z-2) \cdot 2 \cdot 2$

$\frac{1}{z \cdot (z-2)} + \frac{1}{z} = \frac{2}{4z-8}$ $\quad | \cdot HN = 4z \cdot (z-2) \quad D_{max} = \mathbb{R} \setminus \{0; 2\}$

$4 + 4 \cdot (z-2) = 2z \Leftrightarrow 4 + 4z - 8 = 2z$

$\Leftrightarrow 2z - 4 = 0 \Leftrightarrow z = 2 \qquad\qquad L = \{\} \quad (\text{da } 2 \notin D)$

e) Bestimmung des Hauptnenners:
$2y - 1 = \phantom{-{}} (2y-1)$
$y + 2 = \phantom{-(2y-1){}} (y+2)$
$\underline{2 - 4y = -(2y-1) \cdot 2}$
$HN = (2y-1) \cdot (y+2) \cdot 2$

$\frac{2y}{2y-1} - \frac{4}{y+2} = \frac{10-4y}{2-4y}$ $\quad | \cdot HN = 2 \cdot (2y-1) \cdot (y+2) \qquad D_{max} = \mathbb{R} \setminus \left\{-2; \frac{1}{2}\right\}$

$2y \cdot 2 \cdot (y+2) - 4 \cdot 2 \cdot (2y-1) = (10-4y) \cdot (-1) \cdot (y+2)$

$\Leftrightarrow 4y^2 + 8y - 16y + 8 = -10y + 4y^2 - 20 + 8y$

$\Leftrightarrow 4y^2 + 8y - 16y + 8 = 4y^2 - 2y - 20$

$\Leftrightarrow -6y = -28 \qquad\qquad L = \left\{\frac{14}{3}\right\}$

f) $\frac{4}{(x-3)\cdot(x-2)}+\frac{3}{x-2}=\frac{6}{3x-9}$ $\quad|\cdot HN=3\cdot(x-3)\cdot(x-2)$ $\quad D_{max}=\mathbb{R}\setminus\{2;3\}$

$\quad 4\cdot 3+3\cdot 3\cdot(x-3)=6\cdot(x-2)$

$\quad\Leftrightarrow\quad 12+9x-27=6x-12\quad\Leftrightarrow\quad 3x-15=-12$

$\quad\quad\quad\quad\quad\quad\quad\quad\quad\quad\quad\quad\Leftrightarrow\quad 3x=3\quad\quad\quad L=\{1\}$

g) Bestimmung des Hauptnenners:

$\quad x^2-16=(x-4)\cdot(x+4)$
$\quad 2x+8=(x+4)\cdot 2$
$\quad \underline{3x-12=(x-4)\cdot 3}$
$\quad HN=(x-4)\cdot(x+4)\cdot 2\cdot 3$

$\quad\frac{5x-20}{x^2-16}-\frac{6}{2x+8}-\frac{6}{3x-12}=0$ $\quad|\cdot HN=6\cdot(x-4)\cdot(x+4)$ $\quad D_{max}=\mathbb{R}\setminus\{-4;4\}$

$\quad (5x-20)\cdot 6-6\cdot 3\cdot(x-4)-6\cdot 2\cdot(x+4)=0$

$\quad\Leftrightarrow\quad 30x-120-18x+72-12x-48=0$

$\quad\Leftrightarrow\quad\quad\quad\quad\quad\quad\quad\quad\quad\quad -96=0\quad\quad\quad L=\{\,\}$

h) Bestimmung des Hauptnenners:

$\quad 6-2a=-2\cdot(a-3)$
$\quad \underline{4a-12=2\cdot(a-3)\cdot 2}$
$\quad HN=2\cdot(a-3)\cdot 2$

$\quad\frac{5}{6-2a}=\frac{8a-14}{4a-12}\quad\quad|\cdot HN=2\cdot 2\cdot(a-3)\quad\quad D_{max}=\mathbb{R}\setminus\{3\}$

$\quad -5\cdot 2=(8a-14)\cdot 1\quad\Leftrightarrow\quad -10=8a-14\quad\Leftrightarrow\quad a=\tfrac{1}{2}\quad L=\left\{\tfrac{1}{2}\right\}$

i) Bestimmung des Hauptnenners:

$\quad 6+2y=2\cdot(y+3)$
$\quad 6=2\cdot 3$
$\quad 3y+9=(y+3)\cdot 3$
$\quad \underline{8y=2\cdot 2\cdot 2\cdot y}$
$\quad HN=2\cdot(y+3)\cdot 3\cdot 2\cdot 2\cdot y$

$\quad\frac{1-3y}{6+2y}-\frac{1}{6}=\frac{y+3}{3y+9}-\frac{5y+6}{8y}$ $\quad|\cdot HN=24\cdot y\cdot(y+3)$ $\quad D_{max}=\mathbb{R}\setminus\{-3;0\}$

$\quad (1-3y)\cdot 12y-4y\cdot(y+3)=(y+3)\cdot 8y-(5y+6)\cdot 3\cdot(y+3)$

$\quad\Leftrightarrow\quad 12y-36y^2-4y^2-12y=8y^2+24y-15y^2-45y-18y-54$

$\quad\Leftrightarrow\quad\quad\quad\quad\quad\quad -40y^2=-7y^2-39y-54$

$\quad\Leftrightarrow\quad\quad\quad\quad 33y^2-39y-54=0$

$\quad\Leftrightarrow\quad\quad\quad\quad\quad y^2-\tfrac{13}{11}y-\tfrac{18}{11}=0\quad\Leftrightarrow\quad y_1=2;\ y_2=-\tfrac{9}{11}\quad L=\left\{-\tfrac{9}{11};2\right\}$

j) $2 - \frac{7-3x}{x+3} = 2 \cdot \frac{3x+9}{x^2-9}$ $\quad | \cdot HN = (x+3) \cdot (x-3) \qquad D_{max} = \mathbb{R} \setminus \{-3; 3\}$

$\quad 2 \cdot (x+3) \cdot (x-3) - (7-3x) \cdot (x-3) = 2 \cdot (3x+9)$
$\Leftrightarrow \quad 2x^2 - 18 - 7x + 3x^2 + 21 - 9x = 6x + 18$
$\Leftrightarrow \quad 5x^2 - 22x - 15 = 0$
$\Leftrightarrow \quad x_1 = -\frac{3}{5}; \ x_2 = 5 \qquad L = \left\{-\frac{3}{5}; 5\right\}$

k) $\frac{3x-2}{x-1} - \frac{4x-2}{1+x} = \frac{x+3}{2x^2-2}$ $\quad | \cdot HN = 2 \cdot (x-1) \cdot (x+1) \qquad D_{max} = \mathbb{R} \setminus \{-1; 1\}$

$\quad (3x-2) \cdot 2 \cdot (x+1) - (4x-2) \cdot 2 \cdot (x-1) = (x+3)$
$\Leftrightarrow \quad 6x^2 - 4x + 6x - 4 - 8x^2 + 4x + 8x - 4 = x + 3$
$\Leftrightarrow \quad -2x^2 + 13x - 11 = 0$
$\Leftrightarrow \quad x^2 - \frac{13}{2}x + \frac{11}{2} = 0$
$\Leftrightarrow \quad x_{1;2} = \frac{13}{4} \pm \sqrt{\frac{169}{16} - \frac{11}{2}} = \frac{13}{4} \pm \frac{9}{4}$
$\Leftrightarrow \quad x_1 = 1 \notin D; \ x_2 = \frac{11}{2} \qquad L = \left\{\frac{11}{2}\right\}$

l) $\frac{7x-1}{3x-6} + \frac{4x+1}{4-2x} = \frac{2x-5}{6x+12}$ $\quad | \cdot HN = 6 \cdot (x-2) \cdot (x+2) \qquad D_{max} = \mathbb{R} \setminus \{-2; 2\}$

$\quad (7x-1) \cdot 2 \cdot (x+2) - (4x+1) \cdot 3 \cdot (x+2) = (2x-5) \cdot (x-2)$
$\Leftrightarrow \quad 14x^2 - 2x + 28x - 4 - 12x^2 - 3x - 24x - 6 = 2x^2 - 5x - 4x + 10$
$\Leftrightarrow \quad 8x = 20 \Leftrightarrow x = \frac{5}{2} \qquad L = \left\{\frac{5}{2}\right\}$

m) $\frac{11x^2-10x}{3x^2-48} - \frac{4x-2}{2x+8} = \frac{3-5x}{12-3x}$ $\quad | \cdot HN = 6 \cdot (x-4) \cdot (x+4) \ D_{max} = \mathbb{R} \setminus \{-4; 4\}$

$\quad (11x^2 - 10x) \cdot 2 - (4x-2) \cdot 3 \cdot (x-4) = -(3-5x) \cdot 2 \cdot (x+4)$
$\Leftrightarrow \quad 22x^2 - 20x - 12x^2 + 6x + 48x - 24 = -6x + 10x^2 - 24 + 40x$
$\Leftrightarrow \quad 10x^2 + 34x - 24 = 10x^2 + 34x - 24$

$\qquad L = D_{max} = \mathbb{R} \setminus \{-4; 4\}$

n) $\frac{7u-3}{4u+12} - \frac{2-3u}{9-3u} = \frac{3u^2-30u+7}{4u^2-36}$ $\quad | \cdot HN = 12 \cdot (u+3) \cdot (u-3) \ D_{max} = \mathbb{R} \setminus \{-3; 3\}$

$\quad (7u-3) \cdot 3 \cdot (u-3) + (2-3u) \cdot 4 \cdot (u+3) = (3u^2 - 30u + 7) \cdot 3$
$\Leftrightarrow \quad 21u^2 - 9u - 63u + 27 + 8u - 12u^2 + 24 - 36u = 9u^2 - 90u + 21$
$\Leftrightarrow \quad 9u^2 - 100u + 51 = 9u^2 - 90u + 21$
$\Leftrightarrow \quad -10u = -30 \Leftrightarrow u = 3$

Wegen $3 \notin D_{max}$ folgt: $L = \{\}$

67. a) $4x - 5a = 0 \qquad | +5a \qquad D_{max} = \mathbb{R}$
$ 4x = 5a \qquad | :4$
$ x = \frac{5a}{4} \qquad L = \left\{\frac{5a}{4}\right\}$

b) $3 \cdot (x - 3a) = 9 \qquad D_{max} = \mathbb{R}$
$ 3x - 9a = 9 \qquad | +9a$
$ 3x = 9 + 9a \qquad | :3$
$ x = 3 + 3a \qquad L = \{3 + 3a\}$

c) $4 \cdot (x - 5a) = 2 \cdot (7a - 4x) \qquad D_{max} = \mathbb{R}$
$ 4x - 20a = 14a - 8x \qquad | +8x + 20a$
$ 12x = 34a \qquad | :12$
$ x = \frac{17a}{6} \qquad L = \left\{\frac{17a}{6}\right\}$

d) $4 \cdot (x - 3a) - 3 \cdot (x - a) = x + 8 \qquad D_{max} = \mathbb{R}$
$ 4x - 12a - 3x + 3a = x + 8$
$ x - 9a = x + 8 \qquad | -x + 9a$
$ 0 = 9a + 8$

Falls $9a + 8 = 0$, also $a = -\frac{8}{9}$ ist, stellt $0 = 9a + 8$ für alle Werte von x eine wahre Aussage dar. In diesem Fall gilt: $L = D_{max} = \mathbb{R}$

Wenn jedoch $a \neq -\frac{8}{9}$ ist, dann ist $0 = 9a + 8$ immer eine falsche Aussage, und man erhält: $L = \{\}$

e) $(x - 2)^2 + 3x = a \qquad D_{max} = \mathbb{R}$
$x^2 - 4x + 4 + 3x = a \qquad | -a$
$x^2 - x + 4 - a = 0$
$ x_{1;2} = \frac{1}{2} \pm \sqrt{\frac{1}{4} - 4 + a} = \frac{1}{2} \pm \sqrt{a - \frac{15}{4}}$

Die Diskriminante $a - \frac{15}{4}$ entscheidet über die Anzahl der Lösungen:

Wenn $a - \frac{15}{4} = 0 \Leftrightarrow a = \frac{15}{4}$ ist, dann ist die Wurzel gleich 0 und die Gleichung hat eine Lösung: $x = \frac{1}{2}$; $L = \left\{\frac{1}{2}\right\}$

Wenn $a - \frac{15}{4} < 0 \Leftrightarrow a < \frac{15}{4}$ ist, dann ist der Wurzelterm nicht definiert, und die Gleichung besitzt keine Lösung: $L = \{\}$

Ist jedoch $a - \frac{15}{4} > 0 \Leftrightarrow a > \frac{15}{4}$, dann existieren zwei verschiedene Lösungen: $L = \left\{\frac{1}{2} - \sqrt{a - \frac{15}{4}}; \frac{1}{2} + \sqrt{a - \frac{15}{4}}\right\}$

f) $(x-3a)^2 - (x-a)^2 = 0 \qquad D_{max} = \mathbb{R}$

$x^2 - 6ax + 9a^2 - x^2 + 2ax - a^2 = 0$

$\qquad\qquad -4ax + 8a^2 = 0 \qquad | -8a^2$

$\qquad\qquad\qquad -4ax = -8a^2$

Diese Gleichung muss nun durch $-4a$ dividiert werden. Dies ist nur erlaubt für $a \neq 0$. Man muss also eine Fallunterscheidung durchführen:

1. Fall: $a = 0$
Die Gleichung lautet nun $0 = 0$ und ist für alle x gültig. Für diesen Fall erhält man also: $L = D_{max} = \mathbb{R}$

2. Fall: $a \neq 0$
Die Division durch $(-4a)$ ergibt dann $x = 2a$ und somit: $L = \{2a\}$

g) $5ax - 8 = 2a + 7 \qquad | +8 \qquad D_{max} = \mathbb{R}$

$\quad 5ax = 2a + 15$

Da diese Gleichung nun durch 5a dividiert werden muss, erfolgt eine Fallunterscheidung:

1. Fall: $a = 0$
Die Gleichung lautet nun $0 = 15$ und stellt eine falsche Aussage dar. Man erhält für diesen Fall: $L = \{\}$

2. Fall: $a \neq 0$
Die Division durch 5a ergibt nun $x = \frac{2a+15}{5a}$ und somit: $L = \left\{\frac{2a+15}{5a}\right\}$

h) $ax^2 - 7x = 0 \qquad | \text{T } x \text{ ausklammern} \qquad D_{max} = \mathbb{R}$

$x \cdot (ax - 7) = 0$

Ein Produkt ist null, wenn einer der Faktoren null ist.
Der **erste Faktor** liefert $x_1 = 0$.
Nun wird der **zweite Faktor** gleich 0 gesetzt:

$ax - 7 = 0 \qquad | +7$

$\quad ax = 7$

Diese Gleichung muss durch a dividiert werden, um sie nach x aufzulösen. Daher ist wieder eine Fallunterscheidung erforderlich:

1. Fall: $a = 0$
Die Gleichung lautet nun $0 = 7$ und stellt eine falsche Aussage dar. In diesem Fall hat diese Gleichung keine Lösung.

2. Fall: $a \neq 0$
Dann ergibt sich nach Division durch a: $x_2 = \frac{7}{a}$.

Insgesamt ergibt sich als Lösungsmenge $L = \{0\}$, falls $a = 0$ ist, bzw. $L = \{0; \frac{7}{a}\}$, falls $a \neq 0$ ist.

68. a) $\frac{a}{x} - \frac{6}{5x} = 0$ $\quad | \cdot HN = 5x \quad D_{max} = \mathbb{R}\setminus\{0\}$

$5a - 6 = 0$

1. Fall: $a \neq \frac{6}{5}$

Die Gleichung $5a - 6 = 0$ stellt für diese Werte von a eine falsche Aussage dar: $L = \{\}$

2. Fall: $a = \frac{6}{5}$

Die Gleichung lautet für dieses a: $5 \cdot \frac{6}{5} - 6 = 0 \Leftrightarrow 6 - 6 = 0$ und ist daher für alle Werte von x (die ja gar nicht mehr vorkommen) richtig. Deshalb folgt für diesen Fall: $L = D_{max} = \mathbb{R}\setminus\{0\}$

b) $\frac{a}{2x} - 4 = 0$ $\quad | \cdot HN = 2x \quad D_{max} = \mathbb{R}\setminus\{0\}$

$a - 8x = 0 \quad | -a$

$-8x = -a \quad | :(-8)$

$x = \frac{a}{8}$

In der Definitionsmenge ist $x = 0$ nicht enthalten. Man erhält also keine Lösung, wenn $\frac{a}{8}$ gleich 0 ist; für $a = 0$ ist demzufolge $L = \{\}$, andernfalls erhält man $L = \{\frac{a}{8}\}$.

c) $\frac{a}{x} + \frac{x}{a} = 2$ $\quad | \cdot HN = ax, a \neq 0 \quad D_{max} = \mathbb{R}\setminus\{0\}$

$a^2 + x^2 = 2ax \quad | -2ax$

$x^2 - 2ax + a^2 = 0$

$x_{1;2} = a \pm \sqrt{a^2 - a^2} = a \quad L = \{a\}$, wobei $a \neq 0$

d) $\frac{2}{x-a} = 7a$ $\quad | \cdot HN = x - a \quad D_{max} = \{x \mid x \neq a\}$

$2 = 7a \cdot (x - a) \quad | T$ ausmultiplizieren

$2 = 7ax - 7a^2 \quad | +7a^2$

$7a^2 + 2 = 7ax$

Um durch $7a$ dividieren zu können, ist eine Fallunterscheidung erforderlich:

1. Fall: $a = 0$

Die Gleichung lautet in diesem Fall $2 = 0$ und stellt eine falsche Aussage dar. Deshalb ist dann $L = \{\}$.

2. Fall: $a \neq 0$

Die Division durch $7a$ ergibt $\frac{7a^2 + 2}{7a} = x$.

Da wegen der Definitionsmenge x nicht gleich a sein darf, muss gelten:

$\frac{7a^2 + 2}{7a} \neq a \Leftrightarrow 7a^2 + 2 \neq 7a^2 \Leftrightarrow 2 \neq 0 \Leftrightarrow$ wahre Aussage

Die Lösungsmenge lautet somit für alle $a \neq 0$: $L = \left\{\frac{7a^2 + 2}{7a}\right\}$

e) $\frac{a}{2+ax} + 2 = 0$

Um die Definitionsmenge bestimmen zu können, muss man $2+ax=0$ setzen. Dies ist gleichwertig mit $ax=-2$ und erfordert nun die Division durch a. Man betrachtet daher zunächst den

1. Fall: a = 0
Die Gleichung lautet dann $2=0$ und stellt von vorneherein eine falsche Aussage dar. In diesem Fall ist $L=\{\}$.

2. Fall: a ≠ 0

$$a + 2 \cdot (2+ax) = 0 \quad | \cdot HN = 2+ax \quad D_{max} = \mathbb{R} \setminus \left\{-\frac{2}{a}\right\}$$
$$a + 2 \cdot (2+ax) = 0 \quad | \text{ T ausmultiplizieren}$$
$$a + 4 + 2ax = 0 \quad | -4 - a$$
$$2ax = -4 - a \quad | :(2a) \neq 0$$
$$x = -\frac{4+a}{2a}$$

Die Lösung $-\frac{4+a}{2a}$ darf nicht mit der Definitionslücke $-\frac{2}{a}$ übereinstimmen:
$$-\frac{4+a}{2a} \neq -\frac{2}{a} \Leftrightarrow -4-a \neq -4 \Leftrightarrow a \neq 0$$
Dies ist jedoch in diesem 2. Fall zutreffend. Man erhält somit für $a \neq 0$:
$$L = \left\{-\frac{4+a}{2a}\right\}$$

f)
$$\frac{a+1}{a-2x} = \frac{1}{4} \quad | \cdot HN = 4 \cdot (a-2x) \quad D_{max} = \mathbb{R} \setminus \left\{\frac{a}{2}\right\}$$
$$(a+1) \cdot 4 = a - 2x \quad | +2x - (a+1) \cdot 4$$
$$2x = a - 4a - 4 \quad | :2$$
$$x = -\frac{3}{2}a - 2$$

Wegen $D = \mathbb{R} \setminus \left\{\frac{a}{2}\right\}$ darf x nicht $\frac{a}{2}$ sein, das heißt, es muss gelten:
$$-\frac{3}{2}a - 2 \neq \frac{a}{2} \Leftrightarrow 2a \neq -2 \Leftrightarrow a \neq -1$$
Für $a \neq -1$ ist $L = \left\{-\frac{3}{2}a - 2\right\}$, andernfalls ist $L = \{\}$.

g)
$$\frac{1+a}{x-a} + \frac{1}{a} = \frac{1}{2} \quad | \cdot HN = (x-a) \cdot 2a; \, a \neq 0; \, D_{max} = \mathbb{R} \setminus \{a\}$$
$$(1+a) \cdot 2a + 2 \cdot (x-a) = a \cdot (x-a) \quad | \text{ T ausmultiplizieren}$$
$$2a + 2a^2 + 2x - 2a = ax - a^2 \quad | -ax - 2a^2$$
$$2x - ax = -3a^2 \quad | \text{ T x ausklammern}$$
$$(2-a) \cdot x = -3a^2$$

Da nun durch $2-a$ dividiert werden muss, ist eine Fallunterscheidung erforderlich:

1. Fall: a = 2
Die Gleichung lautet dann $0 = -3 \cdot 2^2$ und stellt eine falsche Aussage dar. In diesem Fall ist L = { }.

2. Fall: a ≠ 2
Die Division durch (2 – a) ergibt: $x = -\frac{3a^2}{2-a}$

Weil in der Definitionsmenge der Wert x = a ausgeschlossen ist, darf $-\frac{3a^2}{2-a}$ nicht gleich a sein:

$-\frac{3a^2}{2-a} \neq a \Leftrightarrow -3a^2 \neq 2a - a^2 \Leftrightarrow 2a^2 + 2a \neq 0 \Leftrightarrow a \cdot (a+1) \neq 0$

Das Produkt $a \cdot (a+1)$ ist ungleich 0, wenn a ≠ 0 und a ≠ –1 ist. In diesem Fall ist $L = \left\{ -\frac{3a^2}{2-a} \right\}$.

Für a = –1 ergibt sich L = { }, und der Fall a = 0 ist von vornherein ausgeschlossen.

h) $\frac{a}{x-1} + \frac{1}{x} = 0$ | · HN = (x – 1) · x $D_{max} = \mathbb{R} \setminus \{0; 1\}$
$ax + x - 1 = 0$ | T x ausklammern | +1
$(a+1) \cdot x = 1$

Nun muss durch (a + 1) dividiert werden, sodass eine Fallunterscheidung erfolgt:

1. Fall: a = –1
Die Gleichung 0 = 1 ist falsch; daher ist in diesem Fall L = { }.

2. Fall: a ≠ –1
Division durch (a + 1) ergibt: $x = \frac{1}{a+1}$.

Da wegen $D_{max} = \mathbb{R} \setminus \{0; 1\}$ x weder 0 noch 1 sein darf, muss gelten:
- $\frac{1}{a+1} \neq 0 \Leftrightarrow 1 \neq 0$. Dies ist immer der Fall ($\frac{1}{a+1}$ ist nie null).
- $\frac{1}{a+1} \neq 1 \Leftrightarrow 1 \neq a+1 \Leftrightarrow a \neq 0$

Falls also a = 0 ist, dann ergibt sich L = { }, ansonsten erhält man die Lösungsmenge $L = \left\{ \frac{1}{a+1} \right\}$.

i) $\quad \frac{a-1}{x+2} - \frac{3a-1}{2x+4} = \frac{1-4a}{3x+6}$ | · HN = 6 · (x + 2) $D_{max} = \mathbb{R} \setminus \{-2\}$
$(a-1) \cdot 6 - (3a-1) \cdot 3 = (1-4a) \cdot 2$ | T ausmultiplizieren
$6a - 6 - 9a + 3 = 2 - 8a$ | +8a + 3
$5a = 5 \Leftrightarrow a = 1$

Falls a = 1 ist, dann ist die Gleichung für alle erlaubten x wahr, und man erhält $L = D_{max} = \mathbb{R} \setminus \{-2\}$.
Für a ≠ 1 ergibt sich ein Widerspruch und somit L = { }.

j) $\quad \dfrac{x+ab}{3x} = \dfrac{b^2}{3} \qquad |\cdot HN = 3x \qquad D_{max} = \mathbb{R}\setminus\{0\}$

$\quad x + ab = b^2 \cdot x \qquad |-b^2x - ab$

$\quad x - b^2 x = -ab \qquad |\,T\ x\ \text{ausklammern}$

$(1 - b^2) \cdot x = -ab$

Um durch $1-b^2$ dividieren zu können, wird eine Fallunterscheidung durchgeführt:

1. Fall: $1 - b^2 = 0 \Leftrightarrow b = \pm 1$

In diesem Fall lautet die Gleichung $0 = -ab$.
Wegen $b = \pm 1$ muss $a = 0$ sein, damit diese Aussage wahr ist, sodass folgt:
- Für $a = 0$ und $b = \pm 1$ ergibt sich $L = D_{max} = \mathbb{R}\setminus\{0\}$.
- Für $a \neq 0$ und $b = \pm 1$ erhält man dagegen einen Widerspruch; $L = \{\,\}$.

2. Fall: $1 - b^2 \neq 0 \Leftrightarrow b \neq \pm 1$

Division durch $1 - b^2$ liefert $x = -\dfrac{ab}{1-b^2}$.

Hier ist nun zu untersuchen, ob die Definitionslücke $x = 0$ getroffen wird:
$-\dfrac{ab}{1-b^2} = 0$ ist möglich für $a = 0$ oder $b = 0$. Dann ist die Lösungsmenge ebenfalls leer, $L = \{\,\}$.

Ansonsten, also für $a \neq 0$ und $b \notin \{0; \pm 1\}$, erhält man $L = \left\{-\dfrac{ab}{1-b^2}\right\}$.

69. a) $4x + 3y = 9 \qquad G = \{(x;y)\,|\,x, y \in \mathbb{R}\} \qquad D_{max} = \{(x;y)\,|\,x, y \in \mathbb{R}\}$

b) $4x - \dfrac{3}{y} = 8 \qquad G = \{(x;y)\,|\,x, y \in \mathbb{R}\} \qquad D_{max} = \{(x;y)\,|\,x, y \in \mathbb{R};\, y \neq 0\}$

c) $\dfrac{x+y}{x-y} = 9 \qquad G = \{(x;y)\,|\,x, y \in \mathbb{R}\} \qquad D_{max} = \{(x;y)\,|\,x \neq y\}$

d) $\dfrac{x-y}{x+1} = \dfrac{2}{y-4} \qquad G = \{(x;y)\,|\,x, y \in \mathbb{R}\} \qquad D_{max} = \{(x;y)\,|\,x \neq -1;\, y \neq 4\}$

70. a) $3x - 2y = 7 \qquad\qquad |-3x \qquad D_{max} = \{(x;y)\,|\,x;y \in \mathbb{R}\}$

$\quad -2y = 7 - 3x \qquad |:(-2)$

$\quad y = \dfrac{-7+3x}{2} \qquad L = \left\{(x;y)\ \Big|\ y = \dfrac{3x-7}{2}\right\}$

b) $4 \cdot (3x - 5) = 2 \cdot (y-1) \quad |\,T\ \text{ausmultiplizieren} \quad D_{max} = \{(x;y)\,|\,x;y \in \mathbb{R}\}$

$\quad 12x - 20 = 2y - 2 \qquad |+20$

$\quad 12x = 2y + 18 \qquad |:12$

$\quad x = \dfrac{y+9}{6} \qquad L = \left\{(x;y)\ \Big|\ x = \dfrac{y+9}{6}\right\}$

(Bei Auflösung nach y würde sich $y = 6x - 9$ ergeben.)

c) $3x - 2y = 4 \cdot (x-4) - (x-2y)$ | T ausmultiplizieren $D_{max} = \{(x;y) | x; y \in \mathbb{R}\}$
   $3x - 2y = 4x - 16 - x + 2y$ | $-2y - 3x$
   $-4y = -16$ | $:(-4)$
   $y = 4$ $\qquad L = \{(x;y) | x \in \mathbb{R}; y = 4\}$

d) $\qquad (x-y)^2 - (x+y)^2 = 0$ | T ausmultiplizieren
   $x^2 - 2xy + y^2 - x^2 - 2xy - y^2 = 0$ | T zusammenfassen
   $\qquad -4xy = 0 \qquad D_{max} = \{(x;y) | x; y \in \mathbb{R}\}$

Ein Produkt ist null, wenn einer der Faktoren, also hier x oder y, null ist, also folgt: $L = \{(x;y) | x = 0 \text{ oder } y = 0\}$

e) $3 \cdot (3x - 5y) - 2 \cdot (2x + 5y) = 5 \cdot (x - 5y)$ | T ausmultiplizieren
   $9x - 15y - 4x - 10y = 5x - 25y$ | T zusammenfassen
   $5x - 25y = 5x - 25y$ | $-5x + 25y$
   $0 = 0 \qquad D_{max} = \{(x;y) | x; y \in \mathbb{R}\}$
   $\qquad L = \{(x;y) | x; y \in \mathbb{R}\}$

71. a) $3x - 5y = 2a$ | $-3x$
   $-5y = -3x + 2a$ | $:(-5)$
   $y = \frac{3}{5}x - \frac{2a}{5} \qquad L = \{(x;y) \mid y = \frac{3}{5}x - \frac{2a}{5}\}$

b) $3ax - 5y = 0$ | $-3ax$
   $-5y = -3ax$ | $:(-5)$
   $y = \frac{3}{5}ax \qquad L = \{(x;y) \mid y = \frac{3}{5}ax\}$

72. a) $\quad 2x - 5y = 9 \quad |\cdot 3 \qquad\qquad 6x - 15y = 27$
   $\qquad 3x + y = 5 \quad |\cdot(-2) \Leftrightarrow -6x - 2y = -10 \quad |(I)+(II)$
   $\Leftrightarrow \quad 6x - 15y = 27 \qquad\qquad\qquad 6x - 15y = 27$
   $\qquad\quad -17y = 17 \quad |:(-17) \Leftrightarrow \qquad\quad y = -1$

Aus der 2. Zeile entnimmt man $y = -1$; eingesetzt in (I) folgt
$2x + 5 = 9 \Leftrightarrow x = 2 \qquad L = \{(2; -1)\}$

b) $\quad 7x - 3y = 18 \quad |\cdot 4 \qquad\qquad 28x - 12y = 72$
   $\qquad 4x + 2y = 14 \quad |\cdot(-7) \Leftrightarrow -28x - 14y = -98 \quad |(I)+(II)$
   $\Leftrightarrow \quad 28x - 12y = 72$
   $\qquad\quad -26y = -26 \qquad \Leftrightarrow \quad y = 1; x = 3 \quad L = \{(3; 1)\}$

c) $2x - 3y = 4$
$6x - 9y = 12 \quad |3 \cdot (I) - (II)$
$\Leftrightarrow$
$2x - 3y = 4$
$0 = 0$

y ist beliebig, x wird aus der ersten Gleichung durch y ausgedrückt:
$L = \{(x; y) \mid x = 2 + \frac{3}{2} y\}$

d) $3x - 6y = 12$
$-6x + 12y = 2 \quad |2 \cdot (I) + (II)$
$\Leftrightarrow$
$3x - 6y = 12$
$0 = 26$

Es ergibt sich ein Widerspruch, also: $L = \{\}$

e) $14x - 22y = 18$
$-35x + 55y = -45 \quad |\frac{1}{2} \cdot (I) + \frac{1}{5} \cdot (II)$
$\Leftrightarrow$
$14x - 22y = 18$
$0 = 0$

y ist beliebig, x kann durch die erste Gleichung ausgedrückt werden:
$L = \{(x; y) \mid x = \frac{9}{7} + \frac{11}{7} y\}$

73. a)
$2x + 3y - z = 6$
$3x - 2y + 3z = -2 \quad |3 \cdot (I) - 2 \cdot (II)$
$-x + 4y + 2z = 1 \quad |(I) + 2 \cdot (III)$

$\Leftrightarrow$
$2x + 3y - z = 6$
$13y - 9z = 22$
$11y + 3z = 8 \quad |11 \cdot (II) - 13 \cdot (III)$

$\Leftrightarrow$
$2x + 3y - z = 6$
$13y - 9z = 22$
$-138z = 138$

Aus der dritten Gleichung folgt $z = -1$; setzt man dies in die zweite Gleichung ein, erhält man: $13y + 9 = 22 \Leftrightarrow y = 1$; z und y in die erste Gleichung eingesetzt liefert: $2x + 3 + 1 = 6 \Leftrightarrow x = 1$. Man erhält:
$L = \{(1; 1; -1)\}$

b)
$5x - 3y + z = 4$
$3x - 2y - 2z = 5 \quad |3 \cdot (I) - 5 \cdot (II)$
$7x - 4y + 4z = 3 \quad |7 \cdot (I) - 5 \cdot (III)$

$\Leftrightarrow$
$5x - 3y + z = 4$
$y + 13z = -13$
$- y - 13z = 13 \quad |(II) + (III)$

$$\Leftrightarrow \quad \begin{aligned} 5x - 3y + z &= 4 \\ y + 13z &= -13 \\ 0 &= 0 \end{aligned}$$

Die letzte Zeile ist immer wahr. Das Gleichungssystem besitzt unendlich viele Lösungen.
Aus der zweiten Gleichung erhält man **$y = -13 - 13z$** (genauso gut kann man diese Gleichung auch nach z auflösen). Setzt man dies in die erste Gleichung ein, dann ergibt sich:
$5x - 3 \cdot (\mathbf{-13 - 13z}) + z = 4 \;\Leftrightarrow\; 5x + 39 + 39z + z = 4 \;\Leftrightarrow\; 5x = -35 - 40z$
$\Leftrightarrow \; \mathbf{x = -7 - 8z}$
$L = \{(x; y; z) \,|\, x = -7 - 8z;\; y = -13 - 13z\}$

c) $\quad \begin{aligned} x + 4y &= -3 \\ x \quad 3z &= 4 \quad |(I) - (II) \\ 2y + 5z &= 3 \end{aligned}$

$\Leftrightarrow \quad \begin{aligned} x + 4y &= -3 \\ 4y - 3z &= -7 \\ 2y + 5z &= 3 \quad |(II) - 2 \cdot (III) \end{aligned}$

$\Leftrightarrow \quad \begin{aligned} x + 4y &= -3 \\ 4y - 3z &= -7 \\ -13z &= -13 \end{aligned}$

Die dritte Gleichung entspricht **$z = 1$**.
Setzt man diesen Wert von z in die zweite Gleichung ein, erhält man:
$4y - 3 = -7 \;\Leftrightarrow\; \mathbf{y = -1}$
Mit diesem Wert von y ergibt die erste Gleichung: $x - 4 = -3 \;\Leftrightarrow\; \mathbf{x = 1}$
$L = \{(1; -1; 1)\}$

d) $\quad \begin{aligned} 5x - 8y &= 2 \\ 3x - 3z &= 0 \quad |3 \cdot (I) - 5 \cdot (II) \\ -x - 8y + 6z &= 2 \quad |(II) + 3 \cdot (III) \end{aligned}$

$\Leftrightarrow \quad \begin{aligned} 5x - 8y &= 2 \\ -24y + 15z &= 6 \\ -24y + 15z &= 6 \quad |(II) - (III) \end{aligned}$

$\Leftrightarrow \quad \begin{aligned} 5x - 8y &= 2 \\ -24y + 15z &= 6 \\ 0 &= 0 \end{aligned}$

Die letzte Gleichung ist immer erfüllt. Das Gleichungssystem besitzt unendlich viele Lösungen.
Aus der zweiten Gleichung ergibt sich $y = -\frac{1}{4} + \frac{5}{8}z$. Setzt man diesen Wert von y in die erste Gleichung ein, erhält man:
$5x - 8 \cdot \left(-\frac{1}{4} + \frac{5}{8}z\right) = 2 \Leftrightarrow 5x + 2 - 5z = 2 \Leftrightarrow x = z$
$L = \left\{(x; y; z) \mid x = z; y = -\frac{1}{4} + \frac{5}{8}z\right\}$

e)
$$\begin{aligned} 4x + 2y + 8z &= 4 \\ 8x - 12y + 14z &= 9 \quad |2 \cdot (I) - (II) \\ 8x + 20y + 18z &= 2 \quad |(II) - (III) \end{aligned}$$

$\Leftrightarrow$
$$\begin{aligned} 4x + 2y + 8z &= 4 \\ 16y + 2z &= -1 \\ -32y - 4z &= 7 \quad |2 \cdot (II) + (III) \end{aligned}$$

$\Leftrightarrow$
$$\begin{aligned} 4x + 2y + 8z &= 4 \\ 16y + 2z &= -1 \\ 0 &= 5 \end{aligned}$$

Dieses Gleichungssystem besitzt wegen des Widerspruchs in der letzten Zeile keine Lösung: $L = \{\}$

f)
$$\begin{aligned} 10x + 30y - 20z &= 45 \\ -10x + 20y - 30z &= 15 \quad |(I) + (II) \\ 30x - 40y + 20z &= 9 \quad |3 \cdot (II) + (III) \end{aligned}$$

$\Leftrightarrow$
$$\begin{aligned} 10x + 30y - 20z &= 45 \\ 50y - 50z &= 60 \\ 20y - 70z &= 54 \quad |2 \cdot (II) - 5 \cdot (III) \end{aligned}$$

$\Leftrightarrow$
$$\begin{aligned} 10x + 30y - 20z &= 45 \\ 50y - 50z &= 60 \\ 250z &= -150 \end{aligned}$$

$\Rightarrow z = -\frac{3}{5} \Rightarrow 50y - 50 \cdot \left(-\frac{3}{5}\right) = 60 \Leftrightarrow 50y + 30 = 60 \Leftrightarrow y = \frac{3}{5}$

$\Rightarrow 10x + 30 \cdot \frac{3}{5} - 20 \cdot \left(-\frac{3}{5}\right) = 45 \Leftrightarrow 10x + 18 + 12 = 45 \Leftrightarrow 10x = 15$

$\Rightarrow x = \frac{3}{2}$

$L = \left\{\left(\frac{3}{2}; \frac{3}{5}; -\frac{3}{5}\right)\right\}$

g)
$$2x + 5y + 2z = -4$$
$$-2x + 4y - 5z = -20 \quad |(I)+(II)$$
$$3x - 6y + 5z = 10 \quad |3\cdot(II)+2\cdot(III)$$

$$\Leftrightarrow \begin{aligned} 2x + 5y + 2z &= -4 \\ 9y - 3z &= -24 \\ -5z &= -40 \end{aligned}$$

$\Rightarrow$ **z = 8** $\Rightarrow 9y - 3\cdot 8 = -24 \Leftrightarrow$ **y = 0**
$\Rightarrow 2x + 0 + 2\cdot 8 = -4 \Rightarrow$ **x = −10** $\qquad L = \{(-10; 0; 8)\}$

h)
$$16x - 5y + 20z = 1$$
$$20x + 12y - 10z = 18 \quad |5\cdot(I)-4\cdot(II)$$
$$8x - 20y - 50z = 78 \quad |(I)-2\cdot(III)$$

$$\Leftrightarrow \begin{aligned} 16x - 5y + 20z &= 1 \\ -73y + 140z &= -67 \\ 35y + 120z &= -155 \quad |6\cdot(II)-7\cdot(III) \end{aligned}$$

$$\Leftrightarrow \begin{aligned} 16x - 5y + 20z &= 1 \\ -73y + 140z &= -67 \\ -683y &= 683 \end{aligned}$$

Obwohl hier keine exakte Dreiecksform erreicht ist, lässt sich dennoch die Lösung ablesen. Die letzte Zeile liefert **y = −1**.
$\Rightarrow -73\cdot(-1) + 140z = -67 \Leftrightarrow 140z = -67 - 73 \Leftrightarrow$ **z = −1**
$\Rightarrow 16x - 5\cdot(-1) + 20\cdot(-1) = 1 \Leftrightarrow 16x = 1 - 5 + 20 \Leftrightarrow$ **x = 1**
$L = \{(1; -1; -1)\}$

i)
$$6x - 8y - 10z = -4$$
$$-15x + 20y + 25z = 10 \quad |15\cdot(I)+6\cdot(II)$$
$$21x - 28y - 35z = -14 \quad |21\cdot(I)-6\cdot(III)$$

$$\Leftrightarrow \begin{aligned} 6x - 8y - 10z &= -4 \\ 0 &= 0 \\ 0 &= 0 \end{aligned}$$

Die beiden letzten Gleichungen sind immer wahr; das Gleichungssystem besitzt unendlich viele Lösungen.
Löst man die erste Gleichung nach x auf, erhält man $x = -\frac{2}{3} + \frac{4}{3}y + \frac{5}{3}z$.
$L = \left\{(x; y; z) \mid x = -\frac{2}{3} + \frac{4}{3}y + \frac{5}{3}z\right\}$

j)
$$\begin{aligned} 12x - 9y + 15z &= -5 \\ -20x + 15y - 25z &= 10 \quad | 20 \cdot (I) + 12 \cdot (II) \\ x + 2y - 4z &= 5 \quad | (I) - 12 \cdot (III) \end{aligned}$$

$$\Leftrightarrow \begin{aligned} 12x - 9y + 15z &= -5 \\ 0 &= 20 \\ -33y + 63z &= -65 \end{aligned}$$

Da die zweite Zeile des Gleichungssystems einen Widerspruch darstellt, besitzt das Gleichungssystem keine Lösung: L = { }

75. a)
$$\begin{aligned} x + y &= 6 \\ 2x - y &= a \quad | 2 \cdot (I) - (II) \end{aligned}$$

$$\Leftrightarrow \begin{aligned} x + y &= 6 \\ 3y &= 12 - a \quad | : 3 \end{aligned}$$

$$\Leftrightarrow \begin{aligned} x + y &= 6 \\ y &= 4 - \tfrac{1}{3}a \end{aligned}$$

y wird in die erste Gleichung eingesetzt:
$x + 4 - \tfrac{1}{3}a = 6 \quad | -4 + \tfrac{1}{3}a$
$x = 2 + \tfrac{1}{3}a$ $\quad L = \left\{\left(2 + \tfrac{1}{3}a;\, 4 - \tfrac{1}{3}a\right)\right\}$

b) $\begin{aligned} 6x - 9y &= 3 \\ -4x + 6y &= a \quad | 2 \cdot (I) + 3 \cdot (II) \end{aligned} \Leftrightarrow \begin{aligned} 6x - 9y &= 3 \\ 0 &= 6 + 3a \end{aligned}$

Wenn 6 + 3a = 0, also a = −2 ist, dann ist die zweite Gleichung wahr und daher ergibt sich mithilfe der ersten Gleichung, die nach x aufgelöst wird:
$6x - 9y = 3 \Leftrightarrow x = \tfrac{1}{2} + \tfrac{3}{2}y \quad L = \left\{(x; y) \,\middle|\, x = \tfrac{1}{2} + \tfrac{3}{2}y\right\}$

Ist jedoch a ≠ −2, dann ist L = { }, weil die zweite Gleichung einen Widerspruch darstellt.

c) $\begin{aligned} 3x - 6y &= 12 \\ 5x - ay &= 10 \quad | 5 \cdot (I) - 3 \cdot (II) \end{aligned} \Leftrightarrow \begin{aligned} 3x - 6y &= 12 \\ (-30 + 3a) \cdot y &= 30 \end{aligned}$

Hier ist eine Fallunterscheidung erforderlich:
1. Fall: −30 + 3a = 0 ⇔ a = 10
In diesem Fall steht in der zweiten Zeile des Gleichungssystems 0 = 30 und damit ein Widerspruch, also ist L = { }.

2. Fall: $a \neq 10$

Dann kann die zweite Zeile des Gleichungssystems durch $(-30+3a)$ dividiert werden:

$y = \dfrac{30}{-30+3a} = \dfrac{10}{-10+a}$

Setzt man diesen Wert für y in der ersten Zeile ein, dann erhält man:

$3x - 6 \cdot \dfrac{10}{-10+a} = 12 \Leftrightarrow 3x = 12 + \dfrac{60}{-10+a}$

$\Leftrightarrow x = 4 + \dfrac{20}{-10+a} = \dfrac{-40+4a+20}{-10+a} = \dfrac{4a-20}{a-10}$

Für diesen Fall ergibt sich: $L = \left\{\left(\dfrac{4a-20}{a-10}; \dfrac{10}{a-10}\right)\right\}$

d) $4x + 2y = a$
$ax - y = 1$

Um die Variable x zu eliminieren, müsste man sofort eine Fallunterscheidung durchführen. Um dies zu vermeiden, wird alternativ y eliminiert:

$\begin{array}{l} 4x + 2y = a \\ ax - y = 1 \end{array} \bigg| (I) + 2 \cdot (II) \Leftrightarrow \begin{array}{l} 4x + 2y = a \\ (4+2a) \cdot x = a+2 \end{array}$

Wegen der nun erforderlichen Division durch $4+2a$ ist jetzt die Fallunterscheidung unvermeidlich:

1. Fall: $4 + 2a = 0 \Leftrightarrow a = -2$

Die zweite Zeile lautet $0 = 0$ und ist immer wahr. Damit kann man mithilfe der ersten Zeile y durch x ausdrücken, $y = \dfrac{-2}{2} - 2x$, und man erhält als Lösung: $L = \{(x;y) | y = -1 - 2x\}$

2. Fall: $a \neq -2$

Nun kann man die zweite Zeile des Gleichungssystems durch $4+2a$ dividieren:

$x = \dfrac{a+2}{2a+4} = \dfrac{1}{2}$

Setzt man diesen Wert für x in der ersten Zeile des Gleichungssystems ein, dann ergibt sich:

$4 \cdot \dfrac{1}{2} + 2y = a \Leftrightarrow 2 + 2y = a \Leftrightarrow 2y = a - 2$

Nach Division durch 2 erhält man: $L = \left\{\left(\dfrac{1}{2}; \dfrac{a-2}{2}\right)\right\}$

76. a)
$\begin{array}{l} x + 3y - 2z = 4 \\ 2x - 4y + z = a \\ 3x - 2y + z = a \end{array} \begin{array}{l} \\ |\, 2 \cdot (I) - (II) \\ |\, 3 \cdot (I) - (III) \end{array}$

$\Leftrightarrow \begin{array}{l} x + 3y - 2z = 4 \\ 10y - 5z = 8 - a \\ 11y - 7z = 12 - a \end{array} \begin{array}{l} \\ \\ |\, 11 \cdot (II) - 10 \cdot (III) \end{array}$

$$\Leftrightarrow \quad \begin{aligned} x + 3y - 2z &= 4 \\ 10y - 5z &= 8-a \\ 15z &= -32-a \end{aligned}$$

$$\Rightarrow \quad z = -\frac{32}{15} - \frac{1}{15}a$$

Setzt man diesen Wert von z in die zweite Gleichung ein, ergibt sich:

$10y - 5 \cdot \left(-\frac{32}{15} - \frac{1}{15}a\right) = 8-a \Leftrightarrow 10y + \frac{32}{3} + \frac{1}{3}a = 8-a$

$\Leftrightarrow 10y = 8 - a - \frac{32}{3} - \frac{1}{3}a \Leftrightarrow y = -\frac{4}{15} - \frac{2}{15}a$

Setzt man nun diesen Wert von y zusammen mit dem Wert von z in die erste Zeile ein, erhält man:

$x + 3 \cdot \left(-\frac{4}{15} - \frac{2}{15}a\right) - 2 \cdot \left(-\frac{32}{15} - \frac{1}{15}a\right) = 4 \Leftrightarrow x - \frac{4}{5} - \frac{2}{5}a + \frac{64}{15} + \frac{2}{15}a = 4$

$\Leftrightarrow x = 4 + \frac{4}{5} + \frac{2}{5}a - \frac{64}{15} - \frac{2}{15}a = \frac{8}{15} + \frac{4}{15}a$

$L = \left\{\left(\frac{8}{15} + \frac{4}{15}a;\ -\frac{4}{15} - \frac{2}{15}a;\ -\frac{32}{15} - \frac{1}{15}a\right)\right\}$

b)
$$\begin{aligned} 2x + y - z &= 1 \\ x - 2y &= -1 \quad |(I) - 2\cdot(II) \\ -x + 2y + az &= 3 \quad |(II) + (III) \end{aligned}$$

$$\Leftrightarrow \quad \begin{aligned} 2x + y - z &= 1 \\ 5y - z &= 3 \\ az &= 2 \end{aligned}$$

Nun ist eine Fallunterscheidung erforderlich.

1. Fall: a = 0

Die letzte Zeile liefert mit 0 = 2 einen Widerspruch, L = { }.

2. Fall: a ≠ 0

Die Division der letzten Gleichung durch a ergibt $z = \frac{2}{a}$. Setzt man diesen Wert von z in die zweite Gleichung ein, folgt:

$5y - \frac{2}{a} = 3 \Leftrightarrow y = \frac{3}{5} + \frac{2}{5a}$

Nun werden die Werte von y und z in die erste Gleichung eingesetzt:

$2x + \frac{3}{5} + \frac{2}{5a} - \frac{2}{a} = 1 \Leftrightarrow 2x = 1 - \frac{3}{5} - \frac{2}{5a} + \frac{2}{a} = \frac{2}{5} + \frac{8}{5a} \Leftrightarrow x = \frac{1}{5} + \frac{4}{5a}$

$L = \left\{\left(\frac{1}{5} + \frac{4}{5a};\ \frac{3}{5} + \frac{2}{5a};\ \frac{2}{a}\right)\right\}$

77. Erste Ungleichung:

$$\begin{aligned} 10 &< 4 - 2x \quad |+2x-10 \\ 2x &< -6 \quad |:2 \\ x &< -3 \end{aligned}$$

Zweite Ungleichung:

$4 - 2x > 10 \qquad |-4$

$-2x > 6 \qquad |:(-2)$

$x < -3$

Beide Ungleichungen sind äquivalent (die zweite Ungleichung ergibt sich, wenn man die erste „von rechts nach links" liest). Daher müssen beide Ungleichungen auch dieselbe Lösungsmenge besitzen. Die Lösung $x < -3$ ergibt sich aber nur, wenn man bei der Division durch (-2) bzw. Multiplikation mit $(-\frac{1}{2})$ den Vergleichsoperator umdreht.

78. a) $4x - 5 < 11 \qquad |+5$

$4x < 16 \qquad |:4$

$x < 4 \qquad L = \{x \,|\, x < 4\}$

b) $2x + 9 \geq 3 - x \qquad |-9+x$

$3x \geq -6 \qquad |:3$

$x \geq -2 \qquad L = \{x \,|\, x \geq -2\}$

c) $3 \cdot (2x + 8) \leq (5x - 4) \cdot 2 \qquad |\text{ T ausmultiplizieren}$

$6x + 24 \leq 10x - 8 \qquad |-10x - 24$

$-4x \leq -32 \qquad |:(-4)$

$x \geq 8 \qquad L = \{x \,|\, x \geq 8\}$

d) $6x - 3 \cdot (8 + 3x) \geq 9 - 2 \cdot (x + 4) \qquad |\text{ T ausmultiplizieren}$

$6x - 24 - 9x \geq 9 - 2x - 8 \qquad |\text{ T zusammenfassen}$

$-3x - 24 \geq 1 - 2x \qquad |+2x + 24$

$-x \geq 25 \qquad |\cdot(-1)$

$x \leq -25 \qquad L = \{x \,|\, x \leq -25\}$

e) $(x - 5)^2 \geq (x + 1)^2 \qquad |\text{ T ausmultiplizieren}$

$x^2 - 10x + 25 \geq x^2 + 2x + 1 \qquad |-x^2 - 2x - 25$

$-12x \geq -24 \qquad |:(-12)$

$x \leq 2 \qquad L = \{x \,|\, x \leq 2\}$

f) $(2x + 3) \cdot (x - 2) \leq (4 - x) \cdot (1 - 2x) \qquad |\text{ T ausmultiplizieren}$

$2x^2 + 3x - 4x - 6 \leq 4 - x - 8x + 2x^2 \qquad |\text{ T zusammenfassen}$

$2x^2 - x - 6 \leq 4 - 9x + 2x^2 \qquad |-2x^2 + 9x + 6$

$8x \leq 10 \qquad |:8$

$x \leq \tfrac{5}{4} \qquad L = \{x \,|\, x \leq \tfrac{5}{4}\}$

79. a) $2x + 9 > 5x - 1$ $\quad | -9 - 5x$
$\quad\quad -3x > -10$ $\quad | : (-3)$
$\quad\quad\quad x < \frac{10}{3}$ $\quad L = \{0; 1; 2; 3\}$

b) $4x + 7 \geq 5x + 11$ $\quad | -5x - 7$
$\quad\quad -x \geq 4$ $\quad | \cdot (-1)$
$\quad\quad x \leq -4$ $\quad L = \{\}$

c) $7x - 8 < 10x + 1$ $\quad | -10x + 8$
$\quad\quad -3x < 9$ $\quad | : (-3)$
$\quad\quad x > -3$ $\quad L = \mathbb{N}$

d) $(2x + 1) \cdot 5 \geq 2 \cdot (4 + 5x)$ $\quad |$ T ausmultiplizieren
$\quad\quad 10x + 5 \geq 8 + 10x$ $\quad | -10x - 5$
$\quad\quad\quad 0 \geq 3$

Diese Ungleichung ist falsch: $L = \{\}$

e) $(3x - 1) \cdot 4 \leq 2 \cdot (6x + 1)$ $\quad |$ T ausmultiplizieren
$\quad\quad 12x - 4 \leq 12x + 2$ $\quad | +4 - 12x$
$\quad\quad\quad 0 \leq 6$

Diese Ungleichung ist immer richtig: $L = \mathbb{N}$

f) $\quad (3x - 4)^2 + (4x - 1)^2 \leq (5x + 1)^2$ $\quad |$ T ausmultiplizieren
$\quad 9x^2 - 24x + 16 + 16x^2 - 8x + 1 \leq 25x^2 + 10x + 1$ $\quad |$ T zusammenfassen
$\quad\quad\quad 25x^2 - 32x + 17 \leq 25x^2 + 10x + 1$ $\quad | -25x^2 - 10x - 17$
$\quad\quad\quad\quad -42x \leq -16$ $\quad | : (-42)$
$\quad\quad\quad\quad\quad x \geq \frac{8}{21}$ $\quad L = \{1; 2; 3; 4; ...\}$

80. a) Mögliche Ungleichungen sind z. B. neben vielen weiteren:
$2x > 4$; $8 < 4x$; $x + 1 > 3$

b) z. B. $2x < -6$; $-x > 3$; $x + 3 < 0$

c) z. B. $x + 1 > x$; $x^2 > -1$; $2x + 4 < 2x + 9$

d) z. B. $x + 1 < x$; $x^2 < -1$; $4 + x > 5 + x$

Lösungen: Ungleichungen 211

81. a) $\frac{3}{x} > 1$ $D = \mathbb{R} \setminus \{0\}$; Hauptnenner HN = x

Für die erforderliche Multiplikation mit x gibt es zwei Fälle:

1. Fall: x > 0. Man erhält $3 > x \Leftrightarrow x < 3$.
Von den betrachteten positiven Zahlen (x > 0) sind die Zahlen, die kleiner als 3 sind, eine Lösung. Es gilt also: $\mathbf{L_1 = \{x \mid 0 < x < 3\}}$

2. Fall: x < 0. Man erhält nach Multiplikation mit x: $3 < x \Leftrightarrow x > 3$.
Unter den betrachteten negativen Zahlen (x < 0) gibt es keine, die größer als 3 ist. Hier gilt also: $\mathbf{L_2 = \{\,\}}$

Insgesamt erhält man als Lösung: $\mathbf{L = L_1 = \{x \mid 0 < x < 3\}}$

b) $\frac{3x+2}{x} < 4$ $D = \mathbb{R} \setminus \{0\}$; Hauptnenner HN = x

Für die erforderliche Multiplikation mit x gibt es zwei Fälle:

1. Fall: x > 0. Man erhält:
$3x + 2 < 4x$ $\vert -4x - 2$
$-x < -2$ $\vert \cdot (-1)$
$x > 2$

Alle Zahlen, die größer als 2 sind, gehören zu den in diesem Fall betrachteten positiven Zahlen (x > 0). Es gilt also: $\mathbf{L_1 = \{x \mid x > 2\}}$

2. Fall: x < 0. Man erhält nach Multiplikation mit x:
$3x + 2 > 4x$ $\vert -4x - 2$
$-x > -2$ $\vert \cdot (-1)$
$x < 2$

Alle betrachteten negativen Zahlen (x < 0) sind kleiner als 2. Man erhält für diesen Fall also: $\mathbf{L_2 = \{x \mid x < 0\}}$

Insgesamt erhält man als Lösung: $\mathbf{L = L_1 \cup L_2 = \{x \mid x < 0 \text{ oder } x > 2\}}$

c) $\frac{7}{2x} + 1 > 0$ $D = \mathbb{R} \setminus \{0\}$; Hauptnenner HN = 2x

1. Fall: 2x > 0 $\Leftrightarrow$ **x > 0**. Multiplikation mit 2x ergibt:
$7 + 2x > 0 \Leftrightarrow 2x > -7 \Leftrightarrow x > -\frac{7}{2}$
Von den betrachteten positiven Zahlen sind alle größer als $-\frac{7}{2}$; daher gilt: $L_1 = \{x \mid x > 0\}$

2. Fall: 2x < 0 $\Leftrightarrow$ **x < 0**. Multiplikation mit 2x ergibt in diesem Fall
$7 + 2x < 0 \Leftrightarrow 2x < -7 \Leftrightarrow x < -\frac{7}{2}$, sodass folgt: $L_2 = \{x \mid x < -\frac{7}{2}\}$

Insgesamt ergibt sich: $L_2 = \{x \mid x > 0 \text{ oder } x < -\frac{7}{2}\}$

d) $\frac{x+1}{x-1} \leq -2$ $D = \mathbb{R}\setminus\{1\}$;   Hauptnenner HN $= x-1$

1. Fall: $x-1>0$ $\Leftrightarrow$ **$x>1$.** Multiplikation mit $x-1$ ergibt:
$x+1 \leq -2 \cdot (x-1)$ $\Leftrightarrow$ $3x \leq 1$ $\Leftrightarrow$ $x \leq \frac{1}{3}$

Da nur die Zahlen betrachtet werden, die größer als 1 sind, ergibt sich in diesem Fall: $L_1 = \{\}$

2. Fall: $x-1<0$ $\Leftrightarrow$ **$x<1$.** Multiplikation mit $x-1$ ergibt nun:
$x+1 \geq -2 \cdot (x-1)$ $\Leftrightarrow$ $3x \geq 1$ $\Leftrightarrow$ $x \geq \frac{1}{3}$

Für diesen Fall lautet die Lösungsmenge: $L_2 = \{x \mid \frac{1}{3} \leq x < 1\}$

Dies ist gleichzeitig die Gesamtlösungsmenge der Ungleichung, $L = L_2$.

e) $\frac{x+2}{x-1} \leq 1$ $D = \mathbb{R}\setminus\{1\}$;   Hauptnenner HN $= x-1$

1. Fall: $x-1>0$ $\Leftrightarrow$ **$x>1$.** Multiplikation mit $x-1$ ergibt:
$x+2 \leq x-1$ $\Leftrightarrow$ $2 \leq -1$ (falsche Aussage) $L_1 = \{\}$

2. Fall: $x-1<0$ $\Leftrightarrow$ **$x<1$.** Multiplikation mit $x-1$ ergibt nun:
$x+2 \geq x-1$ $\Leftrightarrow$ $2 \geq -1$ (wahre Aussage) $L_2 = \{x \mid x < 1\}$

Insgesamt ergibt sich für die Lösungsmenge: $L = L_2 = \{x \mid x < 1\}$

f) $\frac{2x+1}{x+4} \geq 7$ $D = \mathbb{R}\setminus\{-4\}$;   Hauptnenner HN $= x+4$

1. Fall: $x+4>0$ $\Leftrightarrow$ **$x>-4$.** Multiplikation mit $x+4$ ergibt:
$2x+1 \geq 7 \cdot (x+4)$ $\Leftrightarrow$ $-5x \geq 27$ $\Leftrightarrow$ $x \leq -\frac{27}{5}$ $L_1 = \{\}$

2. Fall: $x+4<0$ $\Leftrightarrow$ **$x<-4$.** Multiplikation mit $x+4$ ergibt nun:
$2x+1 \leq 7 \cdot (x+4)$ $\Leftrightarrow$ $x \geq -\frac{27}{5}$ $L_2 = \{x \mid -\frac{27}{5} \leq x < -4\}$

Insgesamt ergibt sich für die Lösungsmenge: $L = L_2$

g) $\frac{x^2-5}{x+1} \leq x+2$ $D = \mathbb{R}\setminus\{-1\}$;   Hauptnenner HN $= x+1$

1. Fall: $x+1>0$ $\Leftrightarrow$ **$x>-1$.** Multiplikation mit $x+1$ ergibt:
$x^2-5 \leq (x+2)\cdot(x+1)$ $\Leftrightarrow$ $x^2-5 \leq x^2+3x+2$ $\Leftrightarrow$ $-3x \leq 7$
$\Leftrightarrow$ $x \geq -\frac{7}{3}$ $L_1 = \{x \mid x > -1\}$

2. Fall: $x+1<0$ $\Leftrightarrow$ **$x<-1$.** Multiplikation mit $x+1$ ergibt nun:
$x^2-5 \geq (x+2)\cdot(x+1)$ $\Leftrightarrow$ $x^2-5 \geq x^2+3x+2$ $\Leftrightarrow$ $-3x \geq 7$
$\Leftrightarrow$ $x \leq -\frac{7}{3}$ $L_2 = \{x \mid x \leq -\frac{7}{3}\}$

Insgesamt ergibt sich für die Lösungsmenge:
$L = \{x \mid x \leq -\frac{7}{3}$ oder $x > -1\}$

Lösungen: Ungleichungen | 213

h) $4+3x \geq \frac{3x^2+1}{x-1}$ $D = \mathbb{R}\setminus\{1\}$;   Hauptnenner $HN = x-1$

1. Fall: $x-1>0$ $\Leftrightarrow$ $x>1$. Multiplikation mit $x-1$ ergibt:
$(4+3x)\cdot(x-1) \geq 3x^2+1$ $\Leftrightarrow$ $3x^2+x-4 \geq 3x^2+1$ $\Leftrightarrow$ $x \geq 5$
$L_1 = \{x \mid x \geq 5\}$

2. Fall: $x-1<0$ $\Leftrightarrow$ $x<1$. Multiplikation mit $x-1$ ergibt nun:
$(4+3x)\cdot(x-1) \leq 3x^2+1$ $\Leftrightarrow$ $3x^2+x-4 \leq 3x^2+1$ $\Leftrightarrow$ $x \leq 5$
$L_2 = \{x \mid x < 1\}$

Insgesamt ergibt sich für die Lösungsmenge: $L = \{x \mid x < 1 \text{ \textbf{oder} } x \geq 5\}$

i) $\frac{1}{x} > \frac{1}{x+1}$ $D = \mathbb{R}\setminus\{-1; 0\}$;   Hauptnenner $HN = x \cdot (x+1)$

1. Fall: $x \cdot (x+1) > 0$, d. h.
entweder $x>0$ und $x+1>0$ $\Leftrightarrow$ $x>0$ und $x>-1$ $\Leftrightarrow$ **$x>0$**
oder $x<0$ und $x+1<0$ $\Leftrightarrow$ $x<0$ und $x<-1$ $\Leftrightarrow$ **$x<-1$**
Betrachtet werden also hier diejenigen Zahlen, die entweder positiv oder kleiner als -1 sind. Die Multiplikation mit dem dann positiven Hauptnenner ergibt:
$x+1 > x$ $\Leftrightarrow$ $1>0$ (immer wahre Aussage). $L_1 = \{x \mid x < -1 \text{ \textbf{oder} } x > 0\}$

2. Fall: $x \cdot (x+1) < 0$, d. h.
entweder $x>0$ und $x+1<0$ (dieser Fall ist nicht möglich)
oder $x<0$ und $x+1>0$ $\Leftrightarrow$ $-1<x<0$.
Betrachtet werden also hier diejenigen Zahlen, die zwischen -1 und 0 liegen. In diesem Fall ist der Hauptnenner negativ, und es folgt:
$x+1 < x$ $\Leftrightarrow$ $1<0$ (immer falsche Aussage). $L_2 = \{\}$
Gesamte Lösungsmenge: $L = L_1$

j) $\frac{4+x}{x} \leq \frac{x}{4+x}$ $D = \mathbb{R}\setminus\{-4; 0\}$;   Hauptnenner $HN = x \cdot (x+4)$

1. Fall: $x \cdot (x+4) > 0$, d. h.
entweder $x>0$ und $x+4>0$, also $x>0$,
oder $x<0$ und $x+4<0$, also $x<-4$.
Betrachtet werden also hier diejenigen Zahlen, die entweder positiv oder kleiner als -4 sind. Die Multiplikation mit dem dann positiven Hauptnenner ergibt:
$(4+x)^2 \leq x^2$ $\Leftrightarrow$ $x^2+8x+16 \leq x^2$ $\Leftrightarrow$ $8x \leq -16$ $\Leftrightarrow$ $x \leq -2$
$L_1 = \{x \mid x < -4\}$

2. Fall: $x \cdot (x+4) < 0$, d. h.
entweder $x>0$ und $x+4<0$ (dieser Fall ist nicht möglich)
oder $x<0$ und $x+4>0$, also $-4 < x < 0$.

Betrachtet werden also hier diejenigen Zahlen, die zwischen -4 und 0 liegen. In diesem Fall ist der Hauptnenner negativ, und es folgt:
$(4+x)^2 \geq x^2 \Leftrightarrow x^2 + 8x + 16 \geq x^2 \Leftrightarrow 8x \geq -16 \Leftrightarrow x \geq -2$
$L_2 = \{-2 \leq x < 0\}$
Gesamte Lösungsmenge: $L = \{x \mid x < -4 \text{ oder } -2 \leq x < 0\}$

k) $\frac{4}{5+x} + \frac{1}{1+x} \geq 0 \quad D = \mathbb{R}\setminus\{-5; -1\};$ Hauptnenner $HN = (5+x)\cdot(x+1)$

1. Fall: $(5+x)\cdot(x+1) > 0$, d. h.
entweder $x + 5 > 0$ und $x + 1 > 0$, d. h. $x > -5$ und $x > -1$, also $x > -1$
oder $x + 5 < 0$ und $x + 1 < 0$, d. h. $x < -5$ und $x < -1$, also $x < -5$.
Betrachtet werden also hier diejenigen Zahlen, die entweder kleiner als -5 oder größer als -1 sind. Die Multiplikation mit dem dann positiven Hauptnenner ergibt:
$4\cdot(1+x) + 1\cdot(5+x) \geq 0 \Leftrightarrow 5x + 9 \geq 0 \Leftrightarrow x \geq -\frac{9}{5} \quad L_1 = \{x \mid x > -1\}$

2. Fall: $(5+x)\cdot(x+1) < 0$, d. h.
entweder $x + 5 > 0$ und $x + 1 < 0$, d. h. $x > -5$ und $x < -1$, also $-5 < x < -1$
oder $x + 5 < 0$ und $x + 1 > 0$, d. h. $x < -5$ und $x > -1$ (dies ist nicht gleichzeitig möglich).
Betrachtet werden somit diejenigen Zahlen, die zwischen -5 und -1 liegen. In diesem Fall ist der Hauptnenner negativ, und es folgt:
$4\cdot(1+x) + 1\cdot(5+x) \leq 0 \Leftrightarrow 5x + 9 \leq 0 \Leftrightarrow x \leq -\frac{9}{5} \quad L_2 = \{x \mid -5 < x \leq -\frac{9}{5}\}$
Gesamte Lösungsmenge: $L = \{x \mid -5 < x \leq -\frac{9}{5} \text{ oder } x > -1\}$

l) $\frac{2-x}{2+x} + \frac{1}{1+x} \leq -1 \quad D = \mathbb{R}\setminus\{-2; -1\};$ Hauptnenner $HN = (2+x)\cdot(1+x)$

1. Fall: $(2+x)\cdot(1+x) > 0$, d. h.
entweder $2 + x > 0$ und $1 + x > 0$, d. h. $x > -2$ und $x > -1$, also $x > -1$
oder $2 + x < 0$ und $1 + x < 0$, d. h. $x < -2$ und $x < -1$, also $x < -2$.
Betrachtet werden also hier diejenigen Zahlen, die entweder kleiner als -2 oder größer als -1 sind. Die Multiplikation mit dem dann positiven Hauptnenner ergibt:
$(2-x)\cdot(1+x) + 1\cdot(2+x) \leq -(2+x)\cdot(1+x)$
$\Leftrightarrow 2 - x + 2x - x^2 + 2 + x \leq -2 - x - 2x - x^2 \quad \mid +x^2 + 3x - 4$
$\Leftrightarrow 5x \leq -6 \Leftrightarrow x \leq -\frac{6}{5}$
Da gemäß der Fallunterscheidung nur die Zahlen betrachtet werden, die größer als -1 oder kleiner als -2 sind, folgt: $L_1 = \{x \mid x < -2\}$

2. Fall: $(2+x)\cdot(1+x) < 0$, d. h.

entweder $2+x > 0$ und $1+x < 0$, d. h. $x > -2$ und $x < -1$, also $-2 < x < -1$

oder $2+x < 0$ und $1+x > 0$, d. h. $x < -2$ und $x > -1$ (dies ist nicht möglich).

Betrachtet werden also hier diejenigen Zahlen, die zwischen -2 und -1 liegen. Die Multiplikation mit dem dann negativen Hauptnenner ergibt:

$(2-x)\cdot(1+x) + 1\cdot(2+x) \geq -(2+x)\cdot(1+x)$

$\Leftrightarrow 2-x+2x-x^2+2+x \geq -2-x-2x-x^2 \quad |+x^2+3x-4$

$\Leftrightarrow 5x \geq -6 \Leftrightarrow x \geq -\frac{6}{5}$

Von den betrachteten Zahlen zwischen -1 und -2 gehören nur die Zahlen zwischen $-\frac{6}{5}$ und -1 zu dieser Teillösungsmenge: $L_2 = \{x \mid -\frac{6}{5} \leq x < -1\}$

Somit ergibt sich als Gesamtlösung:

$L = L_1 \cup L_2 = \{x \mid x < -2 \text{ oder } -\frac{6}{5} \leq x < -1\}$

82. a) $a \cdot x > 1$

1. Fall: $a = 0$. Dies entspricht der Ungleichung $0 > 1$ und ist immer falsch. Daher ist für $a = 0$ die Lösungsmenge leer: $L = \{\}$

2. Fall: $a > 0$. Die Division durch a liefert $x > \frac{1}{a}$, daher: $L = \{x \mid x > \frac{1}{a}\}$

3. Fall: $a < 0$. Die Division durch a liefert $x < \frac{1}{a}$, daher: $L = \{x \mid x < \frac{1}{a}\}$

b) $a \cdot x + 2 \leq 1 \quad |-2$

$a \cdot x \leq -1$

1. Fall: $a = 0$. Dies entspricht der Ungleichung $0 \leq -1$ und ist immer falsch. Daher ist für $a = 0$ die Lösungsmenge leer: $L = \{\}$

2. Fall: $a > 0$. Die Division durch a liefert $x \leq -\frac{1}{a}$, also: $L = \{x \mid x \leq -\frac{1}{a}\}$

3. Fall: $a < 0$. Die Division durch a liefert $x \geq -\frac{1}{a}$, also: $L = \{x \mid x \geq -\frac{1}{a}\}$

c) $7 - 3a \cdot x \geq 1 \quad |-7$

$-3a \cdot x \geq -6$

1. Fall: $a = 0$. Dies entspricht der Ungleichung $0 \geq -6$ und ist immer richtig. Daher ist für $a = 0$ die Lösungsmenge: $L = D = \mathbb{R}$

2. Fall: $a > 0$. Die Division durch $-3a$ (dieser Term ist negativ) liefert $x \leq \frac{2}{a}$ und damit: $L = \{x \mid x \leq \frac{2}{a}\}$

3. Fall: $a < 0$. Die Division durch $-3a$ liefert $x \geq \frac{2}{a}$, also: $L = \{x \mid x \geq \frac{2}{a}\}$

d) $a \cdot (4+3x) \geq 3 \cdot (a+x)$ | T ausmultiplizieren
$4a + 3ax \geq 3a + 3x$ | $-3x - 4a$
$3ax - 3x \geq -a$ | T x ausklammern
$x \cdot (3a - 3) \geq -a$

Nun steht die Division durch $3a-3$ an. Dies ist für $3a-3=0 \Leftrightarrow a=1$ nicht erlaubt:

1. Fall: a = 1. Dies entspricht der Ungleichung $0 \geq -1$ und ist immer richtig. Daher ist für $a=1$ die Lösungsmenge: $L = D = \mathbb{R}$

2. Fall: a > 1. Die Division durch $3a-3$ (dieser Term ist positiv) liefert $x \geq -\frac{a}{3a-3}$ und damit: $L = \{x \mid x \geq -\frac{a}{3a-3}\}$

3. Fall: a < 1. Die Division durch $3a-3$ liefert $x \leq -\frac{a}{3a-3}$ und daher: $L = \{x \mid x \leq -\frac{a}{3a-3}\}$

e) $(a+x) \cdot 3 > a \cdot (x+1)$ | T ausmultiplizieren
$3a + 3x > ax + a$ | $-ax - 3a$
$3x - ax > -2a$ | T x ausklammern
$x \cdot (3-a) > -2a$

Die erforderliche Division durch $(3-a)$ ist für $a=3$ nicht erlaubt:

1. Fall: a = 3. Dies entspricht der Ungleichung $0 > -6$ und ist immer richtig. Daher ist für $a=3$ die Lösungsmenge: $L = D = \mathbb{R}$

2. Fall: a > 3. Die Division durch $3-a$ (dieser Term ist negativ) liefert $x < -\frac{2a}{3-a} = \frac{2a}{a-3}$ und damit: $L = \{x \mid x < \frac{2a}{a-3}\}$

3. Fall: a < 3. Die Division durch $3-a$ liefert $x > -\frac{2a}{3-a} = \frac{2a}{a-3}$, also: $L = \{x \mid x > \frac{2a}{a-3}\}$

f) $\qquad (a+x)^2 \leq x^2 - 3a$ | T ausmultiplizieren
$a^2 + 2ax + x^2 \leq x^2 - 3a$ | $-x^2 - a^2$
$\qquad 2ax \leq -3a - a^2$

Nun muss durch $2a$ dividiert werden.

1. Fall: a = 0. Dies entspricht der Ungleichung $0 \leq 0$ und ist immer richtig. Daher lautet für $a=0$ die Lösungsmenge: $L = D = \mathbb{R}$

2. Fall: a > 0. Die Division durch $2a$ liefert $x \leq -\frac{3a+a^2}{2a} = -\frac{3+a}{2}$, also: $L = \{x \mid x \leq -\frac{3+a}{2}\}$

3. Fall: a < 0. Die Division durch $2a$ liefert $x \geq -\frac{3a+a^2}{2a} = -\frac{3+a}{2}$, also: $L = \{x \mid x \geq -\frac{3+a}{2}\}$

83. a) $3x + a > 11 \quad | -a$
$3x > 11 - a \quad | :3$
$x > \frac{11-a}{3}$

Damit diese Ungleichung der Vorgabe $x > 2$ entspricht, muss
$\frac{11-a}{3} = 2 \Leftrightarrow 11 - a = 6 \Leftrightarrow a = 5$ sein.

b) $a \cdot x + 3 > 9 \quad | -3$
$ax > 6$

Nun muss diese Ungleichung durch a dividiert werden. Hierfür ist eine Fallunterscheidung erforderlich.

1. Fall: a = 0. Dies entspricht der Ungleichung $0 > 6$, welche sich nicht mit der Bedingung $x > 2$ vereinbaren lässt.

2. Fall: a > 0. Division durch a ergibt $x > \frac{6}{a}$. Damit die Ungleichung der Vorgabe $x > 2$ genügt, muss in diesem Fall $\frac{6}{a} = 2 \Leftrightarrow a = 3$ sein.

3. Fall: a < 0. Hier ergibt die Division durch a: $x < \frac{6}{a}$. Diese Bedingung kann nie der Vorgabe $x > 2$ entsprechen (verschiedene Vergleichsoperatoren).

Insgesamt erfüllt nur der Parameter $a = 3$ die Bedingung.

c) Man kann durch Vergleich mit $x > 2 \Leftrightarrow 2x > 4$ recht einfach erkennen, dass $a \cdot x > 4$ nur dann gleichwertig mit $x > 2$ ist, wenn $a = 2$ ist. (Alternativ kann man auch den Lösungsweg von Teilaufgabe 83 b einschlagen.)

84. a) $a \cdot x > 2$
Für $a = 0$ lautet die Ungleichung $0 > 2$ und ist immer falsch. Für $a = 0$ ist also $L = \{\}$.
In allen anderen Fällen kann man durch a dividieren und erhält eine nicht leere Lösungsmenge.

b) $a \cdot x - 7 > 3x + 1 \quad | +7 - 3x$
$ax - 3x > 8 \quad | \text{T x ausklammern}$
$x \cdot (a - 3) > 8$
Für $a = 3$ lautet die Ungleichung $0 > 8$ und stellt eine falsche Aussage dar. Für $a = 3$ ist also $L = \{\}$.
In allen anderen Fällen kann man die Ungleichung durch $a - 3$ dividieren und erhält eine nicht leere Lösungsmenge.

c) $a \cdot x \leq 4$

Für $a = 0$ ist die Ungleichung $0 \leq 4$ immer richtig und die Lösungsmenge daher nicht leer.

Für $a \neq 0$ kann man die Ungleichung durch a dividieren und erhält ebenfalls eine nicht leere Lösungsmenge.

Man kann somit a **nicht** so wählen, dass die Lösungsmenge leer ist.

85. a) $3^3 \cdot 3^2 = 3^{3+2} = 3^5 = 243$ \qquad b) $2^3 \cdot 4^3 = (2 \cdot 4)^3 = 8^3 = 512$

c) $4^7 : 4^4 = 4^{7-4} = 4^3 = 64$ \qquad d) $18^3 : 9^3 = \left(\frac{18}{9}\right)^3 = 2^3 = 8$

e) $(2^4)^2 = 2^{4 \cdot 2} = 2^8 = 256$ \qquad f) $\frac{6^5}{3^5} = 2^5 = 32$

g) $\frac{6^9}{6^7} = 6^2 = 36$ \qquad h) $9^{-3} \cdot 9^5 = 9^2 = 81$

i) $8^4 \cdot 8^{-6} = 8^{-2} = \frac{1}{64}$ \qquad j) $(4^{-2})^2 = 4^{-4} = \frac{1}{256}$

86. a) $\frac{3^5 \cdot 2^6}{2^4 \cdot 3^2} = 3^3 \cdot 2^2 = 27 \cdot 4 = 108$

b) $\left(\frac{7}{3}\right)^5 \cdot \left(\frac{9}{14}\right)^4 \cdot \left(\frac{2}{3}\right)^6 = \frac{7^5 \cdot 9^4 \cdot 2^6}{3^5 \cdot 14^4 \cdot 3^6} = \frac{7^5 \cdot 3^4 \cdot 3^4 \cdot 2^6}{3^5 \cdot 2^4 \cdot 7^4 \cdot 3^6} = \frac{2^6 \cdot 3^8 \cdot 7^5}{2^4 \cdot 3^{11} \cdot 7^4} = \frac{2^2 \cdot 7}{3^3} = \frac{28}{27}$

c) $(3 \cdot 7)^{-4} \cdot \left(\frac{21}{2}\right)^6 \cdot \left(\frac{1}{4}\right)^{-3} = \frac{1}{3^4 \cdot 7^4} \cdot \frac{3^6 \cdot 7^6}{2^6} \cdot 4^3 = \frac{4^3 \cdot 3^6 \cdot 7^6}{2^6 \cdot 3^4 \cdot 7^4} = \frac{2^6 \cdot 3^6 \cdot 7^6}{2^6 \cdot 3^4 \cdot 7^4}$
$= 3^2 \cdot 7^2 = 9 \cdot 49 = 441$

d) $\frac{3^{-6} \cdot 8^7}{2^{20} \cdot 9^{-3}} = \frac{8^7 \cdot 9^3}{2^{20} \cdot 3^6} = \frac{2^{21} \cdot 3^6}{2^{20} \cdot 3^6} = 2$

87. a) $\frac{3^8 \cdot 4^{-3}}{5^{-7} \cdot 7^3} = \frac{3^8 \cdot 5^7}{4^3 \cdot 7^3}$ \qquad b) $(4 \cdot 9)^{-5} \cdot \left(\frac{1}{5}\right)^{-6} = \frac{1}{(4 \cdot 9)^5} \cdot 5^6$

c) $\frac{a^{-4} b^{-2}}{c^3 d^{-9}} = \frac{d^9}{a^4 b^2 c^3}$ \qquad d) $\frac{(6ax^2)^{-3} \cdot 5b^{-5}}{(3z)^{-8}} = \frac{5 \cdot (3z)^8}{(6ax^2)^3 \cdot b^5}$

88. a) $a^5 \cdot a^9 = a^{14}$ \qquad b) $r^7 \cdot t^7 = (rt)^7$

c) $a^{-6} \cdot (2a)^5 = 2^5 \cdot a^{-1} = \frac{32}{a}$ \qquad d) $x^5 \cdot z^5 \cdot y^5 = (xyz)^5$

e) $r^{-3} \cdot (2r^4)^2 \cdot 4r^{-5} = r^{-3} \cdot 4r^8 \cdot 4r^{-5}$
$= 16$

f) $(2r^{-2})^{-3} = \frac{1}{8}r^6$

g) $1\,000 \cdot (2a)^{-4} \cdot (5b)^{-3} = 1\,000 \cdot \frac{1}{16a^4} \cdot \frac{1}{125b^3} = \frac{1}{2a^4 b^3}$

h) $\frac{(3x-2)^7}{(x-1)^{-4}} \cdot \frac{(x-1)^{-3}}{(3x-2)^6} = (x-1) \cdot (3x-2) = 3x^2 - 5x + 2$

i) $(3a^2 x^4)^4 \cdot (2x^3 a^3)^{-5} = \frac{(3a^2 x^4)^4}{(2x^3 a^3)^5} = \frac{81 a^8 x^{16}}{32 x^{15} a^{15}} = \frac{81x}{32a^7}$

j) $\left(\frac{3a^2 z^3}{5a^3 z^5}\right)^3 = \frac{27 a^6 z^9}{125 a^9 z^{15}} = \frac{27}{125 a^3 z^6}$

89. a) $6ax^7 - 3a^2 x^6 = 3ax^6 \cdot (2x - a)$

b) $15x^7 y^9 + 25x^6 y^{10} - 35x^7 y^{10} = 5x^6 y^9 \cdot (3x + 5y - 7xy)$

c) $27 r^{-3} s^5 - 18 r^{-2} s^4 = 9 r^{-3} s^4 \cdot (3s - 2r)$

d) $36 a^2 b^{-3} c^5 - 24 a^4 bc^3 = 12 a^2 b^{-3} c^3 \cdot (3c^2 - 2a^2 b^4)$

90. a) $\frac{x^n - x^{n+2}}{1-x} = \frac{x^n \cdot (1-x^2)}{1-x} = \frac{x^n \cdot (1+x) \cdot (1-x)}{1-x} = x^n \cdot (1+x) = x^n + x^{n+1}$

b) $\frac{a^{2n} - b^{2n}}{a^n - b^n} = \frac{(a^n + b^n) \cdot (a^n - b^n)}{a^n - b^n} = a^n + b^n$

c) $\frac{2-x^8}{x^5} - \frac{x^4 - 3x^{12}}{x^9} = \frac{2-x^8}{x^5} - \frac{x^4 \cdot (1-3x^8)}{x^9}$

$= \frac{2-x^8}{x^5} - \frac{1-3x^8}{x^5} = \frac{1+2x^8}{x^5} \quad \left(= \frac{1}{x^5} + 2x^3\right)$

d) $\left(\frac{a^3}{b^3}\right)^{-4} \cdot \frac{a^{12} - b^{12}}{b^9} = \frac{b^{12}}{a^{12}} \cdot \frac{a^{12} - b^{12}}{b^9} = \frac{b^3 \cdot (a^{12} - b^{12})}{a^{12}}$

$= \frac{a^{12} b^3 - b^{15}}{a^{12}} = b^3 - \frac{b^{15}}{a^{12}}$

e) $\frac{a^{14} b^{12} - a^{12} b^{14}}{a^5 b^2 + a^4 b^3} = \frac{a^{12} b^{12} \cdot (a^2 - b^2)}{a^4 b^2 \cdot (a+b)}$

$= \frac{a^8 b^{10} \cdot (a+b) \cdot (a-b)}{a+b} = a^8 b^{10} \cdot (a-b) \quad (= a^9 b^{10} - a^8 b^{11})$

f) $(x^5 - 2z^3)^2 - (2z^3 + x^5)^2 = x^{10} - 4x^5 z^3 + 4z^6 - 4z^6 - 4x^5 z^3 - x^{10} = -8x^5 z^3$

91. a) $\sqrt{64} = 8$

b) $\sqrt[8]{25^4} = (25^4)^{\frac{1}{8}} = 25^{\frac{1}{2}} = 5$

c) $125^{\frac{1}{3}} - 64^{\frac{1}{6}} = 5 - 2 = 3$

d) $\sqrt[4]{80} \cdot \sqrt[4]{125} = \sqrt[4]{10\,000} = 10$

e) $\sqrt{4-\sqrt{7}} \cdot \sqrt{4+\sqrt{7}} = \sqrt{(4-\sqrt{7}) \cdot (4+\sqrt{7})} = \sqrt{16-7} = \sqrt{9} = 3$

f) $\sqrt[4]{9} \cdot (\sqrt[4]{9} + \sqrt{3}) = \sqrt{3} \cdot (\sqrt{3} + \sqrt{3}) = \sqrt{3} \cdot 2 \cdot \sqrt{3} = 6$

92. a) $\sqrt{25 \cdot 5} = 5\sqrt{5}$ b) $\sqrt{121 \cdot 7 \cdot 16} = 11 \cdot 4 \cdot \sqrt{7} = 44\sqrt{7}$

c) $\sqrt{50} = \sqrt{25 \cdot 2} = 5\sqrt{2}$ d) $\sqrt{128} = \sqrt{64 \cdot 2} = 8\sqrt{2}$

93. a) $\sqrt{a^6} = a^3$ b) $\sqrt{a^5 \cdot b^8} = a^2 b^4 \cdot \sqrt{a}$

c) $\sqrt[4]{a^8 \cdot b^{12}} = a^2 b^3$ d) $\sqrt[5]{\frac{32 a^{10}}{b^{15}}} = \frac{2a^2}{b^3}$

e) $(\sqrt{a^3} - \sqrt{b^5}) \cdot (\sqrt{a^3} + \sqrt{b^5}) = a^3 - b^5$ (3. binomische Formel)

f) $\dfrac{\sqrt[3]{a^7 b^9} \cdot \sqrt{a^6}}{\sqrt{b^{10}} \cdot \sqrt{a^4 b^3}} = \dfrac{a^2 b^3 \cdot \sqrt[3]{a} \cdot a^3}{b^5 \cdot a^2 b \cdot \sqrt{b}} = \dfrac{a^3 \cdot \sqrt[3]{a}}{b^3 \cdot \sqrt{b}}$

94. a) $\sqrt{b^2} = |b|$ (eine Wurzel ist immer größer oder gleich null)

b) $\sqrt{a^4} = a^2$ (der Betrag ist hier nicht erforderlich, da $a^2 \geq 0$ ist)

c) $\sqrt{a^6 \cdot b^{10}} = |a^3| \cdot |b^5|$

d) $\sqrt{a^2 \cdot b^{16}} = |a| \cdot b^8$

e) $\sqrt[4]{a^8 \cdot b^{20}} = a^2 \cdot |b^5|$

f) $\sqrt[5]{\frac{32 b^{10}}{a^{25}}} = \frac{2 b^2}{|a^5|}$

95. a) $\sqrt{x-2}$ $G = \{0; 1; 2; 3; 4\}$ $D = \{2; 3; 4\}$

b) $\sqrt{x^2-9}$ $G = \{0; 1; 2; 3; 4\}$ $D = \{3; 4\}$

c) $\sqrt{4-x}$ $\quad G = \{0; 1; 2; 3; 4; 5\}$ $\quad D = \{0; 1; 2; 3; 4\}$

d) $\sqrt{3x^2}$ $\quad G = \{0; 1; 2; 3; 4; 5\}$ $\quad D = \{0; 1; 2; 3; 4; 5\}$

e) $\sqrt{x} - \sqrt{x-5}$ $\quad G = \{0; 1; 2; 3; 4; 5\}$ $\quad D = \{5\}$

f) $\sqrt{x^2}$ $\quad G = \{-3; -2; -1; 0; 1; 2; 3\}$ $\quad D = G$

g) $\dfrac{4}{\sqrt{x-2}}$ $\quad G = \{0; 1; 2; 3; 4\}$ $\quad D = \{3; 4\}$

h) $\dfrac{\sqrt{x-1}}{\sqrt{2-x}}$ $\quad G = \{0; 1; 2; 3; 4\}$ $\quad D = \{1\}$

i) $\dfrac{3x^2 - 5x}{x - 2\sqrt{x}}$ $\quad G = \{0; 1; 2; 3; 4\}$ $\quad D = \{1; 2; 3\}$

j) $\dfrac{3 - \sqrt{x}}{\sqrt{x-1} - 1}$ $\quad G = \{0; 1; 2; 3\}$ $\quad D = \{1; 3\}$

k) $\dfrac{3x - 5}{\sqrt{x-2}}$ $\quad G = [0; 5]$ $\quad D =]2; 5]$

l) $\dfrac{1}{\sqrt{x-1}} - \dfrac{1}{x-2}$ $\quad G = [0; 5]$ $\quad D =]1; 5] \setminus \{2\}$

96. a) $\sqrt{x-2}$ $\quad$ nicht erlaubt: $x < 2$

b) $\sqrt{x^2 - 9}$ $\quad$ nicht erlaubt: $-3 < x < 3$

c) $\sqrt{4-x}$ $\quad$ nicht erlaubt: $x > 4$

d) $\dfrac{1}{\sqrt{x+1}}$ $\quad$ nicht erlaubt: $x \leq -1$

e) $\sqrt{x} - 3\sqrt{x+5}$ $\quad$ nicht erlaubt: $x < 0$

f) $\sqrt{x^2}$ $\quad$ Alle reellen Zahlen sind erlaubt.

g) $\sqrt{4 - x^2}$ $\quad$ nicht erlaubt: $x < -2$ oder $x > 2$

h) $\sqrt{x^2-9}+\sqrt{16-x^2}$ nicht erlaubt: $x<-4$ oder $-3<x<3$ oder $x>4$

i) $\sqrt[3]{x+8}$ nicht erlaubt: $x<-8$

j) $\sqrt[4]{x^2-25}$ nicht erlaubt: $-5<x<5$

k) $(2x+6)^{\frac{1}{7}}$ nicht erlaubt: $x<-3$

l) $(x^2+4)^{\frac{1}{5}}$ Alle reellen Zahlen sind erlaubt.

97. a) $4x+\dfrac{3}{x+\sqrt{2}}$

Der Nenner darf nicht 0 sein. Es ergibt sich: $D_{max} = \mathbb{R}\setminus\{-\sqrt{2}\}$

b) $\dfrac{4}{\sqrt{x}}$

Der Radikand x muss größer oder gleich 0 sein, außerdem darf der Nenner nicht 0 sein; weshalb $x=0$ nicht erlaubt ist. Daher folgt: $D_{max} = \mathbb{R}^+$

c) $\dfrac{3\sqrt{x}}{2x-7}$ $D_{max} = \mathbb{R}_0^+ \setminus \{\frac{7}{2}\}$

d) $\dfrac{3}{\sqrt{2x+5}}$

Der Radikand muss größer oder gleich 0 sein; dies ist gleichwertig mit $x \geq -\frac{5}{2}$. Da der Nenner des Bruchs nicht 0 sein darf, ist $x = -\frac{5}{2}$ nicht erlaubt. Somit folgt: $D_{max} = \{x \mid x > -\frac{5}{2}\}$

e) $\dfrac{3}{\sqrt{5-2x}}$ $D_{max} = \{x \mid x < \frac{5}{2}\}$

f) $\dfrac{\sqrt{x}+x}{\sqrt{x}-x} - \dfrac{3x+2}{4-\sqrt{1-x}}$

1. Bedingung: Der Radikand x im Term $\sqrt{x}$ muss größer oder gleich 0 sein: $x \geq 0$

2. Bedingung: Der Radikand $1-x$ im Term $\sqrt{1-x}$ muss größer oder gleich 0 sein: $1-x \geq 0 \Leftrightarrow x \leq 1$

3. Bedingung: Der Nenner $\sqrt{x}-x$ darf nicht 0 sein. Dies wäre für $x=0$ oder $x=1$ der Fall; diese beiden Werte müssen also für x ausgeschlossen werden.

4. Bedingung: Der Nenner $4-\sqrt{1-x}$ darf ebenfalls nicht 0 sein, was für $x=-15$ der Fall wäre.

Alle vier Bedingungen erfüllen nur die Zahlen aus $D_{max} = \{x \mid 0 < x < 1\}$.

g) $\dfrac{x}{(x-3)^{\frac{1}{3}}}$ $D_{max} = \{x \mid x > 3\}$

h) $\dfrac{(x-1)^{\frac{1}{2}}}{(x+1)^{\frac{1}{5}}}$

Wegen des Radikanden im Zähler folgt: $D_{max} = \{x \mid x \geq 1\}$

i) $\dfrac{\sqrt{x}+x}{\sqrt{x}-x} - \dfrac{3x+2}{4-\sqrt{4-x}}$

1. Bedingung: Der Radikand x im Term $\sqrt{x}$ muss größer oder gleich 0 sein: $x \geq 0$

2. Bedingung: Der Radikand $4-x$ im Term $\sqrt{4-x}$ muss größer oder gleich 0 sein: $4-x \geq 0 \Leftrightarrow x \leq 4$

3. Bedingung: Der Nenner $\sqrt{x}-x$ darf nicht 0 sein. Dies wäre für $x=0$ oder $x=1$ der Fall; diese beiden Werte müssen also für x ausgeschlossen werden.

4. Bedingung: Der Nenner $4-\sqrt{4-x}$ darf ebenfalls nicht 0 sein, was für $x=-12$ der Fall wäre.

Alle vier Bedingungen erfüllen nur die Zahlen aus
$D_{max} = \{x \mid 0 < x \leq 4 \text{ und } x \neq 1\}$.

j) $\dfrac{\sqrt{x}+x}{3\sqrt{x}-x} - \dfrac{3x+2}{2-\sqrt{10-x}}$

1. Bedingung: Der Radikand x im Term $\sqrt{x}$ muss größer oder gleich 0 sein: $x \geq 0$

2. Bedingung: Der Radikand $10-x$ im Term $\sqrt{10-x}$ muss größer oder gleich 0 sein: $10-x \geq 0 \Leftrightarrow x \leq 10$

3. Bedingung: Der Nenner $3\sqrt{x}-x$ darf nicht 0 sein. Dies wäre für $x=0$ oder $x=9$ der Fall; diese beiden Werte müssen also für x ausgeschlossen werden.

4. Bedingung: Der Nenner $2-\sqrt{10-x}$ darf ebenfalls nicht 0 sein, was für $x=6$ der Fall wäre.

Alle vier Bedingungen erfüllen nur die Zahlen aus
$D_{max} = \{x \mid 0 < x \leq 10;\ x \neq 6;\ x \neq 9\}$.

k) $\dfrac{\sqrt{x-4}}{\sqrt{6-x}}$

Der Zähler erfordert $x \geq 4$, der Nenner benötigt $x < 6$, sodass sich als maximale Definitionsmenge $D_{max} = \{x \mid 4 \leq x < 6\}$ ergibt.

98. a) $\log_3 81 = 4$ (weil $3^4 = 81$)

b) $\log_2 128 = 7$ (weil $2^7 = 128$)

c) $\log_5(5^8) = 8$

d) $\log_3(81 \cdot 27) = \log_3(3^4 \cdot 3^3) = \log_3(3^7) = 7$
Ebenfalls richtige Rechnung:
$\log_3(81 \cdot 27) = \log_3 81 + \log_3 27 = 4 + 3 = 7$

e) $\log_4(4^5 \cdot 64) = \log_4(4^5 \cdot 4^3) = \log_4(4^8) = 8$
oder:
$\log_4(4^5 \cdot 64) = \log_4(4^5) + \log_4 64 = 5 + 3 = 8$

f) $\log_5\left(\frac{2}{125}\right) = \log_5 2 - \log_5 125 = \log_5 2 - 3$

g) $\log_5 \sqrt{5} = \log_5(5^{\frac{1}{2}}) = \frac{1}{2}$

h) $\log_3\left(\frac{27}{\sqrt{3}}\right) = \log_3 27 - \log_3(3^{\frac{1}{2}}) = 3 - \frac{1}{2} = \frac{5}{2}$

99. a) $\log_a(a^7) = 7$

b) $\log_a(x^3 y^7) = \log_a(x^3) + \log_a(y^7) = 3\log_a x + 7\log_a y$

c) $\log_a(a^3 b^2 \sqrt{c})$
$= \log_a(a^3) + \log_a(b^2) + \log_a(\sqrt{c}) = 3 + 2\log_a b + \frac{1}{2}\log_a c$

d) $(\log_a a^3)^2 = 3^2 = 9$

e) $\log_a(a^8 \cdot a^{3a}) = 8\log_a a + 3a \cdot \log_a a = 8 + 3a$

f) $\log_a((a^{2+a})^3) = 3 \cdot \log_a(a^{2+a}) = 3 \cdot (2+a) = 6 + 3a$

g) $\log_a(4a^2) = \log_a 4 + 2$

h) $\log_2(\log_a a^8) = \log_2 8 = 3$

i) $\log_a\left(\frac{a^7}{b^4}\right) = \log_a(a^7) - \log_a(b^4) = 7 - 4\log_a b$

j) $\log_2\left(\frac{8a^2 b^5}{c^3}\right) = \log_2 8 + \log_2(a^2) + \log_2(b^5) - \log_2(c^3)$
$= 3 + 2\log_2 a + 5\log_2 b - 3\log_2 c$

100. a) $3^x = 81 \Leftrightarrow x = \log_3 81 = 4$

b) $a^x = (a^2)^7 \Leftrightarrow a^x = a^{14} \Leftrightarrow x = 14$

101. $f(5) = 3 \cdot 5 - 6 = 9$
$f(-3) = 3 \cdot (-3) - 6 = -15$
$f\left(\frac{2}{3}\right) = 3 \cdot \frac{2}{3} - 6 = -4$

102. $g(0) = 3 \cdot (0-2)^2 + 3 = 15$
$g(-3) = 3 \cdot (-3-2)^2 + 3 = 3 \cdot 25 + 3 = 78$

103.

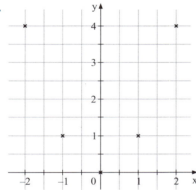

104. Punkt A: $f(5) = 5 - 2 \cdot 5 = -5$ \qquad Punkt B: $f(3) = 5 - 2 \cdot 3 = -1 \neq 1$
Punkt C: $f(-3) = 5 - 2 \cdot (-3) = 11$ \qquad Punkt D: $f(0) = 5 - 2 \cdot 0 = 5 \neq 2$
Punkt E: $f(0) = 5 - 2 \cdot 0 = 5$ \qquad Punkt F: $f(4) = 5 - 2 \cdot 4 = -3$

Die Punkte A, C, E und F liegen auf dem Schaubild von f.

105. $g(4) = 2 + 3 \cdot 4 = 14$ \qquad A(4|14)
$g(-2) = 2 + 3 \cdot (-2) = -4$ \qquad B(-2|-4)
$g(0) = 2 + 3 \cdot 0 = 2$ \qquad C(0|2)
$g(d) = 2 + 3 \cdot d = 5 \Leftrightarrow d = 1$ \qquad D(1|5)
$g(e) = 2 + 3 \cdot e = -4 \Leftrightarrow e = -2$ \qquad E(-2|-4)
$g(f) = 2 + 3 \cdot f = 3{,}5 \Leftrightarrow f = 0{,}5$ \qquad F(0,5|3,5)

106.

x	−4	2	0	9	2	10	8
$y = 4 - \frac{1}{2}x$	6	3	4	$-\frac{1}{2}$	3	−1	0

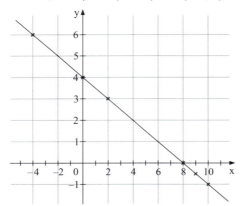

107. Die Kurven a (läuft wieder zurück) und b (verläuft bei x ≈ −1,2 senkrecht) sind keine Funktionsschaubilder, c, d und e sind jedoch Funktionsschaubilder.

108. a) Beim Zylinder steigt die Füllhöhe gleichmäßig, beim Kegel steigt sie immer langsamer. Beim Kreuz steigt die Füllhöhe abschnittsweise gleichmäßig, im Bereich des Querbalkens aber deutlich langsamer. Es ergeben sich folgende Schaubildskizzen für die Füllhöhe y in Abhängigkeit von der Zeit x:

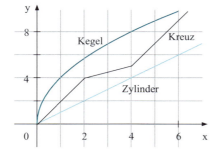

b) Die farbige Kurve könnte bei der Befüllung eines Kegels (mit der Spitze nach oben) entstehen, die schwarze Kurve könnte mit zwei aufeinander gesetzten Zylindern erreicht werden, wenn der obere Zylinder breiter als der untere ist.

109. a) $y = 4$ b) $x = -4$

110. a) A(**3**|a): $a = -2 \cdot 3 + 3 = -3$ A(3|−3)

b) B(**−5**|b): $b = -2 \cdot (-5) + 3 = 13$ B(−5|13)

c) C(**c**|−1): $-1 = -2 \cdot c + 3 \Leftrightarrow c = 2$ C(2|−1)

d) D(**d**|11): $11 = -2 \cdot d + 3 \Leftrightarrow d = -4$ D(−4|11)

111. A(**1**|−3) und g: $-3 = 2 \cdot 1 - 5 = -3$ wahre Aussage; A liegt auf g
B(**3**|−1) und g: $-1 = 2 \cdot 3 - 5 = 1$ falsche Aussage; B liegt nicht auf g
C(**5**|0) und g: $0 = 2 \cdot 5 - 5 = 5$ falsche Aussage; C liegt nicht auf g
A(**1**|−3) und h: $-3 = 1 - 4 = -3$ wahre Aussage; A liegt auf h
B(**3**|−1) und h: $-1 = 3 - 4 = -1$ wahre Aussage; B liegt auf h
C(**5**|0) und h: $0 = 5 - 4 = 1$ falsche Aussage; C liegt nicht auf h

Der Punkt A liegt sowohl auf g als auch auf h (A ist Schnittpunkt der beiden Geraden).

112. a) A(3|2) B(5|−4)

Steigung $m = \frac{-4-2}{5-3} = -3$; damit hat die Gerade die Form $y = -3x + c$.

Punktprobe mit A: $2 = -3 \cdot 3 + c \Leftrightarrow c = 11$
Geradengleichung: $y = -3x + 11$

b) A(−3|1) B(1|1)

Steigung $m = \frac{1-1}{1+3} = 0$; damit hat die Gerade die Form $y = 0 \cdot x + c = c$.

Punktprobe mit A: $1 = c \Leftrightarrow c = 1$
Geradengleichung: $y = 1$

c) A(4|3) B(4|2)

Die beiden Punkte haben denselben x-Wert 4, daher verläuft diese Gerade senkrecht. Die Gleichung dieser Geraden lautet: $x = 4$

113. Wegen der Parallelität hat die gesuchte Gerade ebenfalls die Steigung −3. Die Gleichung hat somit die Form $y = -3x + c$. Setzt man A(4|2) in diese Gerade ein, ergibt sich $2 = -3 \cdot 4 + c \Leftrightarrow c = 14$ und folglich für die Gleichung der Geraden: $y = -3x + 14$

114. Die Berechnung der Steigung und des Achsenabschnitts erfolgt wie in Aufgabe 112. Hier ergibt sich:

c: $y = \frac{5}{3}x - \frac{14}{3}$ \qquad a: $y = -\frac{3}{2}x + 8$ \qquad b: $y = 8x - 11$

115.

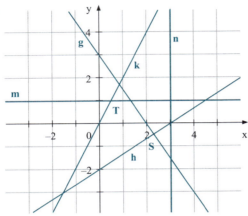

Der Schnittpunkt von g und h liegt ungefähr bei S(2,2|−0,5), der Schnittpunkt von k und m befindet sich etwa bei T(0,5|1).

116. Parallele zur ersten Winkelhalbierende: Die Steigung muss 1 sein, $y = x + c$.
Punktprobe mit A(3|4) ergibt: $g_1: y = x + 1$
Parallele zur zweiten Winkelhalbierende: Hier muss die Steigung −1 sein, $y = -x + c$. Punktprobe mit A führt zu $g_2: y = -x + 7$.

117. Die Eckpunkte des Dreiecks sind die Schnittpunkte jeweils zweier Geraden; man erhält sie durch Gleichsetzen der Geradengleichungen:

- $g \cap h: -x + 13 = x - 4 \Leftrightarrow -2x = -17 \Leftrightarrow x = \frac{17}{2}$

  Dieser Wert von x wird in die Geradengleichung von g eingesetzt:
  $y = -\frac{17}{2} + 13 = \frac{9}{2}$ \qquad $P(\frac{17}{2}|\frac{9}{2})$

- $g \cap k: -x + 13 = \frac{1}{2}x + 1 \Leftrightarrow -\frac{3}{2}x = -12 \Leftrightarrow x = 8$

  x = 8 wird in die Geradengleichung von g eingesetzt:
  $y = -8 + 13 = 5$ \qquad Q(8|5)

- $h \cap k: x - 4 = \frac{1}{2}x + 1 \Leftrightarrow \frac{1}{2}x = 5 \Leftrightarrow x = 10$

  x = 10 wird in die Geradengleichung von h eingesetzt:
  $y = 10 - 4 = 6$ \qquad Q(10|6)

118. Gerade a: Ablesen des Achsenabschnitts c = 0 und der Steigung 3 (die Gerade führt um 3 Einheiten nach oben, wenn man eine Einheit nach rechts geht). Damit erhält man für a: $y = 3x$

Gerade b: Achsenabschnitt -4 und die Steigung $\frac{5}{2}$ (zwei nach rechts, fünf nach oben) führen zu b: $y = \frac{5}{2}x - 4$

Gerade c: Achsenabschnitt $\frac{3}{2}$, Steigung $\frac{1}{2}$ $\Rightarrow$ c: $y = \frac{1}{2}x + \frac{3}{2}$

Gerade d: Achsenabschnitt 2, Steigung $-\frac{1}{3}$ $\Rightarrow$ d: $y = -\frac{1}{3}x + 2$

Analog ergeben sich die Geraden e: $y = -2x + 5$ und f: $y = -\frac{3}{2}x + 1$.

119.
- Einsetzen von $x = 3$ in die Funktionsgleichung führt zu
  $f(3) = -\frac{2}{3} \cdot 3^2 + 2 = -6 + 2 = -4$ und somit zu $A(3|-4)$.
- Einsetzen von $x = -2$ in die Funktionsgleichung liefert
  $f(-2) = -\frac{2}{3} \cdot (-2)^2 + 2 = -\frac{2}{3} \cdot 4 + 2 = -\frac{8}{3} + \frac{6}{3} = -\frac{2}{3}$ $\Rightarrow$ $B(-2|-\frac{2}{3})$
- Einsetzen von $x = \frac{3}{4}$ in die Funktionsgleichung:
  $f\left(\frac{3}{4}\right) = -\frac{2}{3} \cdot \left(\frac{3}{4}\right)^2 + 2 = -\frac{2}{3} \cdot \frac{9}{16} + 2 = -\frac{3}{8} + \frac{16}{8} = \frac{13}{8}$ $\Rightarrow$ $C(\frac{3}{4}|\frac{13}{8})$
- $x = 0$ ergibt $f(0) = 0 + 2 = 2$ und somit $D(0|2)$.
- Einsetzen von $x = e$ in die Funktionsgleichung führt zunächst auf
  $f(e) = -\frac{2}{3} \cdot e^2 + 2$ und wegen der y-Koordinate 2 des Punktes E auf die Gleichung $-\frac{2}{3} \cdot e^2 + 2 = 2$ $\Leftrightarrow$ $e = 0$, sodass folgt: $E(0|2)$
- Setzt man $x = g$ in die Funktionsgleichung ein und verwendet den y-Wert $\frac{1}{2}$, dann ergibt sich:
  $f(g) = -\frac{2}{3} \cdot g^2 + 2 = \frac{1}{2}$ $\Leftrightarrow$ $-\frac{2}{3}g^2 = -\frac{3}{2}$ $\Leftrightarrow$ $g^2 = \frac{9}{4}$.
  Dies führt zu $g = \pm \frac{3}{2}$. Somit erfüllen zwei Punkte die Bedingung:
  $G_1(\frac{3}{2}|\frac{1}{2})$; $G_2(-\frac{3}{2}|\frac{1}{2})$
- $f(h) = -\frac{2}{3} \cdot h^2 + 2 = 0$ $\Leftrightarrow$ $-\frac{2}{3}h^2 = -2$ $\Leftrightarrow$ $h^2 = 3$
  $\Leftrightarrow$ $h = \sqrt{3}$ oder $h = -\sqrt{3}$
  Auch hier sind zwei geeignete Punkte denkbar: $H_1(\sqrt{3}|0)$; $H_2(-\sqrt{3}|0)$
- Die Gleichung $f(k) = -\frac{2}{3} \cdot k^2 + 2 = 5$ $\Leftrightarrow$ $-\frac{2}{3}h^2 = 3$ $\Leftrightarrow$ $h^2 = -\frac{9}{2}$ besitzt keine Lösung. Es gibt keinen Punkt K mit dem y-Wert 5 auf der Kurve.

120.

x	−4	−3	−2	−1	0	1	2	3	4	5
$f(x) = \frac{1}{2}x^2 - 4x$	24	16,5	10	4,5	0	−3,5	−6	−7,5	**−8**	−7,5
$g(x) = -\frac{1}{3}x^2 + 3$	$-\frac{7}{3}$	0	$\frac{5}{3}$	$\frac{8}{3}$	3	$\frac{8}{3}$	$\frac{5}{3}$	0	$-\frac{7}{3}$	$-\frac{16}{3}$
$h(x) = -(x-3)^2 + 2$	−47	−34	−23	−14	−7	−2	1	**2**	1	−2
$k(x) = \frac{2}{3}(x+2)^2 - 5$	$-\frac{7}{3}$	$-\frac{13}{3}$	**−5**	$-\frac{13}{3}$	$-\frac{7}{3}$	1	$\frac{17}{3}$	$\frac{35}{3}$	19	$\frac{83}{3}$

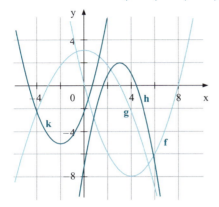

121. a) $x^2 - 6x + 1 = x^2 - 6x + (9-9) + 1 = (x^2 - 6x + 9) - 8 = (x-3)^2 - 8$

b) $x^2 + 3x - 1 = x^2 + 3x + \left(\frac{9}{4} - \frac{9}{4}\right) - 1 = \left(x^2 + 3x + \frac{9}{4}\right) - \frac{9}{4} - 1$

$= \left(x^2 + 3x + \frac{9}{4}\right) - \frac{13}{4} = \left(x + \frac{3}{2}\right)^2 - \frac{13}{4}$

c) $2x^2 - 8x + 2 = 2\cdot[x^2 - 4x + 1] = 2\cdot[x^2 - 4x + 4 - 4 + 1]$
$= 2\cdot[(x-2)^2 - 3] = 2\cdot(x-2)^2 - 6$

d) $-x^2 + 4x = -[x^2 - 4x] = -[x^2 - 4x + 4 - 4]$
$= -[(x-2)^2 - 4] = -(x-2)^2 + 4$

e) $-2x^2 - 5x + 1 = -2\cdot\left[x^2 + \frac{5}{2}x - \frac{1}{2}\right] = -2\cdot\left[x^2 + \frac{5}{2}x + \frac{25}{16} - \frac{25}{16} - \frac{1}{2}\right]$

$= -2\cdot\left[\left(x + \frac{5}{4}\right)^2 - \frac{33}{16}\right] = -2\cdot\left(x + \frac{5}{4}\right)^2 + \frac{33}{8}$

f) $\frac{1}{2}x^2 + 3x - 5 = \frac{1}{2}\cdot[x^2 + 6x - 10] = \frac{1}{2}\cdot[x^2 + 6x + 9 - 9 - 10]$
$= \frac{1}{2}\cdot[(x+3)^2 - 19] = \frac{1}{2}\cdot(x+3)^2 - \frac{19}{2}$

122. a) $f(x) = x^2 + 4x - 3 = x^2 + 4x + 4 - 4 - 3 = (x+2)^2 - 7$

b) $g(x) = -3x^2 + 3x - 9 = -3 \cdot [x^2 - x + 3] = -3 \cdot \left[x^2 - x + \frac{1}{4} - \frac{1}{4} + 3\right]$
$= -3 \cdot \left[\left(x - \frac{1}{2}\right)^2 + \frac{11}{4}\right] = -3 \cdot \left(x - \frac{1}{2}\right)^2 - \frac{33}{4}$

c) $h(x) = -\frac{2}{3}x^2 - x = -\frac{2}{3} \cdot \left[x^2 + \frac{3}{2}x\right] = -\frac{2}{3} \cdot \left[x^2 + \frac{3}{2}x + \frac{9}{16} - \frac{9}{16}\right]$
$= -\frac{2}{3} \cdot \left[\left(x + \frac{3}{4}\right)^2 - \frac{9}{16}\right] = -\frac{2}{3} \cdot \left(x + \frac{3}{4}\right)^2 + \frac{3}{8}$

d) $k(x) = \frac{1}{4}x^2 + 3$ (ist bereits in Scheitelform)

123. a) $f(x) = x^2 + 10x - 2 = x^2 + 10x + 25 - 25 - 2 = (x+5)^2 - 27$
$\Rightarrow S(-5|-27)$

b) $g(x) = \frac{1}{2}x^2 - 4x + 2 = \frac{1}{2} \cdot [x^2 - 8x + 4] = \frac{1}{2} \cdot [x^2 - 8x + 16 - 16 + 4]$
$= \frac{1}{2} \cdot [(x-4)^2 - 12] = \frac{1}{2} \cdot (x-4)^2 - 6 \Rightarrow S(4|-6)$

124. $f(x) = (x-5)^2 + 2 = x^2 - 10x + 27$
$g(x) = -(x-2)^2 + 3 = -x^2 + 4x - 1$

125. Die Parabel a ist die Normalparabel mit der Gleichung $y = x^2$.
Die nach oben geöffnete Parabel b hat ihren Scheitel in $S(-3|-3)$ und ist gegenüber der Normalparabel um den Faktor 2 gestreckt. Damit gilt:
$f_b(x) = 2 \cdot (x+3)^2 - 3 = 2x^2 + 12x + 15$
Parabel c mit Scheitel in $S(3|-2)$ ist nach oben geöffnet und mit dem Faktor $\frac{1}{2}$ gestreckt:
$f_c(x) = \frac{1}{2} \cdot (x-3)^2 - 2 = \frac{1}{2}x^2 - 3x + \frac{5}{2}$
Der Scheitel von Parabel d liegt bei $S(3|3)$; die Parabel ist nach unten geöffnet und gegenüber der Normalparabel nicht gestreckt:
$f_d(x) = -(x-3)^2 + 3 = -x^2 + 6x - 6$
Parabel e: Faktor 2, nach unten geöffnet, Scheitel in $S(-2|5)$:
$f_e(x) = -2 \cdot (x+2)^2 + 5 = -2x^2 - 8x - 3$

126. a) Der Scheitel im Ursprung erfordert eine Gleichung der Form
$f(x) = ax^2$. Punktprobe mit $A(4|12)$ ergibt:
$f(4) = a \cdot 4^2 = 12 \Leftrightarrow 16a = 12 \Leftrightarrow a = \frac{3}{4} \Leftrightarrow f(x) = \frac{3}{4}x^2$

b) Wegen des Scheitels $S(2|-3)$ ist ein guter Ansatz für f:
$f(x) = a \cdot (x-2)^2 - 3$. Setzt man den Ursprung $O(0|0)$ in diese Funktionsgleichung ein, ergibt sich:
$f(0) = a \cdot (0-2)^2 - 3 = 4a - 3 = 0 \Leftrightarrow 4a = 3 \Leftrightarrow a = \frac{3}{4}$
$\Rightarrow f(x) = \frac{3}{4} \cdot (x-2)^2 - 3 = \frac{3}{4}(x^2 - 4x + 4) - 3 = \frac{3}{4}x^2 - 3x$

c) Der Scheitel $A(3|5)$ ermöglicht den Ansatz $f(x) = a \cdot (x-3)^2 + 5$.
Punktprobe mit $B(5|-3)$ ergibt daher:
$f(5) = a \cdot (5-3)^2 + 5 = -3 \Leftrightarrow 4a + 5 = -3 \Leftrightarrow a = -2$
$\Rightarrow f(x) = -2(x-3)^2 + 5 = -2(x^2 - 6x + 9) + 5 = -2x^2 + 12x - 13$

d) Der allgemeine Ansatz $f(x) = ax^2 + bx + c$ liefert mittels Punktprobe mit den drei Punkten ein lineares Gleichungssystem:
$A(4|8)$: $\quad f(x) = a \cdot 4^2 + b \cdot 4 + c = 8 \quad \Leftrightarrow \quad 16a + 4b + c = 8$
$B(1|-1)$: $\quad f(1) = a \cdot 1^2 + b \cdot 1 + c = -1 \quad \Leftrightarrow \quad a + b + c = -1$
$O(0|0)$: $\quad f(0) = a \cdot 0^2 + b \cdot 0 + c = 0 \quad \Leftrightarrow \quad c = 0$
Setzt man $c = 0$ in die ersten beiden Gleichungen ein, dann ergibt sich:
$\begin{array}{l} 16a + 4b = 8 \\ a + b = -1 \end{array} \bigg| (I) - 16 \cdot (II) \Leftrightarrow \begin{array}{l} 16a + 4b = 8 \\ -12b = 24 \end{array} \Rightarrow b = -2$
$b = -2$ in die erste Gleichung eingesetzt liefert: $16a - 8 = 8 \Leftrightarrow a = 1$
Die Funktion lautet also: $f(x) = x^2 - 2x$

127. a) Funktionen der Form $f(x) = a \cdot x^n$ mit $n \neq 0$, $n \in \mathbb{Z}$, $a \neq 0$ nennt man Potenzfunktion.

b) Der Grad einer Potenzfunktion ist der Exponent n.

c) Der Exponent von Parabeln ist positiv, der von Hyperbeln negativ.
Potenzfunktionen sind mit $D = \mathbb{R}$ definiert, Hyperbeln nur für $D = \mathbb{R} \setminus \{0\}$.
Parabeln gehen immer durch $O(0|0)$, während Hyperbeln in der Umgebung von $x = 0$ betragsmäßig sehr groß werden.
Parabeln werden für große x-Werte und für kleine x-Werte betragsmäßig sehr groß, Hyperbeln nähern sich für große und kleine x-Werte immer mehr der x-Achse an.

128. $f(3) = 2 \cdot 3^3 = 2 \cdot 27 = 54 = a$ $\qquad$ A(3|54)

$f(-2) = 2 \cdot (-2)^3 = 2 \cdot (-8) = -16 = b$ $\qquad$ B(−2|−16)

$f(c) = 2 \cdot c^3 = 16 \;\Leftrightarrow\; c^3 = 8 \;\Leftrightarrow\; c = 2$ $\qquad$ C(2|16)

$f(d) = 2 \cdot d^3 = 3 \;\Leftrightarrow\; d^3 = \frac{3}{2} \;\Leftrightarrow\; d = \sqrt[3]{\frac{3}{2}}$ $\qquad$ $D\left(\sqrt[3]{\frac{3}{2}} \;\middle|\; 3\right)$

$f(e) = 2 \cdot e^3 = -4 \;\Leftrightarrow\; e^3 = -2 \;\Leftrightarrow\; e = -\sqrt[3]{2}$ $\qquad$ $E(-\sqrt[3]{2}\,|-4)$

129. Ansatz: $f(x) = ax^4$. Punktprobe mit A(3|−54) ergibt:

$f(3) = a \cdot 3^4 = -54 \;\Leftrightarrow\; a = -\frac{54}{3^4} = -\frac{54}{81} = -\frac{2}{3} \;\Rightarrow\; f(x) = -\frac{2}{3}x^4$

130.

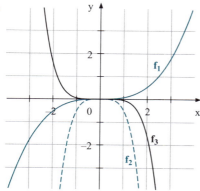

131. $f(3) = 4 \cdot 3^{-3} = \frac{4}{27} = a$ $\qquad$ $A\left(3 \;\middle|\; \frac{4}{27}\right)$

$f(-2) = 4 \cdot (-2)^{-3} = -\frac{4}{8} = -\frac{1}{2} = b$ $\qquad$ $B\left(-2 \;\middle|\; -\frac{1}{2}\right)$

$f(c) = 4 \cdot c^{-3} = 8 \;\Leftrightarrow\; c^{-3} = 2 \;\Leftrightarrow\; c^3 = \frac{1}{2} \;\Leftrightarrow\; c = \sqrt[3]{\frac{1}{2}}$ $\qquad$ $C\left(\sqrt[3]{\frac{1}{2}} \;\middle|\; 8\right)$

$f(d) = 4 \cdot d^{-3} = 3 \;\Leftrightarrow\; d^{-3} = \frac{3}{4} \;\Leftrightarrow\; d^3 = \frac{4}{3} \;\Leftrightarrow\; d = \sqrt[3]{\frac{4}{3}}$ $\qquad$ $D\left(\sqrt[3]{\frac{4}{3}} \;\middle|\; 3\right)$

$f(e) = 4 \cdot e^{-3} = -4 \;\Leftrightarrow\; e^{-3} = -1 \;\Leftrightarrow\; e^3 = -1 \;\Leftrightarrow\; e = -1$ $\qquad$ E(−1|−4)

132. Punktprobe mit A(3|−1) liefert: $f(3) = \frac{a}{3^4} = \frac{a}{81} = -1 \;\Leftrightarrow\; a = -81$

$\Rightarrow\; f(x) = -\frac{81}{x^4}$

133.

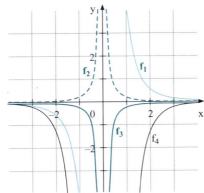

134. a) $f(x) > g(x) \Leftrightarrow x^2 > -2x^3 \Leftrightarrow x^2 + 2x^3 > 0 \Leftrightarrow x^2 \cdot (1+2x) > 0$

Ein Produkt ist größer null, wenn entweder beide Faktoren positiv oder beide Faktoren negativ sind. Da der erste Faktor x^2 nie negativ sein kann, müssen beide Faktoren positiv sein. Dies ist möglich, wenn $x \neq 0$ (wegen des ersten Faktors) und wenn $1 + 2x > 0 \Leftrightarrow x > -\frac{1}{2}$ ist.
In den Bereichen $-\frac{1}{2} < x < 0$ und $x > 0$ ist $f(x) > g(x)$.

b) $f(x) > g(x) \Leftrightarrow x^{-2} > x^2$. Hierbei ist $x \neq 0$, da dort die Funktion f nicht definiert ist. Da dann x^2 stets positiv ist, kann man die Ungleichung mit x^2 multiplizieren:
$1 > x^4 \Leftrightarrow |x| < 1$
Für $-1 < x < 1$ und $x \neq 0$ ist $f(x) > g(x)$.

c) $f(x) > g(x) \Leftrightarrow 2x^3 > -2x^3 \Leftrightarrow 4x^3 > 0 \Leftrightarrow x^3 > 0 \Leftrightarrow x > 0$
Für $x > 0$ ist $f(x) > g(x)$.

d) $f(x) > g(x) \Leftrightarrow -x^{-2} > 2x^4$. Da f für $x = 0$ nicht definiert ist, kann $x \neq 0$ vorausgesetzt werden. Multiplikation der Ungleichung mit x^2 ergibt dann $-1 > 2x^6 \Leftrightarrow x^6 < -\frac{1}{2}$. Dies ist nicht möglich; daher gibt es keine Stelle, an der $f(x) > g(x)$ ist.

135. a) Die Parabeln $y = a \cdot x^4$ werden immer breiter, je kleiner der Parameter a wird. Es gibt daher einen bestimmten Wert von $a = a_1$, für den die Parabel durch den Punkt A(2|2) geht. Erniedrigt man diesen Wert von a immer mehr, dann wird die Parabel breiter, bis sie für einen Wert $a = a_2 < a_1$ durch den Punkt B(4|2) geht. Daher sucht man zunächst die beiden Parabeln, die durch die Endpunkte der Strecke AB gehen.

Punktprobe mit A(2|2) ergibt: $f(2) = a_1 \cdot 2^4 = 16a_1 = 2 \Leftrightarrow a_1 = \frac{1}{8}$

Punktprobe mit B(4|2) ergibt: $f(4) = a_2 \cdot 4^4 = 256a_2 = 2 \Leftrightarrow a_2 = \frac{1}{128}$

Alle Parabeln mit $\frac{1}{128} \leq a \leq \frac{1}{8}$ schneiden die Strecke AB.

b) Bestimmung der Werte von a, für die die Hyperbel durch einen Endpunkt der Strecke verläuft:

Punktprobe mit A(1|2): $f(1) = a \cdot 1^{-2} = a = 2 \Leftrightarrow a = 2$

Punktprobe mit B(2|2): $f(2) = a \cdot 2^{-2} = \frac{a}{4} = 2 \Leftrightarrow a = 8$

Alle Hyperbeln mit $2 \leq a \leq 8$ schneiden die Strecke AB.

136. $f(3) = 4^3 = 64 = a$ A(3|64)

$f(-4) = 4^{-4} = \frac{1}{256} = b$ $B(-4|\frac{1}{256})$

$f(c) = 4^c = 16 \Leftrightarrow c = \log_4 16 = 2$ C(2|16)

$f(d) = 4^d = \frac{1}{16} \Leftrightarrow d = \log_4 \frac{1}{16} = -2$ $D(-2|\frac{1}{16})$

$f(e) = 4^e = 0$ Diese Gleichung hat keine Lösung; E existiert nicht.

137. $f(x) = 0,2^x < 0,001$ | lg

$x \cdot \lg 0,2 < \lg 0,001 = -3$ | $:\lg 0,2$ ($\lg 0,2 < 0$)

$x > \frac{-3}{\lg 0,2} \approx 4,29$

Für $x > \frac{-3}{\lg 0,2} \approx 4,29$ sind die Funktionswerte kleiner als 0,001.

138. a) A(4|625) $f(4) = a^4 = 625 \Leftrightarrow a = 5$

(a = −5 scheidet wegen a > 0 aus.)

b) A(−2|8) $f(-2) = a^{-2} = 8 \Leftrightarrow a^2 = \frac{1}{8} \Leftrightarrow a = \frac{1}{\sqrt{8}}$ (a > 0)

c) A(0|1) $f(0) = a^0 = 1 \Leftrightarrow 1 = 1$

Dies ist für alle a > 0 der Fall.

d) A(4|4) $f(4) = a^4 = 4 \Leftrightarrow a = \sqrt[4]{4} = \sqrt{2}$ (a > 0)

139. Beachten Sie, dass das Minuszeichen bei $f_3(x) = -3^x$ als $-(3^x)$ gelesen wird (und nicht als $(-3)^x$, was für $x \in \mathbb{R}$ nicht definiert ist).

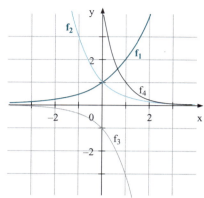

140. a) Für die Winkelsumme im Dreieck gilt:
$\alpha + \beta + \gamma = 180° \Leftrightarrow \beta = 180° - \alpha - \gamma = $ **53°**
Sinus im rechtwinkligen Dreieck:
$\sin \alpha = \frac{a}{c} \Leftrightarrow c = \frac{a}{\sin \alpha} \approx $ **8,64 cm**
Satz des Pythagoras im rechtwinkligen Dreieck:
$a^2 + b^2 = c^2 \Leftrightarrow b = \sqrt{c^2 - a^2} \approx $ **6,90 cm**

b) $\alpha + \beta + \gamma = 180° \Leftrightarrow \alpha = 180° - \beta - \gamma = $ **35°**
$\sin \beta = \frac{b}{c} \Leftrightarrow b = c \cdot \sin \beta \approx $ **6,72 cm**
$a^2 + b^2 = c^2 \Leftrightarrow a = \sqrt{c^2 - b^2} \approx $ **4,70 cm**

c) $a^2 + b^2 = c^2 \Leftrightarrow b = \sqrt{c^2 - a^2} \approx $ **4,08 cm**
$\sin \alpha = \frac{a}{c} \Leftrightarrow \alpha \approx $ **49,6°**
$\alpha + \beta + \gamma = 180° \Leftrightarrow \beta = 180° - \alpha - \gamma \approx $ **40,4°**

d) $a^2 + b^2 = c^2 \Leftrightarrow c = \sqrt{a^2 + b^2} \approx $ **7,06 cm**
$\tan \alpha = \frac{a}{b} \Leftrightarrow \alpha \approx $ **37,5°**
$\alpha + \beta + \gamma = 180° \Leftrightarrow \beta = 180° - \alpha - \gamma \approx $ **52,5°**

141. Wie der Figur zu entnehmen ist, sind nicht nur das große, sondern auch alle kleinen Dreiecke rechtwinklig. Für die Berechnung der Streckenlängen benutzt man den Winkelsummensatz für Dreiecke und den Satz des Pythagoras sowie die trigonometrischen Beziehungen im rechtwinkligen Dreieck.

Dreieck ABC:

$\sin\alpha = \frac{a}{c} \Leftrightarrow \alpha \approx 45,2°$

$\alpha + \beta + \gamma = 180°$
$\Leftrightarrow \beta = 180° - \alpha - \gamma \approx 44,8°$

$a^2 + b^2 = c^2$
$\Leftrightarrow b = \sqrt{c^2 - a^2} \approx 4,37$ cm

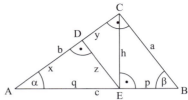

Dreieck AEC:

$\sin\alpha = \frac{h}{b} \Leftrightarrow h = b \cdot \sin\alpha \approx 3,10$ cm

$\cos\alpha = \frac{q}{b} \Leftrightarrow q = b \cdot \cos\alpha \approx 3,08$ cm $p = c - q \approx 3,12$ cm

$\cos\alpha = \frac{x}{q} \Leftrightarrow x = q \cdot \cos\alpha \approx 2,17$ cm $y = b - x \approx 2,2$ cm

$\sin\alpha = \frac{z}{q} \Leftrightarrow z = q \cdot \sin\alpha \approx 2,18$ cm

142.

180°	45°	10°	43°	1°	720°
π	$\frac{\pi}{4}$	$\frac{\pi}{18}$	$\frac{43}{180}\pi$	$\frac{\pi}{180}$	4π

143.

2π	$\frac{\pi}{3}$	3π	$\frac{2\pi}{5}$	1	0,35
360°	60°	540°	72°	$\frac{180°}{\pi} \approx 57,3°$	$\frac{180°}{\pi} \cdot 0,35 \approx 20,1°$

144. Schaubilder zu den Funktionen der Teilaufgaben a, b und c:

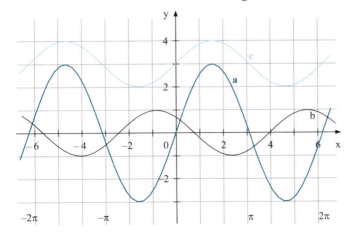

Schaubilder zu den Funktionen der Teilaufgaben d, e und f:

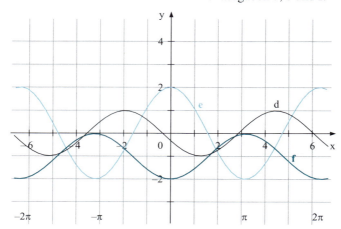

145.

f(x)	$\sin\frac{x}{2}$	$\sin(2x)$	$\sin(3x)+3$	$\cos(\pi x)$	$2\cdot\cos\frac{x}{3}$	$-\cos(x-1)$
p	4π	π	$\frac{2}{3}\pi$	2	6π	2π

146.

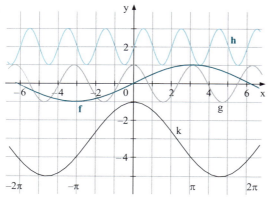

147. Ansatz: $f(x)=a\cdot\sin(2x)$. Punktprobe mit dem Punkt $P\left(\frac{\pi}{3}\,\middle|\,1\right)$ ergibt:

$f\left(\frac{\pi}{3}\right)=a\cdot\sin\left(2\cdot\frac{\pi}{3}\right)=a\cdot\frac{1}{2}\cdot\sqrt{3}=1 \iff a=\frac{2}{\sqrt{3}}=\frac{2}{3}\sqrt{3}$

$\Rightarrow f(x)=\frac{2}{3}\sqrt{3}\cdot\sin(2x)$

Alternativer Ansatz: $f(x) = a \cdot \cos(2x)$. Hier ergibt die Punktprobe mit P:
$f\left(\frac{\pi}{3}\right) = a \cdot \cos\left(2 \cdot \frac{\pi}{3}\right) = a \cdot \left(-\frac{1}{2}\right) = 1 \Leftrightarrow a = -2 \Rightarrow f(x) = -2 \cdot \cos(2x)$

148. Aus $f_0(x) = \cos x$ wird zunächst durch Verschiebung um 1 nach links $f_1(x) = \cos(x+1)$ gebildet.
Die anschließende Streckung um den Faktor 2 in y-Richtung liefert $f_2(x) = 2 \cdot \cos(x+1)$.
Die nun noch folgende Verschiebung um 3 nach unten bringt als Endergebnis: $f(x) = 2 \cdot \cos(x+1) - 3$

149. K1: Verschiebung der Cosinuskurve um 2 nach links:
$f(x) = \cos(x+2)$
K2: Streckung der Cosinuskurve in y-Richtung um den Faktor 2:
$f(x) = 2 \cdot \cos x$
K3: Streckung der Sinuskurve um den Faktor 3 in y-Richtung:
$f(x) = 3 \cdot \sin x$
K4: Verschiebung der Sinuskurve um 3 Einheiten nach unten:
$f(x) = \sin x - 3$

150. Die Periodenlänge der Funktion f ist offenbar 4π, also doppelt so groß wie bei der normalen Sinus- oder Cosinusfunktion.
Als Ansatz für den Funktionsterm eignet sich eine Cosinuskurve, die um den Faktor 2 in x-Richtung gestreckt und anschließend um 3 nach oben verschoben wurde: $f(x) = \cos\left(\frac{x}{2}\right) + 3$
Für g verwendet man eine Sinuskurve, die die Periodenlänge π besitzt und um eine Einheit nach oben verschoben ist: $g(x) = \sin(2x) + 1$
Das Schaubild von h entsteht aus der Cosinuskurve durch Streckung in x-Richtung um den Faktor $\frac{1}{2}$ (d. h. Periodenlänge π) und anschließende Verschiebung um eine Einheit nach unten: $h(x) = \cos(2x) - 1$
Die Periodenlänge von k ist schwer abzulesen; da der obere Bogen die ungefähre Breite $4{,}7 \approx \frac{3}{2}\pi$ besitzt, könnte die Periodenlänge 3π betragen.
Durch Streckung mit dem Faktor 2 in y-Richtung und anschließende Verschiebung um 4 Einheiten nach unten ergibt sich dann:
$k(x) = 2\sin\left(\frac{2}{3}x\right) - 4$

151.

Funktion	Periodenlänge
$f(x) = \sin(\pi \cdot x) + 3$	2
$g(x) = \sin(\frac{\pi}{2} x) + 1$	4
$h(x) = \cos(\pi \cdot x) - 1$	2
$k(x) = \cos(2\pi \cdot x) - 4$	1

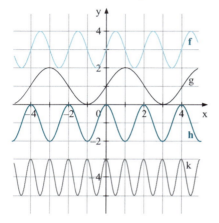

152. Die Periodenlänge von f beträgt offensichtlich **2**. Daher lautet das Argument der Cosinusfunktion auf jeden Fall $\pi \cdot x$. Außerdem ist die Cosinuskurve um **3** Einheiten nach oben verschoben. Somit ergibt sich: $f(x) = \cos(\pi \cdot x) + 3$

Die Sinusfunktion g besitzt eine Periodenlänge von **2**, sodass ihr Argument $\pi \cdot x$ lautet. Die Verschiebung um **eine** Einheit nach oben führt zu: $g(x) = \sin(\pi \cdot x) + 1$

Das Schaubild der Cosinusfunktion h mit der Periodenlänge **1** entsteht aus der Cosinuskurve durch eine abschließende Verschiebung um **eine** Einheit nach unten; somit ergibt sich: $h(x) = \cos(2\pi \cdot x) - 1$

Wegen der Periodenlänge **3** der Funktion k erhält man im Argument der Sinusfunktion den Term $\frac{2}{3}\pi \cdot x$. Da das Schaubild noch um den Faktor 2 in y-Richtung gestreckt ist und anschließend um 4 Einheiten nach unten verschoben wurde, ergibt sich insgesamt: $k(x) = 2\sin(\frac{2}{3}\pi \cdot x) - 4$

153. Nur zu K1 gibt es eine Umkehrfunktion, bei allen anderen drei Funktionen gibt es mindestens zwei Punkte mit verschiedenen x-Werten, aber denselben y-Werten.

154. Zu zwei verschiedenen x-Werten gibt es stets auch zwei verschiedene Funktionswerte; daher ist f in beiden Fällen umkehrbar.
Das Schaubild der Umkehrfunktion entsteht aus dem Schaubild von f durch Spiegelung an der ersten Winkelhalbierenden:

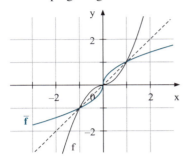 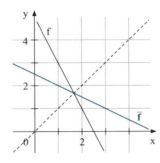

155. a) $f(x) = 2x - 5$
  1. Schritt: f ist für $x \in \mathbb{R}$ umkehrbar; $D = \mathbb{R}$; $W = \mathbb{R}$
  2. Schritt: $y = 2x - 5 \Leftrightarrow x = \frac{y}{2} + \frac{5}{2}$
  3. Schritt: $y = \frac{x}{2} + \frac{5}{2} \Rightarrow \overline{f}(x) = \frac{x}{2} + \frac{5}{2}$; $x \in \mathbb{R}$

b) $f(x) = 4x^2$
  1. Schritt: $D = \mathbb{R}_0^+$; $W = \mathbb{R}_0^+$
  2. Schritt: $y = 4x^2 \Leftrightarrow x = \sqrt{\frac{1}{4}y} = \frac{\sqrt{y}}{2}$
  3. Schritt: $\overline{f}(x) = \frac{\sqrt{x}}{2}$; $x \in \mathbb{R}_0^+$

c) $f(x) = 4 - 2x^2$
  $D = \mathbb{R}_0^+$; $W = \{y \mid y \leq 4\}$
  $y = 4 - 2x^2 \Leftrightarrow x = \sqrt{2 - \frac{y}{2}}$
  $\overline{f}(x) = \sqrt{2 - \frac{x}{2}}$; $D = \{x \mid x \leq 4\}$

d) $f(x) = x^2 - 2x$
  Die für die Bildung einer Umkehrfunktion erlaubte Definitionsmenge wird über quadratische Ergänzung (Scheitelbestimmung) berechnet:
  $f(x) = x^2 - 2x = (x-1)^2 - 1$; Scheitel $S(1 \mid -1)$
  $D = \{x \mid x \geq 1\}$; $W = \{y \mid y \geq -1\}$

$$y = (x-1)^2 - 1 \quad | +1$$
$$y+1 = (x-1)^2 \quad | \sqrt{} \; (x \geq 1)$$
$$\sqrt{y+1} = x-1 \quad | +1$$
$$x = \sqrt{y+1} + 1$$
$$\overline{f}(x) = \sqrt{x+1} + 1 \qquad D = \{x \mid x \geq -1\}$$

156. a) $f(x) = \sqrt{x-5}$ $\qquad D_{max} = \{x \mid x \geq 5\}$

b) $f(x) = \sqrt{6-3x}$ $\qquad D_{max} = \{x \mid x \leq 2\}$

c) $f(x) = \sqrt{\frac{x}{2}+4}$ $\qquad D_{max} = \{x \mid x \geq -8\}$

d) $f(x) = -\sqrt{x^2-5}$ $\qquad D_{max} = \{x \mid x \geq \sqrt{5} \text{ oder } x \leq -\sqrt{5}\}$

157. a) $f(x) = \sqrt{x-2}$ $\qquad$ Verschiebung um 2 nach rechts

b) $f(x) = 2\sqrt{x}$ $\qquad$ Streckung in y-Richtung um den Faktor 2

c) $f(x) = \sqrt{x} + 3$ $\qquad$ Verschiebung um 3 nach oben

d) $f(x) = -\sqrt{x-1} + 5$ $\qquad$ Verschiebung um 1 nach rechts, dann Spiegelung an der x-Achse, dann Verschiebung um 5 nach oben

158.

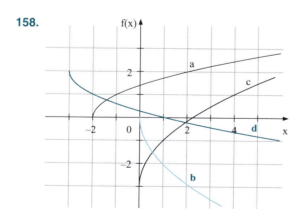

159. a) $f(x) = -\frac{1}{2}\sqrt{x} + 1$ \quad b) $f(x) = -\sqrt{x+3}$

c) $f(x) = \sqrt{x+2} + 1$ \quad d) $f(x) = 2\sqrt{x-1} - 3$

160. a) $f(x) = 3\log_2 x$ \qquad $D = \mathbb{R}^+$

b) $f(x) = -\log_2(x+4)$ \qquad $D = \{x \mid x > -4\}$

c) $f(x) = \log_2(2x+4) - 5$ \qquad $D = \{x \mid x > -2\}$

d) $f(x) = -\log_2(4-x)$ \qquad $D = \{x \mid x < 4\}$

161. a) $f(x) = 4\log_2 x$ \qquad Streckung in y-Richtung um den Faktor 4

b) $f(x) = \log_2(x+2)$ \qquad Verschiebung nach links um 2

c) $f(x) = \log_2 x - 5$ \qquad Verschiebung nach unten um 5

d) $f(x) = -4\log_2(x+3) - 2$ \qquad Verschiebung um 3 nach links, dann Spiegelung an der x-Achse und Streckung in y-Richtung um Faktor 4, Verschiebung um 2 nach unten

162.

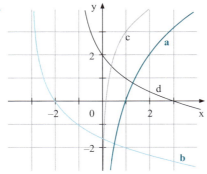

163. a) Das Schaubild ist um den Faktor $\frac{1}{2}$ gegenüber dem Schaubild von L in Richtung y-Achse gestreckt, daher gilt: $f(x) = \frac{1}{2}\log_2 x$

b) Verschiebung um eine Einheit nach links sowie Spiegelung an der y-Achse führt zu: $f(x) = -\log_2(x+1)$

c) Hier liegt eine Verschiebung um zwei Einheiten nach oben vor:
$f(x) = \log_2 x + 2$

164. a) $|-10| = 10$

b) $|3-7| = 4$

c) $|9| - |-5| = 9 - 5 = 4$

d) $|-5 + |-3+2|| = |-5 + |-1|| = |-5+1| = |-4| = 4$

165. a) $|x+3| = 2$

1. Fall: $x + 3 \geq 0 \Leftrightarrow x \geq -3$
$|x+3| = 2 \Leftrightarrow (x+3) = 2 \Leftrightarrow x = -1$
Wegen $-1 \geq -3$ gilt: $L_1 = \{-1\}$

2. Fall: $x + 3 < 0 \Leftrightarrow x < -3$
$|x+3| = 2 \Leftrightarrow -(x+3) = 2 \Leftrightarrow -x-3 = 2 \Leftrightarrow -x = 5 \Leftrightarrow x = -5$
Wegen $-5 < -3$ gilt: $L_2 = \{-5\}$
Gesamtlösungsmenge: $L = \{-5; -1\}$

b) $|2x+6| = 0$

1. Fall: $2x + 6 \geq 0 \Leftrightarrow x \geq -3$
$|2x+6| = 0 \Leftrightarrow (2x+6) = 0 \Leftrightarrow x = -3$
Wegen $-3 \geq -3$ gilt: $L_1 = \{-3\}$

2. Fall: $2x + 6 < 0 \Leftrightarrow x < -3$
$|2x+6| = 0 \Leftrightarrow -(2x+6) = 0 \Leftrightarrow -2x-6 = 0 \Leftrightarrow -2x = 6 \Leftrightarrow x = -3$
Da -3 nicht kleiner als -3 ist, gilt: $L_2 = \{\ \}$
Insgesamt ergibt sich $L = \{-3\}$.

Alternativlösung: Ein Betrag ist nur dann gleich null, wenn das Argument bereits null ist, wenn also gilt: $2x + 6 = 0 \Leftrightarrow x = -3$

c) $|x-4| = -2$

Hier sollte man sofort sehen, dass die Gleichung keine Lösung haben kann, da der Betrag eines Terms nie negativ, also insbesondere auch nicht -2 sein kann.

Alternativ lässt sich dieses Ergebnis natürlich auch formal berechnen:

1. Fall: $x - 4 \geq 0 \Leftrightarrow x \geq 4$
$|x-4| = -2 \Leftrightarrow (x-4) = -2 \Leftrightarrow x = 2$
Da 2 nicht größer oder gleich 4 ist, ist $L_1 = \{\ \}$.

2. Fall: $x - 4 < 0 \Leftrightarrow x < 4$
$|x-4| = -2 \Leftrightarrow -(x-4) = -2 \Leftrightarrow -x+4 = -2 \Leftrightarrow -x = -6 \Leftrightarrow x = 6$
Da 6 nicht kleiner als 4 ist, ist auch diese Lösungsmenge leer: $L_2 = \{\ \}$
Insgesamt erhält man $L = \{\ \}$.

d) $|7-3x|=1$

1. Fall: $7-3x \geq 0 \Leftrightarrow x \leq \frac{7}{3}$
$|7-3x|=1 \Leftrightarrow (7-3x)=1 \Leftrightarrow -3x=-6 \Leftrightarrow x=2$
Wegen $2 \leq \frac{7}{3}$ gilt: $L_1=\{2\}$

2. Fall: $7-3x < 0 \Leftrightarrow x > \frac{7}{3}$
$|7-3x|=1 \Leftrightarrow -(7-3x)=1 \Leftrightarrow -7+3x=1 \Leftrightarrow 3x=8 \Leftrightarrow x=\frac{8}{3}$
Wegen $\frac{8}{3} > \frac{7}{3}$ folgt: $L_2=\{\frac{8}{3}\}$

Insgesamt erhält man $L=\{2; \frac{8}{3}\}$.

e) $5-|2x+4|=x+7$

1. Fall: $2x+4 \geq 0 \Leftrightarrow x \geq -2$
$5-|2x+4|=x+7 \Leftrightarrow 5-(2x+4)=x+7 \Leftrightarrow 5-2x-4=x+7$
$\Leftrightarrow -3x=6 \Leftrightarrow x=-2$
Wegen $-2 \geq -2$ ist $L_1=\{-2\}$.

2. Fall: $2x+4 < 0 \Leftrightarrow x < -2$
$5-|2x+4|=x+7 \Leftrightarrow 5+(2x+4)=x+7 \Leftrightarrow 5+2x+4=x+7$
$\Leftrightarrow x=-2$
Da -2 nicht kleiner als -2 ist, ist diese Lösungsmenge leer: $L_2=\{\}$

Die Gesamtlösung lautet folglich: $L=\{-2\}$

f) $|6-2x|+x=4-2x$

1. Fall: $6-2x \geq 0 \Leftrightarrow x \leq 3$
$|6-2x|+x=4-2x \Leftrightarrow (6-2x)+x=4-2x \Leftrightarrow x=-2$
Da -2 kleiner oder gleich 3 ist, ist $L_1=\{-2\}$.

2. Fall: $6-2x < 0 \Leftrightarrow x > 3$
$|6-2x|+x=4-2x \Leftrightarrow -(6-2x)+x=4-2x \Leftrightarrow -6+2x+x=4-2x$
$\Leftrightarrow 5x=10 \Leftrightarrow x=2$
Da 2 nicht größer als 3 ist, gilt hier: $L_2=\{\}$

Als Gesamtlösung ergibt sich $L=\{-2\}$.

g) $|4-3x|+2x-1=5-x$

1. Fall: $4-3x \geq 0 \Leftrightarrow x \leq \frac{4}{3}$
$|4-3x|+2x-1=5-x \Leftrightarrow (4-3x)+2x-1=5-x \Leftrightarrow 3=5$
Dies ist keine wahre Aussage, daher ist $L_1=\{\}$.

2. Fall: $4-3x < 0 \Leftrightarrow x > \frac{4}{3}$
$|4-3x|+2x-1=5-x \Leftrightarrow -(4-3x)+2x-1=5-x$
$\Leftrightarrow -4+3x+2x-1=5-x \Leftrightarrow 6x=10 \Leftrightarrow x=\frac{5}{3}$
Wegen $\frac{5}{3} > \frac{4}{3}$ ist $L_2=\{\frac{5}{3}\}$.
Gesamtlösung: $L=\{\frac{5}{3}\}$

h) $|x+4| = x+4$

1. Fall: $x+4 \geq 0 \Leftrightarrow x \geq -4$
$|x+4| = x+4 \Leftrightarrow (x+4) = x+4 \Leftrightarrow 0 = 0$
Dies ist eine wahre Aussage, daher gilt: $L_1 = \{x \mid x \geq -4\}$

2. Fall: $x+4 < 0 \Leftrightarrow x < -4$
$|x+4| = x+4 \Leftrightarrow -(x+4) = x+4 \Leftrightarrow -x-4 = x+4$
$\Leftrightarrow -2x = 8 \Leftrightarrow x = -4$
Da -4 nicht kleiner als -4 ist, ist diese Lösungsmenge leer: $L_2 = \{\}$

Insgesamt erhält man: $L = \{x \mid x \geq -4\}$

166. a) $|x+3| > 2$

1. Fall: $x+3 \geq 0 \Leftrightarrow x \geq -3$
$|x+3| > 2 \Leftrightarrow (x+3) > 2 \Leftrightarrow x > -1$
Da alle Zahlen, die größer als -1 sind, zum ersten Fall ($x \geq -3$) gehören, ist $L_1 = \{x \mid x > -1\}$.

2. Fall: $x+3 < 0 \Leftrightarrow x < -3$
$|x+3| > 2 \Leftrightarrow -(x+3) > 2 \Leftrightarrow -x-3 > 2 \Leftrightarrow -x > 5 \Leftrightarrow x < -5$
Da alle Zahlen, die kleiner als -5 sind, zum zweiten Fall ($x < -3$) gehören, ist $L_2 = \{x \mid x < -5\}$.

Gesamte Lösungsmenge: $L = \{x \mid x > -1 \text{ \textbf{oder} } x < -5\}$

b) $|2x+6| \geq x$

1. Fall: $2x+6 \geq 0 \Leftrightarrow x \geq -3$
$|2x+6| \geq x \Leftrightarrow (2x+6) \geq x \Leftrightarrow x \geq -6$
Die beiden Bedingungen $x \geq -3$ und $x \geq -6$ ergeben $L_1 = \{x \mid x \geq -3\}$.

2. Fall: $2x+6 < 0 \Leftrightarrow x < -3$
$|2x+6| \geq x \Leftrightarrow -(2x+6) \geq x \Leftrightarrow -2x-6 \geq x \Leftrightarrow -3x \geq 6 \Leftrightarrow x \leq -2$
Die beiden Bedingungen $x < -3$ und $x \leq -2$ liefern $L_2 = \{x \mid x < -3\}$.

Zusammen ergibt sich für die gesamte Lösungsmenge: $L = \mathbb{R}$

c) $|x-4| < 3x-2$

1. Fall: $x-4 \geq 0 \Leftrightarrow x \geq 4$
$|x-4| < 3x-2 \Leftrightarrow (x-4) < 3x-2 \Leftrightarrow -2x < 2 \Leftrightarrow x > 1$
Die beiden Bedingungen $x \geq 4$ und $x > 1$ ergeben $L_1 = \{x \mid x \geq 4\}$.

2. Fall: $x-4 < 0 \Leftrightarrow x < 4$
$|x-4| < 3x-2 \Leftrightarrow -(x-4) < 3x-2 \Leftrightarrow -x+4 < 3x-2$
$\Leftrightarrow -4x < -6 \Leftrightarrow x > \frac{3}{2}$
Die beiden Bedingungen $x < 4$ und $x > \frac{3}{2}$ führen für diesen Fall zu $L_2 = \{x \mid \frac{3}{2} < x < 4\}$.

Gesamtlösung $L = \{x \mid x > \frac{3}{2}\}$.

d) $|1-3x| < 1+x$

1. Fall: $1-3x \geq 0 \Leftrightarrow x \leq \frac{1}{3}$
$|1-3x| < 1+x \Leftrightarrow (1-3x) < 1+x \Leftrightarrow -4x < 0 \Leftrightarrow x > 0$
Die beiden Bedingungen $x \leq \frac{1}{3}$ und $x > 0$ ergeben $L_1 = \{x \mid 0 < x \leq \frac{1}{3}\}$.

2. Fall: $1-3x < 0 \Leftrightarrow x > \frac{1}{3}$
$|1-3x| < 1+x \Leftrightarrow -(1-3x) < 1+x \Leftrightarrow -1+3x < 1+x$
$\Leftrightarrow 2x < 2 \Leftrightarrow x < 1$
Die beiden Bedingungen $x > \frac{1}{3}$ und $x < 1$ führen zu $L_2 = \{x \mid \frac{1}{3} < x < 1\}$.
Insgesamt ergibt sich $L = \{x \mid 0 < x < 1\}$.

167. a) Die quadratische Gleichung $x^2 - 4 = 0 \Leftrightarrow x^2 = 4$ hat die Lösungen $x_1 = -2$; $x_2 = 2$. Das Schaubild der Parabel $y = x^2 - 4$ ist wegen des positiven Summanden x^2 nach oben geöffnet, liegt also links von -2 und rechts von 2 oberhalb der x-Achse. Daher lautet die Lösung der Ungleichung $x^2 - 4 \geq 0$: $L = \{x \mid x \leq -2 \text{ \textbf{oder} } x \geq 2\}$

b) Lösung der zugehörigen quadratischen Gleichung $x^2 - 5x + 6 = 0$:
$x_{1;2} = \frac{5}{2} \pm \sqrt{\frac{25}{4} - 6} = \frac{5}{2} \pm \frac{1}{2} \Leftrightarrow x_1 = 2;\ x_2 = 3$
Die zugehörige Parabel ist nach oben geöffnet, daher ist die Ungleichung $x^2 - 5x + 6 \geq 0$ links von 2 und rechts von 3 positiv. Insgesamt ergibt sich für die Lösungsmenge: $L = \{x \mid x \leq 2 \text{ \textbf{oder} } x \geq 3\}$.

c) $2x^2 + 7x - 1 < x^2 + 3x + 11 \quad | -x^2 - 3x - 11$
$x^2 + 4x - 12 < 0$
Die quadratische Gleichung $x^2 + 4x - 12 = 0$ hat die Lösungen:
$x_{1;2} = -2 \pm \sqrt{4+12} = -2 \pm 4 \Leftrightarrow x_1 = -6;\ x_2 = 2$
Die Parabel $y = x^2 + 4x - 12$ ist nach oben geöffnet; daher liegen die Punkte im Bereich zwischen -6 und 2 unterhalb der x-Achse. Die Ungleichung $x^2 + 4x - 12 < 0$ besitzt die Lösungsmenge $L = \{x \mid -6 < x < 2\}$.

d) $\quad (x-3)^2 + (x-1)^2 \leq x^2 - x \quad$ | T ausmultiplizieren
$\quad x^2 - 6x + 9 + x^2 - 2x + 1 \leq x^2 - x \quad$ | T zusammenfassen
$\quad 2x^2 - 8x + 10 \leq x^2 - x \quad$ | $-x^2 + x$
$\quad x^2 - 7x + 10 \leq 0$

Lösung der zugehörigen quadratischen Gleichung:
$x^2 - 7x + 10 = 0 \Leftrightarrow x_{1;2} = \frac{7}{2} \pm \sqrt{\frac{49}{4} - 10} = \frac{7}{2} \pm \frac{3}{2} \Leftrightarrow x_1 = 2;\ x_2 = 5$

Die Parabel $y = x^2 - 7x + 10$ ist nach oben geöffnet; daher gilt für die Lösungsmenge der Ungleichung $x^2 - 7x + 10 \leq 0$ und somit auch für die Ausgangs-Ungleichung $(x-3)^2 + (x-1)^2 \leq x^2 - x$ die Lösungsmenge: $L = \{x \mid 2 \leq x \leq 5\}$

e) $(x+3) \cdot (x-1) \geq (x+2) \cdot 2x - 2$ | T ausmultiplizieren, zusammenfassen
$x^2 + 2x - 3 \geq 2x^2 + 4x - 2$ | $-2x^2 - 4x + 2$
$-x^2 - 2x - 1 \geq 0$ | $\cdot (-1)$
$x^2 + 2x + 1 \leq 0$

Lösung der zugehörigen quadratischen Gleichung:
$x^2 + 2x + 1 = 0 \Leftrightarrow x_{1;2} = -1 \pm \sqrt{1-1} = -1$
Die quadratische Gleichung hat nur eine Lösung; die zugehörige Parabel berührt die x-Achse an der Stelle $x = -1$. Da die Parabel nach oben geöffnet ist, gilt nur für $x = -1$ die Ungleichung $x^2 + 2x + 1 \leq 0$. Daher lautet die Lösungsmenge: $L = \{-1\}$

f) $(x+4)^2 - 2 \cdot (x+1) < 3$ | T ausmultiplizieren
$x^2 + 8x + 16 - 2x - 2 < 3$ | -3
$x^2 + 6x + 11 < 0$

Lösung der quadratischen Gleichung:
$x^2 + 6x + 11 = 0 \Leftrightarrow x_{1;2} = -3 \pm \sqrt{9-11}$
Weil der Radikand negativ ist, besitzt die Gleichung keine Lösung. Die Parabel $y = x^2 + 6x + 11$ ist nach oben geöffnet und hat, weil sie keine Nullstellen besitzt, keine Punkte unterhalb der x-Achse. Daher ist $L = \{\}$.

g) $(x+1)^2 + 2 \cdot (x+2)^2 \geq 2 \cdot (2-x^2)$ | T ausmultiplizieren
$x^2 + 2x + 1 + 2x^2 + 8x + 8 \geq 4 - 2x^2$ | $-4 + 2x^2$
$5x^2 + 10x + 5 \geq 0$ | $:5$
$x^2 + 2x + 1 \geq 0$

Die quadratische Gleichung $x^2 + 2x + 1 = 0$ besitzt die Lösung $x_{1;2} = -1 \pm \sqrt{1-1} = -1$. Die Parabel berührt die x-Achse bei $x = -1$ und ist nach oben geöffnet. Daher ist die Ungleichung $x^2 + 2x + 1 \geq 0$ für alle Werte von x erfüllt, $L = \mathbb{R}$.

h) $(2x+1)^2 - (x+4)^2 < (3x-2)^2 - 2 \cdot (x+1)^2 - 8$ | T ausmultiplizieren
$4x^2 + 4x + 1 - x^2 - 8x - 16 < 9x^2 - 12x + 4 - 2x^2 - 4x - 2 - 8$
$3x^2 - 4x - 15 < 7x^2 - 16x - 6$ | $-7x^2 + 16x + 6$
$-4x^2 + 12x - 9 < 0$ | $:(-4)$
$x^2 - 3x + \frac{9}{4} > 0$

Die quadratische Gleichung $x^2 - 3x + \frac{9}{4} = 0$ besitzt die Lösung
$x_{1;2} = \frac{3}{2} \pm \sqrt{\frac{9}{4} - \frac{9}{4}} = \frac{3}{2}$.

Die Parabel $y = x^2 - 3x + \frac{9}{4}$ ist nach oben geöffnet und berührt die x-Achse an der Stelle $x = \frac{3}{2}$. Außer an der Stelle $x = \frac{3}{2}$ liegen die Punkte der Parabel also oberhalb der x-Achse, sodass für die Lösungsmenge gilt: $L = \{x \mid x \neq \frac{3}{2}\}$

168. a) $\sqrt{x-1} = 5 \qquad |$ quadrieren $\qquad D = \{x \mid x \geq 1\}$
$x - 1 = 25 \Leftrightarrow x = 26$
Probe: $\sqrt{26-1} = 5$ ist eine wahre Aussage; $L = \{26\}$.

b) $2 + \sqrt{x-1} = 5 \qquad |-2 \qquad D = \{x \mid x \geq 1\}$
$\sqrt{x-1} = 3 \qquad |$ quadrieren
$x - 1 = 9 \Leftrightarrow x = 10$
Probe: $2 + \sqrt{10-1} = 5$ ist wahr; $L = \{10\}$.

c) $\sqrt{5-x} = x + 1 \qquad |$ quadrieren $\quad D = \{x \mid x \leq 5\}$
$5 - x = x^2 + 2x + 1 \quad | +x - 5$
$x^2 + 3x - 4 = 0 \Leftrightarrow x_{1;2} = -\frac{3}{2} \pm \sqrt{\frac{9}{4} + 4} = -\frac{3}{2} \pm \frac{5}{2}$
Probe mit $x_1 = 1$: $\sqrt{5-1} = 1 + 1$ ist wahr.
Probe mit $x_2 = -4$: $\sqrt{5+4} = -4 + 1$ ist falsch; $L = \{1\}$.

d) $\sqrt{2x-1} = 2 - x \qquad |$ quadrieren $\quad D = \{x \mid x \geq \frac{1}{2}\}$
$2x - 1 = 4 - 4x + x^2 \quad |-2x + 1$
$x^2 - 6x + 5 = 0 \Leftrightarrow x_{1;2} = 3 \pm \sqrt{9 - 5} = 3 \pm 2$
Probe mit $x_1 = 1$: $\sqrt{2-1} = 2 - 1$ ist richtig.
Probe mit $x_2 = 5$: $\sqrt{10-1} = 2 - 5$ ist falsch; $L = \{1\}$.

e) $\sqrt{x^2 - 5} = x - 3 \quad |$ quadrieren $\quad D = \{x \mid x \geq \sqrt{5} \text{ oder } x \leq -\sqrt{5}\}$
$x^2 - 5 = x^2 - 6x + 9 \quad |-x^2 + 6x + 5$
$6x = 14 \Leftrightarrow x = \frac{7}{3}$
Probe: $\sqrt{\frac{49}{9} - 5} = \frac{7}{3} - 3 \Leftrightarrow \sqrt{\frac{4}{9}} = -\frac{2}{3}$ ist falsch; $L = \{\}$.

f) $\sqrt{x^2 + 1} = x \qquad |$ quadrieren $\qquad D = \mathbb{R}$
$x^2 + 1 = x^2 \Leftrightarrow 1 = 0 \qquad\qquad L = \{\}$

169. a) $x^3 - x^2 - 9x + 9 = 0$

Lösung durch Probieren (Teiler von 9 sind ±1, ±3, ±9.)
$x = 1$ eingesetzt in die Gleichung $x^3 - x^2 - 9x + 9 = 0$ liefert mit
$1 - 1 - 9 + 9 = 0$ eine wahre Aussage; $x_1 = 1$ ist eine Lösung.

Polynomdivision

$$(x^3 - x^2 - 9x + 9) : (x - 1) = x^2 - 9$$
$$\underline{-(x^3 - x^2)}$$
$$ -9x + 9$$
$$\underline{-(-9x + 9)}$$
$$ 0$$

$x^2 - 9 = 0 \Leftrightarrow x^2 = 9 \Leftrightarrow x_{2;3} = \pm 3 \quad L = \{-3; 1; 3\}$

b) $x^3 - 7x + 6 = 0$

Lösung durch Probieren (Teiler von 6 sind ±1, ±2; ±3; ±6.)
$x = 1$ eingesetzt in die Gleichung: $1 - 7 + 6 = 0$ ist wahr; $x_1 = 1$ ist Lösung.

Polynomdivision

$$(x^3 - 7x + 6) : (x - 1) = x^2 + x - 6$$
$$\underline{-(x^3 - x^2)}$$
$$ x^2 - 7x$$
$$\underline{-(x^2 - x)}$$
$$ -6x + 6$$
$$\underline{-(-6x + 6)}$$
$$ 0$$

$x^2 + x - 6 = 0 \Leftrightarrow x_{2;3} = -\frac{1}{2} \pm \sqrt{\frac{1}{4} + 6} = -\frac{1}{2} \pm \frac{5}{2}$

$x_2 = -3; \; x_3 = 2 \quad L = \{-3; 1; 2\}$

c) $x^3 - 2x^2 + 3x - 6 = 0$

Lösung durch Probieren (Teiler von -6 sind ±1, ±2; ±3; ±6.)
$x = 1$: $1 - 2 + 3 - 6 = 0$ ist falsch;
$x = -1$: $-1 - 2 - 3 - 6 = 0$ ist falsch;
$x = 2$: $8 - 8 + 6 - 6 = 0$ ist wahr; $x_1 = 2$ ist eine Lösung.

Polynomdivision

$$(x^3 - 2x^2 + 3x - 6) : (x - 2) = x^2 + 3$$
$$\underline{-(x^3 - 2x^2)}$$
$$ 3x - 6$$
$$\underline{-(3x - 6)}$$
$$ 0$$

$x^2 + 3 = 0$ hat keine Lösung; insgesamt folgt: $L = \{2\}$

d) $x^3 - 3x - 2 = 0$

Lösung durch Probieren (Teiler von -2 sind $\pm 1; \pm 2$.)
$x = 1$: $1 - 3 - 2 = 0$ ist falsch;
$x = -1$: $-1 + 3 - 2 = 0$ ist wahr. $\mathbf{x_1 = -1}$ ist eine Lösung.

Polynomdivision

$$
\begin{array}{l}
(x^3 - 3x - 2) : (x + 1) = x^2 - x - 2 \\
\underline{-(x^3 + x^2)} \\
 -x^2 - 3x - 2 \\
\underline{-(-x^2 - x)} \\
 -2x - 2 \\
\underline{-(-2x - 2)} \\
 0
\end{array}
$$

$x^2 - x - 2 = 0 \Leftrightarrow x_{2;3} = \frac{1}{2} \pm \sqrt{\frac{1}{4} + 2} = \frac{1}{2} \pm \frac{3}{2}$
$\mathbf{x_2 = -1; \; x_3 = 2}$ $L = \{-1; 2\}$

e) $x^4 - 2x^3 - 2x^2 - 2x - 3 = 0$

Lösung durch Probieren (Teiler von -3 sind $\pm 1, \pm 3$.)
$x = 1$: $1 - 2 - 2 - 2 - 3 = 0$ ist falsch;
$x = -1$: $1 + 2 - 2 + 2 - 3 = 0$ ist wahr. $\mathbf{x_1 = -1}$ ist eine Lösung.

Polynomdivision

$$
\begin{array}{l}
(x^4 - 2x^3 - 2x^2 - 2x - 3) : (x + 1) = x^3 - 3x^2 + x - 3 \\
\underline{-(x^4 + x^3)} \\
 -3x^3 - 2x^2 - 2x - 3 \\
\underline{-(-3x^3 - 3x^2)} \\
 x^2 - 2x - 3 \\
\underline{-(x^2 + x)} \\
 -3x - 3 \\
\underline{-(-3x - 3)} \\
 0
\end{array}
$$

$x^3 - 3x^2 + x - 3 = 0$

Lösung durch Probieren (Teiler von -3 sind $-1; \pm 3; +1$ hat sich bereits als Nicht-Lösung gezeigt.)
$x = -1$: $-1 - 3 - 1 - 3 = 0$ ist falsch;
$x = 3$: $27 - 27 + 3 - 3 = 0$ ist wahr; $\mathbf{x_2 = 3}$ ist eine Lösung.

Polynomdivision

$(x^3 - 3x^2 + x - 3) : (x - 3) = x^2 + 1$
$\underline{-(x^3 - 3x^2)}$
$ x - 3$
$\underline{-(x - 3)}$
$ 0$

$x^2 + 1 = 0$ besitzt keine Lösung; insgesamt folgt: $L = \{-1; 3\}$

f) $x^4 + 3x^2 + 1 = 0$

Lösung durch Probieren (Teiler von 1 sind ±1.)
$x = 1:\quad 1 + 3 + 1 = 0$ ist falsch;
$x = -1:\quad 1 + 3 + 1 = 0$ ist falsch.
Durch Probieren kann hier keine Lösung gefunden werden.

1. Alternative: Weder x^4 noch $3x^2$ können negativ sein. Daher kann die linke Seite der Gleichung nicht kleiner als 1 sein; somit hat die Gleichung keine Lösung.

2. Alternative: Die Gleichung lässt sich auch mittels Substitution lösen, vergleiche Abschnitt 9.7. Dieses Verfahren führt ebenfalls auf $L = \{\}$.

g) $x^4 - 3x^3 - 3x^2 + 7x + 6 = 0$

Lösung durch Probieren (Teiler von 6 sind ±1; ±2; ±3; ±6.)
$x = 1:\quad 1 - 3 - 3 + 7 + 6 = 0$ ist falsch;
$x = -1:\quad 1 + 3 - 3 - 7 + 6 = 0$ ist wahr. $\mathbf{x_1 = -1}$ ist eine Lösung.

Polynomdivision

$(x^4 - 3x^3 - 3x^2 + 7x + 6) : (x + 1) = x^3 - 4x^2 + x + 6$
$\underline{-(x^4 + x^3)}$
$ -4x^3 - 3x^2 + 7x + 6$
$\underline{-(-4x^3 - 4x^2)}$
$ x^2 + 7x + 6$
$\underline{-(x^2 + x)}$
$ 6x + 6$
$\underline{-(6x + 6)}$
$ 0$

$x^3 - 4x^2 + x + 6 = 0$

Lösung durch Probieren (Teiler von 6 sind −1; ±2; ±3; ±6; +1 ist als Lösung schon ausgeschieden.)
$x = -1:\quad -1 - 4 - 1 + 6 = 0$ ist richtig. $\mathbf{x_2 = -1}$ ist (doppelte) Lösung.

Polynomdivision

$$(x^3 - 4x^2 + x + 6) : (x+1) = x^2 - 5x + 6$$
$$\underline{-(x^3 + x^2)}$$
$$\quad\quad -5x^2 + x + 6$$
$$\underline{-(\quad -5x^2 - 5x \quad)}$$
$$\quad\quad\quad\quad\quad 6x + 6$$
$$\underline{-(\quad\quad\quad\quad 6x + 6)}$$
$$\quad\quad\quad\quad\quad\quad\quad 0$$

Die quadratische Gleichung $x^2 - 5x + 6 = 0$ hat die Lösungen
$x_{3;4} = \frac{5}{2} \pm \sqrt{\frac{25}{4} - 6} = \frac{5}{2} \pm \frac{1}{2}$; **$x_3 = 2$; $x_4 = 3$** $\quad L = \{-1; 2; 3\}$

h) $x^4 - 2x^3 - 3x^2 + 4x + 4 = 0$

Lösung durch Probieren (Teiler von 4 sind $\pm 1; \pm 2; \pm 4$.)
$x = 1$: $\quad 1 - 2 - 3 + 4 + 4 = 0$ ist falsch;
$x = -1$: $\quad 1 + 2 - 3 - 4 + 4 = 0$ ist wahr. **$x_1 = -1$** ist eine Lösung.

Polynomdivision

$$(x^4 - 2x^3 - 3x^2 + 4x + 4) : (x+1) = x^3 - 3x^2 + 4$$
$$\underline{-(x^4 + x^3)}$$
$$\quad\quad -3x^3 - 3x^2 + 4x + 4$$
$$\underline{-(\quad -3x^3 - 3x^2 \quad\quad\quad)}$$
$$\quad\quad\quad\quad\quad\quad\quad\quad 4x + 4$$
$$\underline{-(\quad\quad\quad\quad\quad\quad 4x + 4)}$$
$$\quad\quad\quad\quad\quad\quad\quad\quad\quad 0$$

$x^3 - 3x^2 + 4 = 0$

Lösung durch Probieren (Teiler von 4 sind $-1; \pm 2; \pm 4$; $+1$ ist als Lösung schon ausgeschieden.)
$x = -1$: $-1 - 3 + 4 = 0$ ist richtig; **$x_2 = -1$** ist (doppelte) Lösung.

Polynomdivision

$$(x^3 - 3x^2 + \quad\quad 4) : (x+1) = x^2 - 4x + 4$$
$$\underline{-(x^3 + x^2)}$$
$$\quad\quad -4x^2 + \quad 4$$
$$\underline{-(\quad -4x^2 - 4x \quad)}$$
$$\quad\quad\quad\quad\quad\quad 4x + 4$$
$$\underline{-(\quad\quad\quad\quad 4x + 4)}$$
$$\quad\quad\quad\quad\quad\quad\quad 0$$

Die quadratische Gleichung $x^2 - 4x + 4$ hat die Lösung
$x_3 = 2 \pm \sqrt{4-4} = 2$; somit ergibt sich für die Lösungsmenge: $L = \{-1; 2\}$

171. a) $2^x = 32 \Leftrightarrow x = \log_2 32 = 5 \quad L = \{5\}$

b) $3^x = 81 \Leftrightarrow x = \log_3 81 = 4 \quad L = \{4\}$

c) $5^x - 3 = 2 \Leftrightarrow 5^x = 5 \Leftrightarrow x = 1 \quad L = \{1\}$

d) $3 \cdot 2^{3x} - 6 = 18 \quad | :3$
$2^{3x} - 2 = 6 \quad | +2$
$2^{3x} = 8 \Leftrightarrow 3x = \log_2 8 = 3 \Leftrightarrow x = 1 \quad L = \{1\}$

172. a) $\log_2 x = 4 \Leftrightarrow x = 2^4 = 16 \quad L = \{16\}$

b) $\log_3 x = 5 \Leftrightarrow x = 3^5 = 243 \quad L = \{243\}$

c) $\log_2(x+3) = 4 \Leftrightarrow x + 3 = 2^4 = 16 \Leftrightarrow x = 13 \quad L = \{13\}$

d) $\log_5(2x+1) = 1 \Leftrightarrow 2x + 1 = 5^1 = 5 \Leftrightarrow 2x = 4 \Leftrightarrow x = 2 \quad L = \{2\}$

e) $2 \cdot \log_2 x = 6 \Leftrightarrow \log_2 x = 3 \Leftrightarrow x = 2^3 = 8 \quad L = \{8\}$

f) $\log_2\left(\frac{x}{3}\right) - \log_2 8 = 1 \quad | \text{T } (\log_2 8 = 3)$
$\log_2\left(\frac{x}{3}\right) - 3 = 1 \quad | +3$
$\log_2\left(\frac{x}{3}\right) = 4 \Leftrightarrow \frac{x}{3} = 2^4 \quad | \cdot 3$
$\Leftrightarrow x = 16 \cdot 3 = 48 \quad L = \{48\}$

173. Aus den Schaubildern der Sinus- und Cosinusfunktion lassen sich die Lösungen der Aufgaben ablesen:

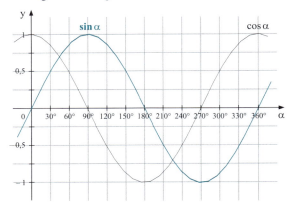

a) $\sin\alpha = -1$: Die Sinusfunktion nimmt bei $\alpha = 270°$ ihren kleinsten Wert -1 an. $L = \{270°\}$

b) $\cos\alpha = 0$: Die Cosinusfunktion hat an den Stellen $\alpha = 90°$ und $\alpha = 270°$ den Wert 0. $L = \{90°; 270°\}$

c) $\cos\alpha = \frac{1}{2}$: Die Cosinusfunktion nimmt im zu untersuchenden Bereich erstmals bei $\alpha = 60°$ den Wert $\frac{1}{2}$ an. Dieser Wert $\frac{1}{2}$ wird ein zweites Mal innerhalb der Definitionsmenge bei $\alpha = 360° - 60° = 300°$ erreicht. $L = \{60°; 300°\}$

d) $\sin\alpha = 0$: Die Sinusfunktion besitzt im angegebenen Intervall Nullstellen bei $\alpha = 0°$, $\alpha = 180°$ und $\alpha = 360°$. $L = \{0°; 180°; 360°\}$

174.

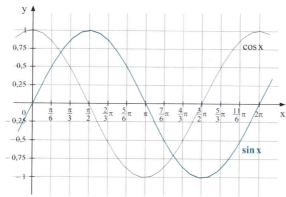

a) $\cos x = -1$: Die Cosinusfunktion hat an der Stelle $x = \pi$ ihren kleinsten Wert -1. $L = \{\pi\}$

b) $\sin x = 1$: Die Sinusfunktion hat bei $x = \frac{\pi}{2}$ den Wert 1. $L = \{\frac{\pi}{2}\}$

c) $\cos x = 1$: Die Cosinusfunktion hat bei $x = 0$ und $x = 2\pi$ den Funktionswert 1. $L = \{0; 2\pi\}$

d) $\sin x = \frac{1}{2}$: Die Sinusfunktion besitzt bei $x = \frac{\pi}{6}$ sowie wegen der Symmetrie zur Achse $x = \frac{\pi}{2}$ auch bei $x = \frac{5}{6}\pi$ den Wert $\frac{1}{2}$. $L = \{\frac{\pi}{6}; \frac{5}{6}\pi\}$

175. a) Im Intervall $[0; 2\pi]$ ist $\cos x = \frac{1}{2}\sqrt{2}$ für $x = \frac{\pi}{4}$ sowie für $x = \frac{7}{4}\pi$ erfüllt. Überträgt man diese Lösungen auf $D = \mathbb{R}$, dann ergibt sich: $L = \{\frac{\pi}{4} + k \cdot 2\pi; \frac{7}{4}\pi + k \cdot 2\pi \,|\, k \in \mathbb{Z}\}$

b) $\sin x = -1$ ist für $\frac{3}{2}\pi$ erfüllt. Damit ergibt sich: $L = \{\frac{3}{2}\pi + k \cdot 2\pi \,|\, k \in \mathbb{Z}\}$

176. a) $x^4 - 4x^2 + 7$: Setzt man $x^2 = z$, dann erhält man den Term $z^2 - 4z + 7$.

b) $x^6 - 4x^2 + 3$: Mit $x^2 = z$ ergibt sich der Term $z^3 - 4z + 3$.

c) $x^{12} - 4x^9 + 3x^3$: Die Substitution $x^3 = z$ führt zu $z^4 - 4z^3 + 3z$.

d) $x - 5\sqrt{x} + 3$: Mithilfe $u = \sqrt{x}$ ergibt sich $u^2 - 5u + 3$.

e) $\sin^2 x - 5\sin x + 2$: Die Ersetzung $\sin x = u$ führt zu $u^2 - 5u + 2$.

f) $2^{2x} - 5 \cdot 2^x + 3$: Setzt man $2^x = z$, dann erhält man $z^2 - 5z + 3$ (hierbei wird verwendet, dass $2^{2x} = (2^x)^2$ ist).

g) $4^x - 2^x + 3$: Mit $u = 2^x$ folgt wegen der Gleichheit $4^x = (2^x)^2$: $u^2 - u + 3$

h) $27^x - 4 \cdot 9^x + 3^x - 1$: Weil $27^x = (3^x)^3$ und $9^x = (3^x)^2$ gilt, folgt mit $3^x = a$: $a^3 - 4a^2 + a - 1$

i) $16^x + 4^{x+1} + 3$: Hier verwendet man $16^x = (4^x)^2$ und $4^{x+1} = 4 \cdot 4^x$, um den substituierten Term $a^2 + 4a + 3$ zu erhalten.

177. a) $x^4 - 4x^2 - 12 = 0$
Die Substitution $x^2 = u$ führt auf die quadratische Gleichung
$u^2 - 4u - 12 = 0 \Leftrightarrow u_{1;2} = 2 \pm \sqrt{4 + 12} = 2 \pm 4 \Leftrightarrow u_1 = -2;\ u_2 = 6$.
Setzt man den ersten Wert u_1 in die Substitutionsgleichung $x^2 = u_1 = -2$ ein, dann erhält man keine Lösung für x. Verwendet man den zweiten Wert u_2, dann erhält man die Gleichung $x^2 = u_2 = 6$ und daraus:
$x_1 = \sqrt{6};\ x_2 = -\sqrt{6} \quad L = \{-\sqrt{6};\ \sqrt{6}\}$

b) $x^6 - 9x^3 + 8 = 0$
Substitution: $x^3 = a$. Damit ergibt sich die Gleichung:
$a^2 - 9a + 8 = 0 \Rightarrow a_{1;2} = \frac{9}{2} \pm \sqrt{\frac{81}{4} - 8} = \frac{9}{2} \pm \frac{7}{2}$; $a_1 = 1;\ a_2 = 8$
Rücksubstitution $x^3 = 1$ führt zu $x_1 = 1$ und die Rücksubstitution $x^3 = 8$ ergibt $x_2 = 2$. $L = \{1;\ 2\}$

c) $2x^8 - 34x^4 + 32 = 0$
Wählt man $x^4 = u$, dann ergibt sich die quadratische Gleichung
$2u^2 - 34u + 32 = 0 \Leftrightarrow u^2 - 17u + 16 = 0$ mit den Lösungen:
$u_{1;2} = \frac{17}{2} \pm \sqrt{\frac{289}{4} - 16} = \frac{17}{2} \pm \frac{15}{2}$, also $u_1 = 1;\ u_2 = 16$.
Rücksubstitution $x^4 = 1$ führt auf $x_1 = 1;\ x_2 = -1$ und die zweite Lösung von u ergibt mittels $x^4 = 16$ zwei weitere Lösungen: $x_3 = -2;\ x_4 = 2$.
$L = \{-2;\ -1;\ 1;\ 2\}$

178. a) $x - \sqrt{x} - 6 = 0$

Die Substitution $\mathbf{u = \sqrt{x}}$ führt auf $u^2 - u - 6 = 0$. Diese quadratische Gleichung hat die Lösungen:
$u_{1;2} = \frac{1}{2} \pm \sqrt{\frac{1}{4} + 6} = \frac{1}{2} \pm \frac{5}{2} \Leftrightarrow u_1 = -2;\ u_2 = 3$
Die Substitutionsgleichung $\mathbf{-2 = \sqrt{x}}$ führt zu keiner Lösung, die Gleichung $\mathbf{3 = \sqrt{x}}$ ergibt die Lösung $x = 9$.
$L = \{9\}$

b) $2^{2x} + 7 \cdot 2^x + 12 = 0$

Mithilfe $\mathbf{u = 2^x}$ ergibt sich die quadratische Gleichung $u^2 + 7u + 12 = 0$ mit den Lösungen:
$u_{1;2} = -\frac{7}{2} \pm \sqrt{\frac{49}{4} - 12} = -\frac{7}{2} \pm \frac{1}{2};\ u_1 = -4;\ u_2 = -3$
Setzt man diese Werte in die Substitutionsgleichung ein, dann erhält man $\mathbf{-4 = 2^x}$ bzw. $\mathbf{-3 = 2^x}$ und somit in beiden Fällen keine Lösung für x.
$L = \{\ \}$

c) $9^x - 3^x - 72 = 0$

Substitutionsgleichung: $\mathbf{3^x = z}$
$\Rightarrow z^2 - z - 72 = 0 \Leftrightarrow z_{1;2} = \frac{1}{2} \pm \sqrt{\frac{1}{4} + 72} = \frac{1}{2} \pm \frac{17}{2};\ z_1 = -8;\ z_2 = 9$
Rücksubstituiert erhält man mit $\mathbf{3^x = -8}$ keine Lösung für x und mit $\mathbf{3^x = 9}$ die Lösung $x = 2$.
$L = \{2\}$

d) $4^x - 3 \cdot 2^{x+1} - 16 = 0 \Leftrightarrow (2^x)^2 - 6 \cdot 2^x - 16 = 0$

Substitution: $\mathbf{2^x = z}$
$z^2 - 6z - 16 = 0 \Leftrightarrow z_{1;2} = 3 \pm \sqrt{9 + 16} = 3 \pm 5;\ z_1 = -2;\ z_2 = 8$

$\mathbf{2^x = -2}$ ergibt keine Lösung; $\mathbf{2^x = 8}$ führt zu $x = 3$.
$L = \{3\}$

e) $\sin^2 x - \sin x = 0 \quad (0 \leq x \leq 2\pi)$

Der Ansatz $\mathbf{z = \sin x}$ führt zu:
$z^2 - z = 0 \Leftrightarrow z \cdot (z-1) = 0 \Leftrightarrow z = 0$ oder $z = 1$
Rücksubstitution $\sin x = 0$ ergibt $x_1 = 0;\ x_2 = \pi;\ x_3 = 2\pi$.
Rücksubstitution $\sin x = 1$ führt zu $x_4 = \frac{\pi}{2}$.
$L = \{0;\ \frac{\pi}{2};\ \pi;\ 2\pi\}$

179. $27 - [-33 + 2 \cdot (\mathbf{7 - 3 \cdot 4})] \cdot 5 = 27 - [-33 + \mathbf{2 \cdot (-5)}] \cdot 5 = 27 - [\mathbf{-33 - 10}] \cdot 5$
$= 27 - [\mathbf{-43}] \cdot 5 = 27 + 215 = 242$

180. $(4x^4 - 3x^3 - 5x^2) : x^2 = 4x^2 - 3x - 5$

181. $\frac{1}{x+3} - \frac{2}{2x-6} = \frac{5}{3x^2-27}$

Bestimmung des **Hauptnenners**:
$$x + 3 = (x+3)$$
$$2x - 6 = (x-3)\cdot 2$$
$$3x^2 - 27 = (x+3)\cdot(x-3)\cdot 3$$

$\text{HN} = (x+3)\cdot(x-3)\cdot 2\cdot 3 = 6\cdot(x^2-9)$ $\quad D_{max} = \mathbb{R}\setminus\{-3; 3\}$

$\frac{1}{x+3} - \frac{2}{2x-6} = \frac{5}{3x^2-27}$ $\quad\mid \cdot\text{HN}$

$(x-3)\cdot 6 - 2\cdot(x+3)\cdot 3 = 5\cdot 2$ $\quad\mid$ T ausmultiplizieren

$6x - 18 - 6x - 18 = 10$ $\quad\mid$ T zusammenfassen

$-36 = 10$ $\quad$ L = { }

182. $x^4 - 7x^3 + 5x^2 + 31x - 30 = 0$

Die Teiler von 30 sind ±1; ±2; ±3; ±5; ±6; ±10; ±15; ±30.
Probe mit x = 1: $1 - 7 + 5 + 31 - 30 = 0$ wahre Aussage; $\mathbf{x_1 = 1}$.

Polynomdivision

$(x^4 - 7x^3 + 5x^2 + 31x - 30) : (x-1) = x^3 - 6x^2 - x + 30$
$\underline{-(x^4 - x^3)}$
$-6x^3 + 5x^2 + 31x - 30$
$\underline{-(-6x^3 + 6x^2)}$
$-x^2 + 31x - 30$
$\underline{-(-x^2 + x)}$
$30x - 30$
$\underline{-(30x - 30)}$
0

$x^3 - 6x^2 - x + 30 = 0$

Probe mit x = 1:	$1 - 6 - 1 + 30 = 0$	falsche Aussage
Probe mit x = −1:	$-1 - 6 + 1 + 30 = 0$	falsche Aussage
Probe mit x = 2:	$8 - 24 - 2 + 30 = 0$	falsche Aussage
Probe mit x = −2:	$-8 - 24 + 2 + 30 = 0$	**wahre** Aussage; $\mathbf{x_2 = -2}$

Polynomdivision

$$(x^3 - 6x^2 - x + 30) : (x + 2) = x^2 - 8x + 15$$
$$\underline{-(x^3 + 2x^2)}$$
$$-8x^2 - x + 30$$
$$\underline{-(-8x^2 - 16x)}$$
$$15x + 30$$
$$\underline{-(15x + 30)}$$
$$0$$

$x^2 - 8x + 15 = 0 \Leftrightarrow x_{3;4} = 4 \pm \sqrt{16-15} = 4 \pm 1$

$\mathbf{x_3 = 3; \ x_4 = 5}$ \ \ L = \{-2; 1; 3; 5\}

183.
$$\begin{aligned} 3x - 2y + z &= -2 \\ x + 2y &= 1 \quad |(I) - 3 \cdot (II) \\ 5x + 2y + z &= a \quad |5 \cdot (II) - (III) \end{aligned}$$

$$\Leftrightarrow \begin{aligned} 3x - 2y + z &= -2 \\ -8y + z &= -5 \\ 8y - z &= 5 - a \quad |(II) + (III) \end{aligned}$$

$$\Leftrightarrow \begin{aligned} 3x - 2y + z &= -2 \\ -8y + z &= -5 \\ 0 &= -a \end{aligned}$$

Fallunterscheidung:

1. Fall: $a \neq 0$. In der letzten Zeile steht eine falsche Aussage; das Gleichungssystem besitzt keine Lösung. L = { }

2. Fall: $a = 0$. Die letzte Zeile liefert keine weitere Lösungsinformation; aus der zweiten Zeile entnimmt man $\mathbf{z = -5 + 8y}$. Setzt man dies in die erste Zeile ein, ergibt sich:
$3x - 2y - 5 + 8y = -2 \Leftrightarrow 3x + 6y - 5 = -2 \Leftrightarrow 3x = -6y + 3 \Leftrightarrow \mathbf{x = -2y + 1}$
L = \{(-2y + 1; y; -5 + 8y) | y \in \mathbb{R}\}

184. Die **Periodenlänge** von f beträgt π. Das Schaubild von f entsteht aus der Sinuskurve $y = \sin x$ durch Stauchung längs der x-Richtung mit dem Faktor 2 (Kurve a), durch Streckung in y-Richtung um den Faktor 3 (Kurve b) und anschließende Verschiebung um 1 nach oben (Kurve c).

Schaubild:

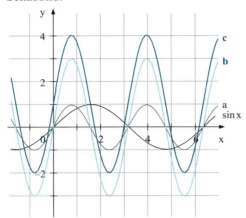

185. $\sqrt{27} \cdot \sqrt{3} - \sqrt{40} \cdot \sqrt{10} = 3 \cdot \sqrt{3} \cdot \sqrt{3} - 2 \cdot \sqrt{10} \cdot \sqrt{10} = 3 \cdot 3 - 2 \cdot 10 = -11$
Alternative: $\sqrt{27} \cdot \sqrt{3} - \sqrt{40} \cdot \sqrt{10} = \sqrt{81} - \sqrt{400} = 9 - 20 = -11$

186.
$$\begin{aligned} 7x - 2 \cdot (-3 + 2x) &= 9 \cdot (x - 7) & &|\; T \text{ ausmultiplizieren} \\ 7x + 6 - 4x &= 9x - 63 & &|\; T \text{ zusammenfassen} \\ 3x + 6 &= 9x - 63 & &|\; -6 - 9x \\ -6x &= -69 & &|\; :(-6) \\ x &= 11\tfrac{1}{2} & &L = \{11\tfrac{1}{2}\} \end{aligned}$$

187. g: $y = 2x - 5$; h: $y = -\tfrac{1}{2}x - 2$

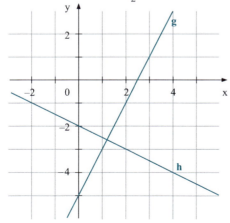

188. $5x - 3 \leq 2 \cdot (x-2) - 4 \cdot (3-2x)$ | T ausmultiplizieren
$5x - 3 \leq 2x - 4 - 12 + 8x$ | T zusammenfassen
$5x - 3 \leq 10x - 16$ | $-10x + 3$
$-5x \leq -13$ | $:(-5)$
$x \geq \frac{13}{5}$ $L = \{x \mid x \geq \frac{13}{5}\}$

189. $\sqrt{2x+5} = 5 - 4x$

Bestimmung der maximalen **Definitionsmenge**:

$2x + 5 \geq 0 \Leftrightarrow x \geq -\frac{5}{2}$ $D = \{x \mid x \geq -\frac{5}{2}\}$

$\sqrt{2x+5} = 5 - 4x$ | quadrieren
$2x + 5 = 25 - 40x + 16x^2$ | $-25 + 40x - 16x^2$
$-16x^2 + 42x - 20 = 0$ | $:(-16)$

$x^2 - \frac{21}{8}x + \frac{5}{4} = 0 \Leftrightarrow x_{1;2} = \frac{21}{16} \pm \sqrt{\frac{441}{256} - \frac{5}{4}} = \frac{21}{16} \pm \sqrt{\frac{121}{256}} = \frac{21}{16} \pm \frac{11}{16}$

$x_1 = \frac{32}{16} = 2$ **Probe:** $\sqrt{2 \cdot 2 + 5} = 5 - 4 \cdot 2 \Leftrightarrow \sqrt{9} = -3$ **falsche Aussage**

$x_2 = \frac{10}{16} = \frac{5}{8}$ **Probe:** $\sqrt{2 \cdot \frac{5}{8} + 5} = 5 - 4 \cdot \frac{5}{8} \Leftrightarrow \sqrt{\frac{25}{4}} = \frac{5}{2}$ **wahre Aussage**

$L = \{\frac{5}{8}\}$

190. $f(x) = x^2 - 4x; \ x \geq 2$

Quadratische Ergänzung: $x^2 - 4x = x^2 - 4x + 4 - 4 = (x-2)^2 - 4$
Das Schaubild von f ist Teil einer **Parabel**. Ihr Scheitel liegt bei $x = 2$:
$S(2|-4)$. Für $x \geq 2$ ist die Funktion daher umkehrbar, $W = \{y \mid y \geq -4\}$.

Auflösung der Funktionsgleichung nach x:

$y = x^2 - 4x = (x-2)^2 - 4$ | $+4$
$y + 4 = (x-2)^2$ | $\sqrt{\ }$
$\sqrt{y+4} = x - 2$ | $+2$
$x = \sqrt{y+4} + 2$

Vertauschen von x und y:
$y = \sqrt{x+4} + 2$
Die Gleichung der **Umkehrfunktion** lautet $\overline{f}(x) = \sqrt{x+4} + 2; \ x \geq -4$.

191. $\dfrac{27-2\cdot[(3-\mathbf{2\cdot 5})\cdot(-1)]\cdot(-1)-(5-\mathbf{3^2})}{17-[28-4\cdot(18-\mathbf{4\cdot 5})]:(-4)} = \dfrac{27-2\cdot[(\mathbf{3-10})\cdot(-1)]\cdot(-1)-(\mathbf{5-9})}{17-[28-4\cdot(\mathbf{18-20})]:(-4)}$

$= \dfrac{27-2\cdot[(\mathbf{-7})\cdot(-1)]\cdot(-1)-(\mathbf{-4})}{17-[28-\mathbf{4\cdot(-2)}]:(-4)} = \dfrac{27-\mathbf{2\cdot 7}\cdot(-1)+4}{17-[\mathbf{28+8}]:(-4)} = \dfrac{27-\mathbf{14}\cdot(-1)+4}{17-\mathbf{36}:(-4)}$

$= \dfrac{27+14+4}{17+9} = \dfrac{45}{26}$

192.
$\begin{array}{rrrcrl}
4x & -\ 2y & +\ z & = & 5 & \\
2x & +\ 3y & -\ 2z & = & 2 & |\,(\text{I})-2\cdot(\text{II}) \\
5x & -\ 4y & -\ 3z & = & 22 & |\,5\cdot(\text{II})-2\cdot(\text{III})
\end{array}$

$\Leftrightarrow \begin{array}{rrrcrl}
4x & -\ 2y & +\ z & = & 5 & \\
 & -\ 8y & +\ 5z & = & 1 & \\
 & 23y & -\ 4z & = & -34 & |\,23\cdot(\text{II})+8\cdot(\text{III})
\end{array}$

$\Leftrightarrow \begin{array}{rrrcr}
4x & -\ 2y & +\ z & = & 5 \\
 & -\ 8y & +\ 5z & = & 1 \\
 & & 83z & = & -249
\end{array}$

Aus der letzten Zeile ergibt sich **z = −3**; eingesetzt in die mittlere Zeile erhält man $-8y-15=1$ $\Leftrightarrow$ **y = −2**; y und z in die erste Zeile eingesetzt liefert $4x+4-3=5$ $\Leftrightarrow$ **x = 1**. $L=\{(1;-2;-3)\}$

193. $f(x) = -2x^2+14x+36 = 0 \Leftrightarrow x^2-7x-18=0$

$x_{1;2} = \dfrac{7}{2} \pm \sqrt{\dfrac{49}{4}+18} = \dfrac{7}{2} \pm \dfrac{11}{2};\quad x_1=-2;\ x_2=9;\quad N_1(-2|0);\ N_2(9|0)$

194.
$\begin{array}{rl}
7x-3a = 2ax & |\,-2ax+3a \\
7x-2ax = 3a & |\,\text{T x ausklammern}
\end{array}$

$(7-2a)\cdot x = 3a$

Wegen der nun erforderlichen Division durch $(7-2a)$ wird eine Fallunterscheidung durchgeführt:

1. Fall: 7 − 2a = 0 $\Leftrightarrow$ **a = $\dfrac{7}{2}$**
Die Gleichung lautet in diesem Fall $0\cdot x = 3\cdot\dfrac{7}{2}$ und stellt eine falsche Aussage dar. In diesem Fall folgt: $L=\{\,\}$

2. Fall: 7 − 2a ≠ 0 $\Leftrightarrow$ **a ≠ $\dfrac{7}{2}$**

$(7-2a)\cdot x = 3a \quad |\,:(7-2a)$

$x = \dfrac{3a}{7-2a} \qquad L=\left\{\dfrac{3a}{7-2a}\right\}$

195. $\frac{3x-11}{2x+1} = \frac{x-3}{3x-3}$ HN $= (2x+1) \cdot (3x-3) = (2x+1) \cdot 3 \cdot (x-1)$

Die Definitionslücken ergeben sich an den Stellen, an denen der Hauptnenner null ist:

$(2x+1) \cdot (3x-3) = 0 \Leftrightarrow x = -\frac{1}{2}$ oder $x = 1$ $D = \mathbb{R} \setminus \{-\frac{1}{2}; 1\}$

$$\frac{3x-11}{2x+1} = \frac{x-3}{3x-3} \qquad | \cdot HN$$

$(3x-11) \cdot (3x-3) = (x-3) \cdot (2x+1)$ | T ausmultiplizieren
$9x^2 - 33x - 9x + 33 = 2x^2 - 6x + x - 3$ | T zusammenfassen
$9x^2 - 42x + 33 = 2x^2 - 5x - 3$ | $-2x^2 + 5x + 3$
$7x^2 - 37x + 36 = 0$ | $:7$
$x^2 - \frac{37}{7}x + \frac{36}{7} = 0$

$x_{1;2} = \frac{37}{14} \pm \sqrt{\frac{1369}{196} - \frac{36}{7}} = \frac{37}{14} \pm \sqrt{\frac{1369 - 1008}{196}} = \frac{37}{14} \pm \sqrt{\frac{361}{196}} = \frac{37}{14} \pm \frac{19}{14}$

$x_1 = \frac{18}{14} = \frac{9}{7}$; $x_2 = \frac{56}{14} = 4$

$L = \{\frac{9}{7}; 4\}$

196. $2^{2x} - 8 \cdot 2^x = 0 \Leftrightarrow (2^x)^2 - 8 \cdot 2^x = 0$

Substitution: Ersetzt man in der Gleichung 2^x durch z, $z = 2^x$, dann ergibt sich die Gleichung: $z^2 - 8z = 0 \Leftrightarrow z_{1;2} = 4 \pm \sqrt{16-0}$

$z_1 = 0$: Eingesetzt in die Substitutionsgleichung $2^x = z$ folgt $2^x = 0$. Diese Gleichung ist jedoch nicht lösbar.

$z_2 = 8$: Eingesetzt in $2^x = z$ ergibt sich: $2^x = 8 \Leftrightarrow x = 3$ $L = \{3\}$

Alternativer Lösungsweg:
$2^{2x} - 8 \cdot 2^x = 0 \Leftrightarrow 2^x \cdot 2^x - 8 \cdot 2^x = 0 \Leftrightarrow 2^x \cdot (2^x - 8) = 0$
Ein Produkt ist genau dann null, wenn einer der Faktoren null ist.
2^x kann nie null sein, und $2^x - 8 = 0 \Leftrightarrow 2^x = 8 \Leftrightarrow x = 3$.

197. $\left(\frac{3^5 \cdot 2^3}{8^2 \cdot 9^2}\right)^3 \cdot \left(\frac{4^5 \cdot 7^6}{49^3 \cdot 2^7}\right)^2 = \left(\frac{3^5 \cdot 2^3}{2^6 \cdot 3^4}\right)^3 \cdot \left(\frac{2^{10} \cdot 7^6}{7^6 \cdot 2^7}\right)^2 = \left(\frac{3}{2^3}\right)^3 \cdot (2^3)^2$

$= \frac{3^3}{2^9} \cdot 2^6 = \frac{3^3}{2^3} = \frac{27}{8}$

198. $(3x-5y) \cdot (3x+5y) - (2x+4y)^2 - (3y-2x)^2$

$= 9x^2 - 25y^2 - (4x^2 + 16xy + 16y^2) - (9y^2 - 12xy + 4x^2)$
$= 9x^2 - 25y^2 - 4x^2 - 16xy - 16y^2 - 9y^2 + 12xy - 4x^2$
$= x^2 - 4xy - 50y^2$

199. $3 \cdot 2^n - 20 = 4$ $\qquad | +20$
$\qquad 3 \cdot 2^n = 24 \qquad | :3$
$\qquad\quad 2^n = 8 \iff n = 3 \qquad L = \{3\}$

200. $\dfrac{3+x}{15x-25} + \dfrac{2x-1}{6x-10} - \dfrac{3}{12x-20}$

Hauptnenner
$15x - 25 = 5 \cdot (3x-5)$
$6x - 10 = (3x-5) \cdot 2$
$\underline{12x - 20 = (3x-5) \cdot 2 \cdot 2}$
$\qquad HN = 5 \cdot (3x-5) \cdot 2 \cdot 2 = 20 \cdot (3x-5)$

Der Hauptnenner ist null für $x = \frac{5}{3}$; $\quad D = \mathbb{R} \setminus \{\frac{5}{3}\}$

$\dfrac{3+x}{15x-25} + \dfrac{2x-1}{6x-10} - \dfrac{3}{12x-20} = \dfrac{(3+x) \cdot 4}{20 \cdot (3x-5)} + \dfrac{(2x-1) \cdot 10}{20 \cdot (3x-5)} - \dfrac{3 \cdot 5}{20 \cdot (3x-5)}$

$= \dfrac{12+4x}{20 \cdot (3x-5)} + \dfrac{20x-10}{20 \cdot (3x-5)} - \dfrac{15}{20 \cdot (3x-5)} = \dfrac{12 + 4x + 20x - 10 - 15}{20 \cdot (3x-5)}$

$= \dfrac{24x - 13}{60x - 100}$

201. $\dfrac{\sqrt{2x-8}}{x-8} + \log_2(12-x)$

Der Nenner $x-8$ darf nicht null sein: $x \neq 8$
Der Radikand $2x-8$ darf nicht negativ sein: $2x - 8 \geq 0 \iff x \geq 4$
Das Argument des Logarithmus muss größer als null sein:
$12 - x > 0 \iff x < 12$
Insgesamt ergibt sich: $D = \{x \mid 4 \leq x < 12 \text{ \textbf{und} } x \neq 8\}$

202. $x^6 - 9x^3 + 8 = 0$

Mittels **Substitution** $x^3 = z$ ergibt sich eine quadratische Gleichung:
$z^2 - 9z + 8 = 0 \iff z_{1;2} = \dfrac{9}{2} \pm \sqrt{\dfrac{81}{4} - 8} = \dfrac{9}{2} \pm \dfrac{7}{2}$

$\mathbf{z_1 = 1}$: eingesetzt in $x^3 = z$ folgt: $x^3 = 1 \iff x = 1$
$\mathbf{z_2 = 8}$: eingesetzt in $x^3 = z$ folgt: $x^3 = 8 \iff x = 2$
$L = \{1; 2\}$

203. $2 \cdot \cos x = 1 \quad | :2$

$\cos x = \frac{1}{2}$

Anhand der Cosinuskurve entnimmt man:
$\cos x = \frac{1}{2}$ für $x_1 = \frac{\pi}{3}$; $x_2 = \frac{5}{3}\pi$
$L = \{\frac{\pi}{3}; \frac{5}{3}\pi\}$

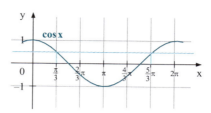

204. $\sqrt[3]{27} - \sqrt[4]{256} + \sqrt{25} = 3 - 4 + 5 = 4$

205. $x^2 - 40x = x^2 - 40x + 20^2 - 20^2 = (x-20)^2 - 20^2 = (x-20)^2 - 400$

$x^2 - 40x$ muss durch den Summanden 20^2 quadratisch ergänzt werden.

206. $2u^2 - 42u + 180 = 0 \quad | :2$

$u^2 - 21u + 90 = 0 \Leftrightarrow u_{1;2} = \frac{21}{2} \pm \sqrt{\frac{441}{4} - 90} = \frac{21}{2} \pm \sqrt{\frac{81}{4}} = \frac{21}{2} \pm \frac{9}{2}$

$u_1 = 6$; $u_2 = 15 \quad L = \{6; 15\}$

207. $\frac{x+1}{x-2} < \frac{x-1}{x+2} \quad HN = (x-2) \cdot (x+2)$

Aus dem Hauptnenner, der nicht null sein darf, ergibt sich $D = \mathbb{R} \setminus \{-2; 2\}$.
Für die Multiplikation mit dem Hauptnenner ist eine Fallunterscheidung erforderlich.

1. Fall: HN > 0 $\Leftrightarrow (x-2) \cdot (x+2) > 0$

Dies ist der Fall, wenn entweder beide Faktoren positiv oder beide Faktoren negativ sind, also

entweder $x - 2 > 0$ und $x + 2 > 0$, d. h. $x > 2$ und $x > -2$, d. h. $x > 2$

oder $x - 2 < 0$ und $x + 2 < 0$, d. h. $x < 2$ und $x < -2$, d. h. $x < -2$.

Betrachtet wird also der Fall, dass **x > 2 oder x < −2** ist. Multiplikation mit dem Hauptnenner ergibt:

$\frac{x+1}{x-2} < \frac{x-1}{x+2} \quad | \cdot HN > 0$

$(x+1) \cdot (x+2) < (x-1) \cdot (x-2) \quad | \text{T ausmultiplizieren}$

$x^2 + x + 2x + 2 < x^2 - x - 2x + 2 \quad | \text{T zusammenfassen}$

$x^2 + 3x + 2 < x^2 - 3x + 2 \quad | -x^2 + 3x - 2$

$6x < 0 \quad | :6$

$x < 0$

Von der betrachteten Definitionsmenge kommen nur die negativen Zahlen als Lösung in Betracht, sodass man als Teillösung $L_1 = \{x \mid x < -2\}$ erhält.

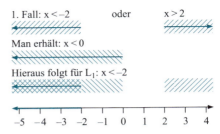

2. Fall: HN < 0 $\Leftrightarrow$ $(x-2) \cdot (x+2) < 0$
Dies ist der Fall, wenn

entweder $x - 2 < 0$ und $x + 2 > 0$, d. h. $x < 2$ und $x > -2$, d. h. $-2 < x < 2$

oder $x - 2 > 0$ und $x + 2 < 0$, d. h. $x > 2$ und $x < -2$ (nicht möglich).

Betrachtet wird also nun der Fall, dass $-2 < x < 2$ ist. Multiplikation mit dem Hauptnenner ergibt:

$$\frac{x+1}{x-2} < \frac{x-1}{x+2} \quad | \cdot HN < 0$$

$(x+1) \cdot (x+2) > (x-1) \cdot (x-2)$ | T ausmultiplizieren

$x^2 + x + 2x + 2 > x^2 - x - 2x + 2$ | T zusammenfassen

$x^2 + 3x + 2 > x^2 - 3x + 2$ | $-x^2 + 3x - 2$

$6x > 0$ | :6

$x > 0$

Von der betrachteten Definitionsmenge kommen nur die positiven Zahlen als Lösung in Betracht, sodass man als zweite Teillösung $L_2 = \{x \mid 0 < x < 2\}$ erhält.

Als Gesamtlösung ergibt sich:
$L = \{x \mid x < -2 \text{ oder } 0 < x < 2\}$

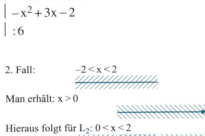

208. Das Schaubild der Funktion f mit $f(x) = (x-4)^2 + 1$ hat den Scheitel $S(4 \mid 1)$ und ist nach oben geöffnet. Das Schaubild entsteht aus dem Schaubild der Normalparabel $y = x^2$ durch Verschiebung um 4 Einheiten nach rechts und eine Einheit nach oben.

209. Das Schaubild a ist eine **Gerade** mit der Steigung 1 und dem y-Achsenabschnitt -1. Die Gleichung dieser Funktion lautet daher $a(x) = x - 1$.

Das Schaubild b ist eine nach unten geöffnete **Parabel** mit dem Scheitel $S(0 \mid 3)$. Die Gleichung lautet somit $b(x) = -c \cdot x^2 + 3$. Punktprobe mit dem

Kurvenpunkt P(**2**|**1**) liefert b(**2**) = $-c \cdot 2^2 + 3 =$ **1** $\Leftrightarrow -4c = -2 \Leftrightarrow c = \frac{1}{2}$.
Die Parabel hat die Funktionsgleichung b(x) = $-\frac{1}{2}x^2 + 3$.

Das Schaubild c stellt eine **Wurzelfunktion** dar. Das Schaubild beginnt im Punkt S(0|−3) und hat daher die Gleichung c(x) = $a \cdot \sqrt{x} - 3$. Punktprobe z. B. mit dem Kurvenpunkt Q(**4**|**−1**) ergibt:
c(4) = $a \cdot \sqrt{4} - 3 =$ **−1** $\Leftrightarrow 2a = 2 \Leftrightarrow a = 1 \Rightarrow c(x) = \sqrt{x} - 3$

Schaubild d gehört zur Klasse der **Hyperbeln** mit geradzahligen Exponenten. Wegen des Kurvenpunktes A(1|1) hat die Funktion eine Gleichung der Form d(x) = $\frac{1}{x^n}$, wobei n gerade ist. Wenn man annimmt, dass das Schaubild den Kurvenpunkt B($\frac{1}{2}$|4) besitzt, folgt:

$d\left(\frac{1}{2}\right) = \frac{1}{\left(\frac{1}{2}\right)^n} =$ **4** $\Leftrightarrow 2^n = 4 \Leftrightarrow n = 2 \Rightarrow d(x) = \frac{1}{x^2}$

210.
$$\begin{array}{rl} x + y - z = & 1 \\ x - y + z = & 3 \quad |(I) - (II) \\ x - ay + z = & 1 \quad |(I) - (III) \end{array}$$

$\Leftrightarrow \begin{array}{rl} x + y - z = & 1 \\ 2y - 2z = & -2 \\ (1+a)y - 2z = & 0 \end{array} \quad |(II) - (III)$ (Durch diese Subtraktion wird die Variable z in der letzten Zeile eliminiert.)

$\Leftrightarrow \begin{array}{rl} x + y - z = & 1 \\ 2y - 2z = & -2 \\ (1-a)y = & -2 \end{array}$

1. Fall: $1 - a = 0 \Leftrightarrow a = 1$
In der letzten Zeile steht dann $0 \cdot y = -2$ und damit ein Widerspruch. Für a = 1 besitzt das Gleichungssystem keine Lösung: L = { }

2. Fall: $1 - a \neq 0 \Leftrightarrow a \neq 1$
Die letzte Zeile kann durch (1 − a) dividiert werden:
$y = -\frac{2}{1-a} = \frac{2}{a-1}$

Setzt man diesen Wert in die zweite Zeile ein, erhält man:
$2 \cdot \frac{2}{a-1} - 2z = -2 \Leftrightarrow -2z = -2 - \frac{4}{a-1} \Leftrightarrow -2z = \frac{-2a+2-4}{a-1} = \frac{-2a-2}{a-1}$
$\Leftrightarrow z = \frac{a+1}{a-1}$

Nun werden y und z in die erste Zeile eingesetzt:
$x + \frac{2}{a-1} - \frac{a+1}{a-1} = 1 \Leftrightarrow x = 1 - \frac{2}{a-1} + \frac{a+1}{a-1} = \frac{a-1-2+a+1}{a-1} = \frac{2a-2}{a-1} = 2$

Die Lösungsmenge lautet somit für $a \neq 1$: $L = \left\{\left(2; \frac{2}{a-1}; \frac{a+1}{a-1}\right)\right\}$

211. $\left(24^{\frac{1}{2}} - 96^{\frac{1}{2}}\right) \cdot \sqrt{3} = (\sqrt{24} - \sqrt{96}) \cdot \sqrt{3} = (\sqrt{4 \cdot 6} - \sqrt{16 \cdot 6}) \cdot \sqrt{3}$

$= (2\sqrt{6} - 4 \cdot \sqrt{6}) \cdot \sqrt{3} = -2\sqrt{6} \cdot \sqrt{3} = -2\sqrt{18} = -2 \cdot 3\sqrt{2} = -6\sqrt{2}$

(Es sind auch andere Wege zu diesem Ergebnis möglich.)

212. $\sqrt{x^3 y^5 z^2} - \sqrt{2x^5 y^3 z^4} + 3\sqrt{x^5 y^5 z^6}$

$= xy^2 z \cdot \sqrt{xy} - x^2 yz^2 \cdot \sqrt{2xy} + 3x^2 y^2 z^3 \sqrt{xy}$

$= xy^2 z \cdot \sqrt{xy} - x^2 yz^2 \cdot \sqrt{2} \sqrt{xy} + 3x^2 y^2 z^3 \sqrt{xy}$

$= (xy^2 z - x^2 yz^2 \sqrt{2} + 3x^2 y^2 z^3) \cdot \sqrt{xy}$

$= xyz \cdot (y - xz\sqrt{2} + 3xyz^2) \cdot \sqrt{xy}$

213.
```
  (2x³ -  7x²         +  4) : (x + 2) = 2x² - 11x + 22 - 40/(x+2)
 -(2x³ +  4x²               )
 ─────────────────────────────
        -11x²         +  4
      -(-11x²  - 22x      )
      ───────────────────────
                  22x  +  4
                -(22x  + 44)
                ─────────────
                       - 40
```

214. Bestimmung des **Hauptnenners**:

$2x - y = (2x - y)$
$2x + y = (2x + y)$
$4x^2 - y^2 = (2x - y) \cdot (2x + y)$

$ HN = (2x - y) \cdot (2x + y)$

$\dfrac{x+1}{2x-y} - \dfrac{y+1}{2x+y} - \dfrac{2x^2 - xy + y^2}{4x^2 - y^2}$

$= \dfrac{(x+1) \cdot (2x+y)}{(2x-y) \cdot (2x+y)} - \dfrac{(y+1) \cdot (2x-y)}{(2x-y) \cdot (2x+y)} - \dfrac{2x^2 - xy + y^2}{(2x-y) \cdot (2x+y)}$

$= \dfrac{2x^2 + 2x + xy + y}{(2x-y) \cdot (2x+y)} - \dfrac{2xy + 2x - y^2 - y}{(2x-y) \cdot (2x+y)} - \dfrac{2x^2 - xy + y^2}{(2x-y) \cdot (2x+y)}$

$= \dfrac{2x^2 + 2x + xy + y - (2xy + 2x - y^2 - y) - (2x^2 - xy + y^2)}{(2x-y) \cdot (2x+y)}$

$= \dfrac{2x^2 + 2x + xy + y - 2xy - 2x + y^2 + y - 2x^2 + xy - y^2}{(2x-y) \cdot (2x+y)}$

$= \dfrac{2y}{(2x-y) \cdot (2x+y)}$

215. Aus den Scheitelkoordinaten S(3|2) folgt für die Gleichung der Parabel
$p(x) = a \cdot (x-3)^2 + 2$. Die Punktprobe mit dem Punkt P(2|−2) ergibt dann:
$p(\mathbf{2}) = a \cdot (\mathbf{2}-3)^2 + 2 = \mathbf{-2} \Leftrightarrow a + 2 = -2 \Leftrightarrow a = -4$
$\Rightarrow p(x) = -4 \cdot (x-3)^2 + 2$

216. Der **Radikand x − 3** darf nicht negativ sein:
$x - 3 \geq 0 \Leftrightarrow x \geq 3 \qquad D = \{x \,|\, x \geq 3\}$
$\sqrt{x-3} < 5 \qquad\qquad |\text{ quadrieren}$
$x - 3 < 25 \qquad\qquad |+3$
$x < 28$
Lösungsmenge: $L = \{x \,|\, 3 \leq x < 28\}$
Probe z. B. mit dem Wert x = 20: $\sqrt{20-3} < 5 \Leftrightarrow \sqrt{17} < 5$ ist richtig.

217. $x^4 - 11x^2 + 18 = 0$
Substitution: $x^2 = z$
$z^2 - 11z + 18 = 0 \Leftrightarrow z_{1;2} = \frac{11}{2} \pm \sqrt{\frac{121}{4} - 18} = \frac{11}{2} \pm \frac{7}{2}$
$z_1 = 2$: Rücksubstitution ergibt $x^2 = 2 \Leftrightarrow x_{1;2} = \pm\sqrt{2}$
$z_2 = 9$: Rücksubstitution ergibt $x^2 = 9 \Leftrightarrow x_{3;4} = \pm 3$
Lösungsmenge: $L = \{-3; -\sqrt{2}; \sqrt{2}; 3\}$

218. $|4 - 18| - |2 - 3 \cdot 5| = |-14| - |-13| = 14 - 13 = 1$

219. Jede Parallele zur ersten Winkelhalbierenden hat die Steigung 1, sodass
die Geradengleichung $y = x + c$ lautet. Punktprobe mit A(4|7) ergibt dann
$7 = 4 + c \Leftrightarrow c = 3$ und somit $y = x + 3$.

220. $\left(\frac{2x^3 b^4}{5y^2 b}\right)^n : \left(\frac{x^2 b^3}{10y^3 b^2}\right)^n = \left(\frac{2x^3 b^3}{5y^2}\right)^n : \left(\frac{x^2 b}{10y^3}\right)^n = \left(\frac{2x^3 b^3}{5y^2} : \frac{x^2 b}{10y^3}\right)^n$
$= \left(\frac{2x^3 b^3}{5y^2} \cdot \frac{10y^3}{x^2 b}\right)^n = (2xb^2 \cdot 2y)^n = (4b^2 xy)^n = 4^n b^{2n} x^n y^n$

221.
$$(x^4 - 7x^3 + 13x^2 - 6x + 9) : (x - 3) = x^3 - 4x^2 + x - 3$$
$$\underline{-(x^4 - 3x^3)}$$
$$-4x^3 + 13x^2 - 6x + 9$$
$$\underline{-(-4x^3 + 12x^2)}$$
$$x^2 - 6x + 9$$
$$\underline{-(x^2 - 3x)}$$
$$-3x + 9$$
$$\underline{-(-3x + 9)}$$
$$0$$

222. $y = 2x^2 - 6x + 2 = 2 \cdot \left[x^2 - 3x + 1\right] = 2 \cdot \left[x^2 - 3x + \frac{9}{4} - \frac{9}{4} + 1\right]$

$= 2 \cdot \left[\left(x^2 - 3x + \frac{9}{4}\right) - \frac{9}{4} + 1\right] = 2 \cdot \left[\left(x - \frac{3}{2}\right)^2 - \frac{9}{4} + 1\right]$

$= 2 \cdot \left[\left(x - \frac{3}{2}\right)^2 - \frac{5}{4}\right] = 2 \cdot \left(x - \frac{3}{2}\right)^2 - \frac{5}{2} \;\Rightarrow\; S(\frac{3}{2}|-\frac{5}{2})$

223. $\log_3 x + 3 = 5 \quad | -3 \quad D = \mathbb{R}^+$
$\log_3 x = 2 \quad |$ Exponenzieren mit 3
$3^{\log_3 x} = 3^2 \;\Leftrightarrow\; x = 3^2 = 9 \quad L = \{9\}$

224. Die Periodenlänge der Funktion f mit $f(x) = -3\sin\left(\frac{x}{3} - 4\right)$ beträgt wegen des Terms $\frac{x}{3}$: $p = 3 \cdot 2\pi = 6\pi$

225.

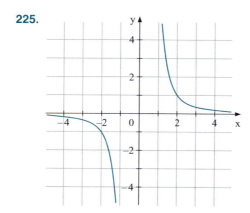

226. Hauptnenner

$2x^2 - 8 = 2 \cdot (x-2) \cdot (x+2)$
$2 + x = \phantom{2 \cdot (x-2) \cdot{}} (x+2)$
$6 - 3x = -\phantom{2\cdot{}} (x-2) \cdot 3$

$\overline{}$

$\text{HN} = 2 \cdot (x-2) \cdot (x+2) \cdot 3 = 6 \cdot (x^2 - 4)$

$\dfrac{3x}{2x^2-8} + \dfrac{8}{2+x} - \dfrac{3}{6-3x} = \dfrac{3x \cdot 3}{6 \cdot (x^2-4)} + \dfrac{8 \cdot 6 \cdot (x-2)}{6 \cdot (x^2-4)} + \dfrac{3 \cdot 2 \cdot (x+2)}{6 \cdot (x^2-4)}$

$= \dfrac{9x}{6 \cdot (x^2-4)} + \dfrac{48x - 96}{6 \cdot (x^2-4)} + \dfrac{6x + 12}{6 \cdot (x^2-4)} = \dfrac{9x + 48x - 96 + 6x + 12}{6 \cdot (x^2-4)}$

$= \dfrac{63x - 84}{6 \cdot (x^2-4)} = \dfrac{21x - 28}{2 \cdot (x^2-4)}$

227. 1. Weg

Bestimmung der Steigung durch die Punkte A(3|1) und B(−1|−7):

$m = \dfrac{-7-1}{-1-3} = \dfrac{-8}{-4} = \mathbf{2}$

Die Gleichung der Geraden lautet $y = \mathbf{2}x + c$. Punktprobe mit A ergibt:
$1 = 2 \cdot 3 + c \Leftrightarrow \mathbf{c = -5}$
Die Geradengleichung lautet $y = 2x - 5$.

2. Weg

Die allgemeine Geradengleichung lautet $y = mx + c$.
Punktprobe mit A: $1 = 3m + c$
Punktprobe mit B: $-7 = -m + c$
Lösen des Gleichungssystems:

$\begin{array}{l} 3m + c = 1 \\ -m + c = -7 \end{array} \quad |(I) + 3 \cdot (II) \quad \Leftrightarrow \quad \begin{array}{l} 3m + c = 1 \\ 4c = -20 \end{array}$

Aus der letzten Zeile ergibt sich $\mathbf{c = -5}$. Eingesetzt in die erste Zeile folgt
$3m - 5 = 1 \Leftrightarrow 3m = 6 \Leftrightarrow \mathbf{m = 2}$ und somit für die Geradengleichung
$y = 2x - 5$.

228. Hauptnenner

$2x + 3 = (2x + 3)$
$3 - 2x = \phantom{(2x+3) \cdot{}} (3 - 2x)$
$9 - 4x^2 = (2x + 3) \cdot (3 - 2x)$

$\overline{}$

$\text{HN} = (2x+3) \cdot (3-2x) = 9 - 4x^2$

Die Faktoren des Hauptnenners müssen ungleich null sein:

$2x + 3 = 0 \Leftrightarrow x = -\tfrac{3}{2}; \quad 3 - 2x = 0 \Leftrightarrow x = \tfrac{3}{2} \quad D = \mathbb{R} \setminus \left\{-\tfrac{3}{2}; \tfrac{3}{2}\right\}$

$$\frac{x^2-4x}{2x+3} - \frac{x^2-2}{3-2x} = \frac{5x+6}{9-4x^2} \quad | \cdot HN$$

$(x^2-4x)\cdot(3-2x)-(x^2-2)\cdot(2x+3) = 5x+6 \quad | \text{ T ausmultiplizieren}$

$3x^2-12x-2x^3+8x^2-(2x^3-4x+3x^2-6) = 5x+6 \quad | \text{ T ausmultiplizieren}$

$3x^2-12x-2x^3+8x^2-2x^3+4x-3x^2+6 = 5x+6 \quad | \text{ T zusammenfassen}$

$-4x^3+8x^2-8x+6 = 5x+6 \quad | -5x-6$

$-4x^3+8x^2-13x = 0 \quad | \text{ T x ausklammern}$

$x\cdot(-4x^2+8x-13) = 0$

Ein Produkt ist null, wenn einer der Faktoren null ist:
1. Faktor: **$x_1 = 0$**
2. Faktor: $-4x^2+8x-13=0 \quad |:(-4)$

$$x^2-2x+\frac{13}{4}=0 \Leftrightarrow x_{2;3}=1\pm\sqrt{1-\frac{13}{4}}$$

Der 2. Faktor liefert keine Lösung, da der Radikand negativ ist. Die gesamte Lösungsmenge lautet also $L=\{0\}$.

229. Der Radikand darf nicht negativ sein: $x-3\geq 0 \Leftrightarrow x\geq 3; \quad D=\{x|x\geq 3\}$

$\sqrt{x-3}-2x = 3-3x \quad | +2x$

$\sqrt{x-3} = 3-x \quad | \text{ quadrieren}$

$x-3 = 9-6x+x^2 \quad | -x+3$

$0 = x^2-7x+12 \Leftrightarrow x_{1;2}=\frac{7}{2}\pm\sqrt{\frac{49}{4}-12}=\frac{7}{2}\pm\frac{1}{2}$

Probe mit **$x_1 = 3$**: $\sqrt{0}-6=3-9$ ist richtig.
Probe mit **$x_2 = 4$**: $\sqrt{1}-8=3-12$ ist falsch.
Lösungsmenge: $L=\{3\}$

230. $x^2-10x+a=0 \Leftrightarrow x_{1;2}=5\pm\sqrt{25-a}$

Es gibt **keine Lösung**, wenn der Radikand negativ ist:
$25-a<0 \Leftrightarrow a>25 \quad L=\{\}$, falls $a>25$.

Es gibt **eine Lösung**, wenn der Radikand gleich null ist:
$25-a=0 \Leftrightarrow a=25 \quad L=\{5\}$, falls $a=25$.

Es gibt **zwei Lösungen**, wenn der Radikand größer als null ist:
$25-a>0 \Leftrightarrow a<25 \quad L=\{5\pm\sqrt{25-a}\}$, falls $a<25$.

231. $(x-2) \cdot (x+3) < 0$

1. Weg

Ein Produkt mit zwei Faktoren ist negativ, wenn genau ein Faktor negativ und der andere positiv ist. Es muss also gelten:

$x-2>0$ und $x+3<0$, d. h. $x>2$ und $x<-3$ (das ist unmöglich) **oder**
$x-2<0$ und $x+3>0$, d. h. $x<2$ und $x>-3$ (dies entspricht $-3<x<2$).

Somit ergibt sich $L = \{x \mid -3 < x < 2\}$.

2. Weg

$$\begin{aligned} (x-2)\cdot(x+3) &< 0 \quad | \text{ T ausmultiplizieren} \\ x^2 - 2x + 3x - 6 &< 0 \quad | \text{ T zusammenfassen} \\ x^2 + x - 6 &< 0 \end{aligned}$$

Nun werden die Nullstellen der Parabel mit der Gleichung $y = x^2 + x - 6$ bestimmt:

$x^2 + x - 6 = 0 \Leftrightarrow x_{1;2} = -\frac{1}{2} \pm \sqrt{\frac{1}{4} + 6} = -\frac{1}{2} \pm \frac{5}{2}; \quad x_1 = -3; \quad x_2 = 2$

Die Parabel ist nach oben geöffnet, also liegen die Punkte zwischen $x = -3$ und $x = 2$ unterhalb der x-Achse. Somit ist für $-3 < x < 2$ die Ungleichung $(x-2) \cdot (x+3) < 0$ erfüllt und daher gilt: $L = \{x \mid -3 < x < 2\}$

232. $\log_3 27 - 2 \cdot \log_5 125 + \log_2 32 = 3 - 2 \cdot 3 + 5 = 2$

233. $\sqrt{6x^3y} \cdot \sqrt{24xy^5} = \sqrt{6 \cdot 24 \cdot x^4 y^6} = \sqrt{6 \cdot 6 \cdot 4 \cdot x^4 \cdot y^6}$
$= 6 \cdot 2 \cdot x^2 \cdot y^3 = 12 x^2 y^3$

234. $f(x) = g(x)$
$x^2 - 7x + 3 = -2x - 3 \quad |+2x+3$
$x^2 - 5x + 6 = 0$
$\Leftrightarrow x_{1;2} = \frac{5}{2} \pm \sqrt{\frac{25}{4} - 6} = \frac{5}{2} \pm \frac{1}{2}$

$x_1 = 2; \quad g(2) = -4 - 3 = -7 \quad \mathbf{S_1(2 \mid -7)}$
$x_2 = 3; \quad g(3) = -6 - 3 = -9 \quad \mathbf{S_2(3 \mid -9)}$

235. $6x^4 - 18x^3 + 6x^2 + 18x - 12 = 0$

Probieren einer Lösung anhand der Teiler von -12:
$x = 1: 6 - 18 + 6 + 18 - 12 = 0$ ist richtig: $\mathbf{x_1 = 1}$

Polynomdivision

$(6x^4 - 18x^3 + 6x^2 + 18x - 12) : (x-1) = 6x^3 - 12x^2 - 6x + 12$
$\underline{-(6x^4 - 6x^3)}$
$-12x^3 + 6x^2 + 18x - 12$
$\underline{-(-12x^3 + 12x^2)}$
$ - 6x^2 + 18x - 12$
$\underline{-(- 6x^2 + 6x)}$
$ 12x - 12$
$\underline{-(12x - 12)}$
0

Probieren einer Lösung von $6x^3 - 12x^2 - 6x + 12 = 0$ anhand der Teiler von 12:

$x = 1$: $6 - 12 - 6 + 12 = 0$ ist richtig: $\mathbf{x_2 = 1}$ ist doppelte Lösung.

Polynomdivision

$(6x^3 - 12x^2 - 6x + 12) : (x-1) = 6x^2 - 6x - 12$
$\underline{-(6x^3 - 6x^2)}$
$ - 6x^2 - 6x + 12$
$\underline{-(- 6x^2 + 6x)}$
$ -12x + 12$
$\underline{-(-12x + 12)}$
0

$6x^2 - 6x - 12 = 0 \quad |:6$
$x^2 - x - 2 = 0$
$\Leftrightarrow \quad x_{3;4} = \frac{1}{2} \pm \sqrt{\frac{1}{4} + 2} = \frac{1}{2} \pm \frac{3}{2}; \quad \mathbf{x_3 = -1;\ x_4 = 2}$

Gesamte Lösungsmenge: $L = \{-1;\ 1;\ 2\}$

236. $\frac{3}{x+1} - 2 > 0 \Leftrightarrow \frac{3}{x+1} > 2 \quad D = \mathbb{R} \setminus \{-1\}$

Um mit $(x+1)$ multiplizieren zu können, ist eine Fallunterscheidung nötig:

1. Fall: $x + 1 > 0 \Leftrightarrow x > -1$

$\frac{3}{x+1} > 2 \qquad | \cdot (x+1)$
$3 > 2x + 2 \qquad | -2$
$1 > 2x \qquad | :2$
$\frac{1}{2} > x \qquad L_1 = \{x\,|\,-1 < x < \frac{1}{2}\}$

2. Fall: $x+1<0 \Leftrightarrow x<-1$

$\frac{3}{x+1} > 2 \qquad | \cdot (x+1)$

$\quad 3 < 2x+2 \qquad | -2$

$\quad 1 < 2x \qquad | :2$

$\quad \frac{1}{2} < x \qquad L_2 = \{\}$

Gesamte Lösungsmenge: $L = L_1 = \{x \mid -1 < x < \frac{1}{2}\}$

237. **1. Weg**

$2x + 14\sqrt{x} = 16 \qquad | -2x \qquad D = \mathbb{R}_0^+$

$\quad 14\sqrt{x} = 16 - 2x \qquad | :2$

$\quad 7\sqrt{x} = 8 - x \qquad |$ quadrieren

$\quad 49x = 64 - 16x + x^2 \qquad | -49x$

$\quad 0 = x^2 - 65x + 64 \Leftrightarrow x_{1;2} = \frac{65}{2} \pm \sqrt{\frac{4\,225}{4} - 64} = \frac{65}{2} \pm \frac{63}{2}$

Probe mit $x_1 = 1$: $\quad 2 \cdot 1 + 14 \cdot 1 = 16$ ist wahr.
Probe mit $x_2 = 64$: $\quad 2 \cdot 64 + 14 \cdot 8 = 16$ ist falsch.

Lösungsmenge: $L = \{1\}$

2. Weg

Substitution $z = \sqrt{x}$; $x \geq 0$

$\quad 2z^2 + 14z = 16 \qquad | -16$

$2z^2 + 14z - 16 = 0 \qquad | :2$

$\quad z^2 + 7z - 8 = 0$

$\qquad z_{1;2} = -\frac{7}{2} \pm \sqrt{\frac{49}{4} + 8} = -\frac{7}{2} \pm \frac{9}{2};\ z_1 = -8;\ z_2 = 1$

Rücksubstitution:

$z_1 = -8 = \sqrt{x}$ ist nicht möglich. $z_2 = 1 = \sqrt{x} \Leftrightarrow x = 1$

Lösungsmenge: $L = \{1\}$

238. $\frac{x+a}{x-a} = 1 \qquad | \cdot (x-a) \quad D = \mathbb{R} \setminus \{a\}$

$x + a = x - a \qquad | -a - x$

$0 = 2a$

Falls $a = 0$ ist, ist diese Aussage (für alle erlaubten Werte von x) wahr:
$L = D = \mathbb{R} \setminus \{0\}$, falls $a = 0$.
Andernfalls ($a \neq 0$) ist die Aussage immer falsch: $L = \{\}$, falls $a \neq 0$.

239. $12x^2y^3 - 48xy^4 + 48y^5 = 12y^3 \cdot (x^2 - 4xy + 4y^2) = 12y^3 \cdot (x-2y)^2$

240. $\dfrac{3x - y - [5y - 4\cdot(x-2y)]\cdot(-2)}{5\cdot(5y-x)} = \dfrac{3x - y - [5y - 4x + 8y]\cdot(-2)}{25y - 5x}$

$= \dfrac{3x - y - (-10y + 8x - 16y)}{25y - 5x} = \dfrac{3x - y + 10y - 8x + 16y}{25y - 5x} = \dfrac{-5x + 25y}{25y - 5x} = 1 \quad (x \neq 5y)$

241. $3^{2x} - 27^{x+2} = 0 \Leftrightarrow 3^{2x} - 3^{3x+6} = 0 \Leftrightarrow 3^{2x} \cdot (1 - 3^{x+6}) = 0$

Ein Produkt ist null, wenn ein Faktor null ist.
1. Faktor: $3^{2x} = 0$ ist nicht möglich.
2. Faktor: $1 - 3^{x+6} = 0 \Leftrightarrow 3^{x+6} = 1 \Leftrightarrow x + 6 = 0 \Leftrightarrow x = -6$
Lösungsmenge: $L = \{-6\}$

242. $\sqrt{x^2 - 4x} = x + 2$

Bestimmen der maximalen **Definitionsmenge**:
Der **Radikand** $x^2 - 4x$ darf nicht negativ sein. Um den erlaubten Bereich zu finden, werden zunächst die Nullstellen der Parabel $y = x^2 - 4x$ gesucht:
$x^2 - 4x = 0 \Leftrightarrow x \cdot (x-4) = 0 \Leftrightarrow x = 0$ oder $x = 4$
Da die Parabel $y = x^2 - 4x$ nach oben geöffnet ist, liegen die Punkte zwischen $x = 0$ und $x = 4$ unterhalb der x-Achse; diese x-Werte sind also nicht erlaubt: $D = \{x \mid x \leq 0 \text{ oder } x \geq 4\}$

$\begin{aligned}\sqrt{x^2 - 4x} &= x + 2 &&\mid \text{quadrieren}\\ x^2 - 4x &= x^2 + 4x + 4 &&\mid -x^2 - 4x\\ -8x &= 4 &&\mid :(-8)\\ x &= -\tfrac{1}{2}\end{aligned}$

Probe: $\sqrt{\tfrac{1}{4} - 4\cdot\left(-\tfrac{1}{2}\right)} = -\tfrac{1}{2} + 2 \Leftrightarrow \sqrt{\tfrac{1}{4} + 2} = \tfrac{3}{2} \Leftrightarrow \sqrt{\tfrac{9}{4}} = \tfrac{3}{2}$ ist wahr.

Lösungsmenge: $L = \{-\tfrac{1}{2}\}$

243. $|x + 3| \leq 8$

Wegen des Betrags ist eine Fallunterscheidung erforderlich:

1. Fall: $x + 3 \geq 0 \Leftrightarrow x \geq -3$
Da $x + 3$ nicht negativ ist, können die Betragsstriche weggelassen werden:
$x + 3 \leq 8 \Leftrightarrow x \leq 5 \quad L_1 = \{x \mid -3 \leq x \leq 5\}$

2. Fall: $x+3<0 \Leftrightarrow x<-3$
Hier muss der Betrag durch eine Minusklammer ersetzt werden:
$-(x+3) \leq 8 \Leftrightarrow -x-3 \leq 8 \Leftrightarrow -x \leq 11 \Leftrightarrow x \geq -11 \quad L_2 = \{x \mid -11 \leq x < -3\}$
Gesamte Lösungsmenge: $L = L_1 \cup L_2 = \{x \mid -11 \leq x \leq 5\}$

244.
$$\begin{aligned} 4x - 3y + 7z &= 1 \\ 3x + 5y - 4z &= 3 \quad |3 \cdot (I) - 4 \cdot (II) \\ 11x - y + 10z &= 5 \quad |11 \cdot (II) - 3 \cdot (III) \end{aligned}$$

$$\Leftrightarrow \begin{aligned} 4x - 3y + 7z &= 1 \\ -29y + 37z &= -9 \\ 58y - 74z &= 18 \quad |2 \cdot (II) + (III) \end{aligned}$$

$$\Leftrightarrow \begin{aligned} 4x - 3y + 7z &= 1 \\ -29y + 37z &= -9 \\ 0 &= 0 \end{aligned}$$

Die letzte Zeile ist immer wahr. Wählt man **z** als **freie Variable**, dann kann man mithilfe der zweiten Zeile y durch z ausdrücken:
$-29y + 37z = -9 \Leftrightarrow -29y = -37z - 9 \Leftrightarrow y = \frac{37}{29}z + \frac{9}{29}$
Setzt man y in die erste Zeile ein, erhält man x:
$4x - 3 \cdot \left(\frac{37}{29}z + \frac{9}{29}\right) + 7z = 1$
$$4x = 3 \cdot \left(\frac{37}{29}z + \frac{9}{29}\right) - 7z + 1$$
$$4x = \frac{111}{29}z + \frac{27}{29} - 7z + 1 = -\frac{92}{29}z + \frac{56}{29}$$
$$x = -\frac{23}{29}z + \frac{14}{29}$$

Die Lösungsmenge lautet: $L = \left\{\left(-\frac{23}{29}z + \frac{14}{29}; \frac{37}{29}z + \frac{9}{29}; z\right) \mid z \in \mathbb{R}\right\}$

245. $3ax - 7 = a + 1 \quad | +7$
$\quad\quad 3ax = a + 8$

1. Fall: $a = 0$
Die Gleichung lautet dann $0 = 8$ und stellt eine falsche Aussage dar:
$L = \{\}$

2. Fall: $a \neq 0$
$3ax = a + 8 \quad | :(3a)$
$x = \frac{a+8}{3a}$
$L = \left\{\frac{a+8}{3a}\right\}$

Stichwortverzeichnis

a-b-c-Formel 43
achsensymmetrisch 103
Additionsverfahren 55
allgemein gültig (Gleichung) 37
Ankathete 108
äquivalent 10, 37
Äquivalenzumformung 37, 53
Assoziativgesetz 5, 10
Ausgangsmenge 83
Aussage 35

Basis 3, 73, 80
Belegung einer Variablen 8
Betrag 4
Betragsgleichung 131
Betragsungleichung 133
binomische Formel 17
biquadratische Gleichung 147
Bogenmaß 109
Bruchgleichung 46, 67
Bruchterm 25, 28, 31

Cosinus 108
Cosinusfunktion 110
Cosinuskurve 110

Definitionsmenge 25, 30, 35, 46, 52, 83, 119, 120
Diskriminante 42, 43
Distributivgesetz 10
Dreieck 108
Dreiecksform 56, 108

eingeschränkte Definitionsmenge 120
Einheitskreis 109
Einsetzungsverfahren 54
erste Winkelhalbierende 92
Exponent 3, 73
Exponentialfunktion 106

Exponentialgleichung 142

Faktorisieren 20
Fallunterscheidung 50, 61, 67, 70, 131
Felder des Koordinatensystems 92
Funktion 83
Funktionswert 83

ganze Zahlen 1
Gauß-Verfahren (Additionsverfahren) 55
Gegenkathete 108
Gegenzahl 3
Geradengleichung 89
Gleichsetzungsverfahren 54
Gleichung 35, 49
Gleichung mit Parametern 49
Gleichungssystem 53, 55, 61
Grad 7, 102
Gradmaß 109
Grundmenge 25, 35, 52
Grundrechenarten 3
Gruppierung 22

Hauptnenner 29
Hyperbeln 104
Hypotenuse 108

irrationale Zahlen 2

Kathete 108
Kehrwert 3
Klammern 15
Kommutativgesetz 5, 10
Koordinatenkreuz 83
Kurvenpunkt 86

lineare Funktion 89
lineare Gleichung 40

lineares Gleichungssystem 53
Logarithmus 80
Logarithmusfunktion 126
Logarithmusgleichung 143
Lösungsmenge 35, 53
Lösungsvariable 49

maximale Definitionsmenge 83
monoton fallend 103
monoton wachsend 103

natürliche Zahlen 1
Normalparabel 96

Parabel 96, 99, 102
Parameter 49, 61, 70
Parameter c (Geradengleichung) 89
Parameter m (Geradengleichung) 89
Periodenlänge 111, 114
Polynom 7
Polynomdivision 32, 138
Potenz 3, 73
Potenzfunktion 102
Potenzgleichung 137
Potenzierung 3
Potenzregeln 73
p-q-Formel 42
Probe 136
Probieren 138, 139
Punktprobe 86
punktsymmetrisch 104

Quadrant 91
quadratische Ergänzung 22
quadratische Funktion 96
quadratische Gleichung 42
quadratische Ungleichung 134
Quadratwurzel 76

Radikand 4, 42
rationale Zahlen 1
reelle Zahlen 1

Schaubild 83, 121
Scheitel 96, 97
Scheitelform 97
Seitenverhältnis 108
Sinus 108
Sinuskurve 110
Spiegelung 121
Steigung 89, 90, 91
Steigungsdreieck 91
Substitution 147

Tangens 108
Taschenrechnertaste LOG 80
teilweises Wurzelziehen 77
Term 7
trigonometrische Funktion 108, 145
trigonometrische Gleichung 144

Umkehrfunktion 119, 122
Ungleichung 65, 70, 134
unlösbar 37

Variable 7
Vergleichsoperator 65
Vieta, Satz von 20
Vorfahrtsregeln 5, 10

Wertemenge 83, 119, 120
Wertetabelle 86
Winkelhalbierende 92
Wurzel 4, 76
Wurzelfunktion 123
Wurzelgleichung 136

y-Achsenabschnitt 89, 90

Zahlenpaar 52
Zahlenstrahl 4
Zahlmengen 1
Zeile eines Gleichungssystems 53
Zielmenge 83
zweite Winkelhalbierende 92

Sicher durch das Abitur!

Effektive Abitur-Vorbereitung für Schülerinnen und Schüler:
Klare Fakten, systematische Methoden, prägnante Beispiele sowie Übungsaufgaben auf Abiturniveau mit erklärenden Lösungen zur Selbstkontrolle.

Mathematik

Analysis mit Hinweisen zur CAS-Nutzung	Best.-Nr. 540021
Analytische Geometrie und lineare Algebra	Best.-Nr. 54008
Analytische Geometrie – mit Hinweisen zu GTR-/CAS-Nutzung	Best.-Nr. 540038
Stochastik	Best.-Nr. 94009
Analytische Geometrie – Bayern	Best.-Nr. 940051
Analysis – Bayern	Best.-Nr. 9400218
Analysis Pflichtteil Baden-Württemberg	Best.-Nr. 840018
Analysis Wahlteil Baden-Württemberg	Best.-Nr. 840028
Analytische Geometrie Pflicht- und Wahlteil Baden-Württemberg	Best.-Nr. 840038
Stochastik Pflicht- und Wahlteil Baden-Württemberg	Best.-Nr. 840091
Klausuren Mathematik Oberstufe	Best.-Nr. 900461
Stark in Klausuren Funktionen ableiten Oberstufe	Best.-Nr. 940012
Kompakt-Wissen Abitur Analysis	Best.-Nr. 900151
Kompakt-Wissen Abitur Analytische Geometrie	Best.-Nr. 900251
Kompakt-Wissen Abitur Wahrscheinlichkeitsrechnung und Statistik	Best.-Nr. 900351
Kompakt-Wissen Abitur Kompendium Mathematik – Bayern	Best.-Nr. 900152
Abitur-Skript Mathematik – Bayern	Best.-Nr. 950051

Chemie

Chemie 1 – Gleichgewichte · Energetik · Säuren und Basen · Elektrochemie	Best.-Nr. 84731
Chemie 2 – Naturstoffe · Aromatische Verbindungen · Kunststoffe	Best.-Nr. 84732
Chemie 1 – Bayern Aromatische Kohlenwasserstoffe · Farbstoffe · Kunststoffe · Biomoleküle · Reaktionskinetik	Best.-Nr. 947418
Methodentraining Chemie	Best.-Nr. 947308
Rechnen in der Chemie	Best.-Nr. 84735
Abitur-Wissen Protonen und Elektronen	Best.-Nr. 947301
Abitur-Wissen Stoffklassen organischer Verbindungen	Best.-Nr. 947304
Abitur-Wissen Biomoleküle	Best.-Nr. 947305
Abitur-Wissen Chemie am Menschen – Chemie im Menschen	Best.-Nr. 947307
Klausuren Chemie Oberstufe	Best.-Nr. 107311
Kompakt-Wissen Abitur Chemie Organische Stoffklassen Natur-, Kunst- und Farbstoffe	Best.-Nr. 947309
Kompakt-Wissen Abitur Chemie Anorganische Chemie, Energetik · Kinetik · Kernchemie	Best.-Nr. 947310

Alle so gekennzeichneten Titel sind auch als eBook über **www.stark-verlag.de** erhältlich.

Biologie

Biologie 1 – Strukturelle und energetische Grundlagen des Lebens · Genetik und Gentechnik · Der Mensch als Umweltfaktor – Populationsdynamik und Biodiversität	Best.-Nr. 947038
Biologie 2 – Evolution · Neuronale Informationsverarbeitung · Verhaltensbiologie	Best.-Nr. 947048
Biologie 1 – Baden-Württemberg Zell- und Molekularbiologie · Genetik · Neuro- und Immunbiologie	Best.-Nr. 847018
Biologie 2 – Baden-Württemberg Evolution · Angewandte Genetik und Reproduktionsbiologie	Best.-Nr. 847028
Biologie 1 – NRW, Zellbiologie, Genetik, Informationsverarbeitung, Ökologie	Best.-Nr. 54701
Biologie 2 – NRW, Angewandte Genetik · Evolution	Best.-Nr. 54702
Chemie für den LK Biologie	Best.-Nr. 54705
Grundlagen, Arbeitstechniken und Methoden	Best.-Nr. 94710
Abitur-Wissen Genetik	Best.-Nr. 94703
Abitur-Wissen Neurobiologie	Best.-Nr. 94705
Abitur-Wissen Verhaltensbiologie	Best.-Nr. 94706
Abitur-Wissen Evolution	Best.-Nr. 94707
Abitur-Wissen Ökologie	Best.-Nr. 94708
Abitur-Wissen Zell- und Entwicklungsbiologie	Best.-Nr. 94709
Klausuren Biologie Oberstufe	Best.-Nr. 907011
Kompakt-Wissen Abitur Biologie Zellbiologie · Genetik · Neuro- und Immunbiologie Evolution – Baden-Württemberg	Best.-Nr. 84712
Kompakt-Wissen Abitur Biologie Zellen und Stoffwechsel Nerven · Sinne und Hormone · Ökologie	Best.-Nr. 94712
Kompakt-Wissen Abitur Biologie Genetik und Entwicklung Immunbiologie · Evolution · Verhalten	Best.-Nr. 94713
Kompakt-Wissen Abitur Biologie Fachbegriffe der Biologie	Best.-Nr. 94714

(Bitte blättern Sie um)

Physik

Physik 1 – Elektromagnetisches Feld und Relativitätstheorie	Best.-Nr. 943028
Physik 2 – Aufbau der Materie	Best.-Nr. 943038
Mechanik	Best.-Nr. 94307
Abitur-Wissen Elektrodynamik	Best.-Nr. 94331
Abitur-Wissen Aufbau der Materie	Best.-Nr. 94332
Klausuren Physik Oberstufe	Best.-Nr. 103011
Kompakt-Wissen Abitur Physik 1 – Mechanik, Thermodynamik, Relativitätstheorie	Best.-Nr. 943012
Kompakt-Wissen Abitur Physik 2 – Elektrizitätslehre, Magnetismus, Elektrodynamik, Wellenoptik	Best.-Nr. 943013
Kompakt-Wissen Abitur Physik 3 Atom-, Kern- und Teilchenphysik	Best.-Nr. 943011

Erdkunde/Geographie

Geographie Oberstufe	Best.-Nr. 949098
Geographie 1 – Bayern	Best.-Nr. 94911
Geographie 2 – Bayern	Best.-Nr. 94912
Geographie 2014 – Baden-Württemberg	Best.-Nr. 84906
Geographie – NRW Grundkurs · Leistungskurs	Best.-Nr. 54902
Prüfungswissen Geographie Oberstufe	Best.-Nr. 14901
Abitur-Wissen Entwicklungsländer	Best.-Nr. 94902
Abitur-Wissen Europa	Best.-Nr. 94905
Abitur-Wissen Der asiatisch-pazifische Raum	Best.-Nr. 94906
Kompakt-Wissen Abitur Erdkunde Allgemeine Geografie · Regionale Geografie	Best.-Nr. 949010
Kompakt-Wissen Abitur – Bayern Geographie Q11/Q12	Best.-Nr. 9490108

Englisch

Übersetzung	Best.-Nr. 82454
Grammatikübungen	Best.-Nr. 82452
Themenwortschatz	Best.-Nr. 82451
Grundlagen, Arbeitstechniken, Methoden mit Audio-CD	Best.-Nr. 944601
Sprachmittlung	Best.-Nr. 94469
Sprechfertigkeit mit Audio-CD	Best.-Nr. 94467
Klausuren Englisch Oberstufe	Best.-Nr. 905113
Abitur-Wissen Landeskunde Großbritannien	Best.-Nr. 94461
Abitur-Wissen Landeskunde USA	Best.-Nr. 94463
Abitur-Wissen Englische Literaturgeschichte	Best.-Nr. 94465
Kompakt-Wissen Abitur Wortschatz Oberstufe	Best.-Nr. 90462
Kompakt-Wissen Abitur Landeskunde/Literatur	Best.-Nr. 90463
Kompakt-Wissen Kurzgrammatik	Best.-Nr. 90461
Kompakt-Wissen Grundwortschatz	Best.-Nr. 90464

Deutsch

Dramen analysieren und interpretieren	Best.-Nr. 944092
Erörtern und Sachtexte analysieren	Best.-Nr. 944094
Gedichte analysieren und interpretieren	Best.-Nr. 944091
Epische Texte analysieren und interpretieren	Best.-Nr. 944093
Abitur-Wissen Erörtern und Sachtexte analysieren	Best.-Nr. 944064
Abitur-Wissen Textinterpretation Lyrik · Drama · Epik	Best.-Nr. 944061
Abitur-Wissen Deutsche Literaturgeschichte	Best.-Nr. 94405
Abitur-Wissen Prüfungswissen Oberstufe	Best.-Nr. 94400
Kompakt-Wissen Rechtschreibung	Best.-Nr. 944065
Kompakt-Wissen Literaturgeschichte	Best.-Nr. 944066
Klausuren Deutsch Oberstufe	Best.-Nr. 104011

Alle so gekennzeichneten Titel sind auch als eBook über **www.stark-verlag.de** erhältlich.

Natürlich führen wir noch mehr Titel für alle Fächer und Stufen: Alle Informationen unter
www.stark-verlag.de

Bestellungen bitte direkt an:
STARK Verlagsgesellschaft mbH & Co. KG · Postfach 1852 · 85318 Freising
Tel. 0180 3 179000* · Fax 0180 3 179001* · www.stark-verlag.de · info@stark-verlag.de
*9 Cent pro Min. aus dem deutschen Festnetz, Mobilfunk bis 42 Cent pro Min.
Aus dem Mobilfunknetz wählen Sie die Festnetznummer: 08167 9573-0

Lernen • Wissen • Zukunft